Verilog 예제로 배우는 FPGA 프로토타이핑

Digilent 평가 키트로 배우는 시스템 개발

Pong P. Chu 지음 **임정민** 옮김

WILEY

홍릉과학출판사

FPGA PROTOTYPING BY VERILOG EXAMPLES Xilinx Spartan™-3 Version

---

Verilog 예제로 배우는 FPGA 프로토타이핑

인　쇄 : 2019년 7월 10일 초판 인쇄
발　행 : 2019년 7월 17일 초판 발행

역자와의 협의하에 인지생략

저　자 : Pong P.Chu
역　자 : 임정민
발행인 : 송 준
발행처 : 홍릉과학출판사
주　소 : 01093 서울시 강북구 인수봉로 50길 10
등　록 : 1976년 10월 21일 제5-66호

전　화 : 02-999-2274~5, 903-7037
팩　스 : 02-905-6729
e-mail : hongpub@hongpub.co.kr
http://www.hongpub.co.kr
ISBN : 979-11-5600-687-9(93000)

정　가 : 19,000원

낙장 및 파본은 구입처나 본사에서 교환하여 드립니다.

서론

설계자는 HDL(hardware description language) 및 FPGA(field-programmable gate array) 디바이스를 사용하여 정교한 디지털 회로를 신속하게 개발 및 시뮬레이션하고, 프로토타이핑 디바이스에서 이를 구현하고, 물리적 구현의 동작을 검증할 수 있다. 이러한 기술이 성숙됨에 따라, 그들은 주류 관행이 되었다. 우리는 이제 PC와 저렴한 FPGA 프로토타이핑 보드를 사용하여 복잡하고 정교한 디지털 시스템을 구축할 수 있다. 이 책은 "따라하면서 배우는" 방식을 사용하고 일련의 예제를 통해 FPGA 및 HDL 개발 및 설계 프로세스를 설명한다. 간단한 게이트 레벨 회로부터 8 비트 소프트코어 마이크로 컨트롤러 및 사용자 정의된 I/O 주변 장치가 있는 임베디드 시스템에 이르기까지 광범위한 예제가 포함되어 있다. 프로토 타이핑 보드에서 모든 예제를 합성하고 물리적으로 테스트 할 수 있다.

초점 및 대상 독자

초점 이 책의 주된 초점은 HDL 구문이 아닌 하드웨어의 효과적인 유도에 있다. 모든 언어 구성을 설명하는 대신이 책에서는 합성 가능한 작은 하위 집합에 초점을 맞추고 다양한 회로 유형의 골격을 제공하기 위해 십여 개의 코드 템플릿을 사용한다.

이러한 템플릿은 일반적이며 복잡한 시스템을 구성하기 위해 쉽게 통합 할 수 있다. 이 접근 방식이 문법 표현의 "자유"를 제한하지만 혁신적인 하드웨어 아키텍처를 개발하는 것을 방해하지는 않는다. HDL의 보편성과 유연성으로 인해, 동일한 회로가 일반적으로 다양한 언어 구조 및 코딩 스타일로 설명 될 수 있다. 많은 이러한 코드는 모델링을 위한 것이나 합성 과정에서 불필요하게 복잡한 하드웨어 구현으로 이어질 수 있으며 때때로 전혀 합성될 수 없다. 템플릿 접근 방식은 실제로 우리가 하드웨어에 대해 더 많이 생각하고 합성을 위한 훌륭한 코딩 방법을 개발하도록 한다. 우리는 합성된 하드웨어에 더 관심이 많기 때문에 10가지 다른 버전의 코드를 사용하여 동일한 회로를 설명하는 것이 아니라 동일한 코드 템플릿으로 10 가지 하드웨어 아키텍처를 개발하는 데 더 많은 시간을 투자하는 것이 더 유리하다. VHDL 및 Verilog의 두 가지 인기 있는 HDL이 있다.

두 언어 모두 널리 사용되며 IEEE 표준이다. 이 책은 Verilog를 사용하며, 유사한 제목을 가진 별도의 책은 VHDL을 사용한다.

두 언어의 급격한 문법적 차이에도 불구하고, 그 둘은 유사하게 호환되며, 특히 우리의 목적을 위해 그렇다. 디자인 실습 및 코딩 방법론을 한 언어로 이해하고 나면 다른 언어를 배우는 것이 훨씬 간단하다. 이 책은 초보 개발자용으로 작성되었지만 엄격한 설계 지침을 따르고 미래에도 정진할 독자를 준비시킨다. 코딩 및 디자인 관행은 "향후 호환 가능"을 따르며, 이는 다음을 의미한다.

- 동일한 관행이 향후 대형 디자인에 적용될 수 있음을 의미한다.
- 같은 관행을 시뮬레이션, 타이밍 분석, 검증 및 테스트를 포함한 다른 시스템 개발 작업을 도울 수 있다.
- ASIC 기술과 다른 유형의 FPGA 디바이스에도 동일한 방법을 적용 할 수 있다.
- 이 코드는 다른 공급 업체의 합성 소프트웨어에서 허용될 수 있다.

요약하면 이 책은 실제 하드웨어 중심 텍스트로서 최소한의 HDL 오버 헤드를 포함하며 최대한의 향후 호환성을 달성하기 위한 좋은 설계 및 코딩 방법을 따른다.

대상 독자와 선수 지식 이 책에는 기본적인 디지털 회로, 주변 장치 모듈 및 내장형 마이크로 컨트롤러의 세 가지 주요 부품이 포함되어 있다. 의도 한 독자는 초급 또는 고급 디지털 시스템 설계 과정의 학생들 뿐만 아니라 FPGA 및 HDL 기반 개발을 배우려는 엔지니어를 실습하는 것이다. 처음 두 파트의 자료의 경우 독자는 디지털 시스템에 대한 기본 지식이 있어야 한다. 일반적으로 전기 공학 및 컴퓨터 공학 커리큘럼의 필수 과정이다. 세 번째 파트의 자료에는 어셈블리 언어 프로그래밍에 대한 사전 경험이 유용하다.[1)]

실행 계획

이 책의 주요 목표는 독자들에게 소프트웨어에 독립적이며 장치 중립적 인 HDL 코드를 개발하도록 가르치는 것이지만, 우리는 소프트웨어 패키지와 프로토타이핑 보드를 선택하여 설계 예제를 합성하고 구현해야 한다. 이 분야에서 선도적인 제조사인 Xilinx의 합성 소프트웨어 및 FPGA 디바이스가 이 책에 사용된다.

소프트웨어 이 책에서 사용 된 합성 소프트웨어는 Xilinx ISE의 web 버전 패키지이다. 이 버전의 기능은 정식 버전과 유사하지만 제한된 수의 장치만 지원한다. 대부분의 입문 개발 보드는 저렴한 Spartan-3 제품군의 FPGA 디바이스를 사용한다. web 버전은 Spartan-3 디바이스를 지원하기 때문에 우리의 요구에 부합한다. 이 책에 사용된 시뮬레

1) 본 출간에서는 첫 번째 파트만 출간되었다 : 역자 주

이션 소프트웨어는 Mentor Graphics의 ModelSim XE III 패키지의 starter 버전이다. 그것은 ModelSim의 커스터마이즈된 버전이다. 두 소프트웨어 패키지는 모두 무료이며 Xilinx의 웹 사이트에서 다운로드 할 수 있다.

FPGA 프로토타이핑 보드 본서는 Digitent Inc.에서 제조한 몇 가지 엔트리 레벨 FPGA 프로토 타이핑 보드(Spartan-3 Starter, Nexys-2 및 Basys 보드 포함)와 함께 사용하도록 준비되었으며, 모두 Spartan-3/3E FPGA 디바이스와 유사한 I/O 주변기기를 가지고 있다. 이 책의 디자인 예제는 Spartan-3 Starter 보드(또는 단순히 S3 보드)를 기반으로 하지만 대부분의 보드는 다른 보드에서도 직접 사용할 수 있다. HDL 코드의 적용 가능성은 아래에 요약되어 있다.[2)]

- **Spartan3 Starter (S3) 보드.** S3 보드에는 모든 주변 장치가 포함되어 있으며 추가 액세서리 모듈은 필요하지 않다. 모든 HDL 코드와 토론은 이 보드에 직접 적용될 수 있다.
- **Nexys-2 보드.** Nexys-2 보드는 더 큰 FPGA 디바이스와 더 큰 메모리 칩을 포함하는 새로운 보드이다. 주변기기는 S3 보드의 주변기기와 유사하다. 두 가지 차이점이 있다. 첫째, VGA 인터페이스의 색심도가 3 비트에서 8 비트로 확장되었다. 따라서 제13장과 제14장에서 논의 된 VGA 인터페이스 회로의 출력은 그에 따라 수정되어야 한다. 둘째, Nexys-2 보드는 보다 정교한 외부 메모리 장치를 포함하고 있다. 이 장치를 비동기 SRAM으로 구성할 수 있지만 타이밍 특성은 S3 보드의 메모리 장치와 다르므로 11장에서 메모리 컨트롤러의 HDL 코드를 직접 사용할 수는 없다. 그러나 동일한 설계 원칙을 적용하여 새로운 컨트롤러를 구성 할 수 있다.
- **Basys 보드.** Basys 보드는 더 간단한 보드로, RS-232 커넥터가 없다. 8장에서 논의 된 UART 모듈과 직렬 인터페이스를 구현하려면 Digilent의 RS-232 변환기 주변 장치 모듈이 필요하다. Basys 보드에는 외부 메모리 장치가 없으므로 11 장의 메모리 컨트롤러에 대한 설명은 적용 할 수 없다.
- **기타 FPGA 보드.** 이 책에서 설명하는 대부분의 주변 장치는 사실상의 산업 표준이며 보드가 적절한 아날로그 인터페이스 회로와 커넥터를 제공하는 한 해당 HDL 코드를 사용할 수 있다. Xilinx 관련 부분을 제외하면 다른 제조업체의 FPGA 디바이스를 기반으로 보드에 코드를 적용할 수 있다.

2) 본 책의 번역 시점에서 Nexys-4 보드 및 Basys-3 보드가 이니프로 홈페이지(http://inipro.net/)에서 구입 가능하며, 현 시점에서는 Spartan-3보다 진보한 Spartan-6나 Artix-7가 사용 가능하다. : 역자 주

PC 액세서리 이 디자인 예에는 여러 PC 주변 장치에 대한 인터페이스가 포함되어 있다. 각 모듈에는 키보드, 마우스 및 VGA 모니터가 필요하며 UART 모듈에는 "직통" 직렬 케이블(가장 일반적으로 사용되는 유형)이 필요하다. 이러한 액세서리는 널리 사용 가능하며 오래된 PC에서 획득할 수 있다.

본 책의 구성

이 책은 크게 세 파트로 나누어져 있다(번역된 부분은 파트 1이다). 파트 1은 기본 HDL 구조와 하드웨어 부분을 소개하고 이러한 구조로 기본 디지털 회로를 구성하는 방법을 보여주며, 7장으로 구성되어 있다.

- 1장에서는 HDL 프로그램의 기본 구조, 기본 언어 구문 및 논리 연산자에 대해 설명한다. 게이트 수준 조합 회로는 이러한 언어 구성으로 파생된다.
- 2장은 FPGA 디바이스, 프로토타이핑 보드 및 개발 플로우에 대한 개요를 제공한다. 개발 프로세스는 Xilinx ISE 합성 소프트웨어에 대한 자습서와 Mentor Graphics ModelSim 시뮬레이션 소프트웨어에 대한 자습서를 통해 제공된다.
- 3장에서는 HDL의 관계 연산자와 산술 연산자 및 라우팅 구문을 소개한다. 이는 비교기, 가산기 및 멀티플렉서와 같은 중간 크기의 구성 요소에 해당한다. 모듈 수준의 조합 회로는 이러한 언어 구성으로 파생된다.
- 4장에서는 메모리 요소에 대한 코드와 상태 전환이 규칙적인 패턴을 나타내는 카운터 및 시프트 레지스터와 같은 정규 순차 회로의 구성에 대해 설명한다.
- 5장에서는 상태 천이가 단순하고 규칙적인 패턴을 나타내지 않는 순차 회로 인 유한 상태 기계(FSM)의 구성에 대해 설명한다.
- 6장은 데이터 경로가 있는 FSM(FSMD)의 구성을 보여준다. FSMD는 레지스터 전송(RT) 방법을 구현하는 데 사용되며, 시스템 작동은 레지스터 간의 데이터 전송 및 조작으로 설명된다.
- 7장에서는 언어 구성 및 코딩 기술에 대한 몇 가지 고급 주제에 대해 설명하고 보다 정교한 테스트 벤치 개발을 소개한다. 이 장은 나머지 장에 영향을 주지 않고 건너뛸 수 있다.

특수 기호 Xilinx specific 우리는 본서에서 두 개의 특수 단락 기호(Xilinx specific 및 Verilog-1995 constructs)를 사용한다. 이 책에 기술된 예제는 자일링스 기반 프로토타이핑 보드에서 구현되고 코드는 Xilinx ISE 소프트웨어로 합성되지만, 우리는 HDL 코드를 디바이스 독립적이고 가능한 한 소프트웨어 중립으로 만들려고 노력하였다. 대부분의 토론과 코드는 다른 대상 장치와 다른 합성 소프트웨어에도 적용될 수 있다. 그러나 특정 코드 또는 디바이스 기능은 Xilinx ISE 소프트웨어 또는 Spartan-3 FPGA 디바이스에 고유하다. 우리는 이 섹션의 제목과 같이 Xilinx specific 위첨자를 사용하여 해당 섹션이나 장의 토론이 Xilinx에 고유하다는 것을 나타낸다. 유사하게, 단락의 토론이 Xilinx에 고유하다는 것을 나타내기 위해 바깥쪽 가장자리에 표시된 것처럼 노트를 사용한다. 이 메모는 코드 또는 디자인이 더 이상 이식 가능하지 않으며 다른 소프트웨어 패키지 또는 대상 장치가 사용될 때 수정되어야 함을 나타낸다. Verilog 언어는 1995년(Verilog-1995라고 함) 1995년에 비준 된 후 2001년에 개정되었다(Verilog-2001이라고 함). 많은 유용한 개선 사항이 개정판에 추가되었다. 이 책에서는 Verilog-2001을 사용한다. 두 가지 버전의 언어 구조가 다른 경우 이전 단락을 별도의 단락으로 간략하게 설명하고 이러한 유형의 토론을 위해 바깥 쪽 가장자리에 표시된 것처럼 노트를 사용한다. "귀하의 정보를 위한 FYI(For Your Information)" 표시이며, 독자가 이전 Verilog 코드를 이해할 수 있도록 자료가 포함되어 있다.

수업에의 사용

이 책은 입문 디지털 시스템 과정 또는 고급 실습 과정을 위한 훌륭한 동반자 교과서가 될 수 있다. 입문 디지털 시스템 과정에서 이 책은 커리큘럼의 실습 부분을 제공한다. 파트 1의 챕터는 기본적으로 일반적인 커리큘럼의 순서를 따르고 정규 강의와 함께 제공될 수 있다. 하나 또는 두 개의 주변 모듈을 사례 연구로 선택하고 해당 실험을 텀 프로젝트로 사용할 수 있다. 고급 실습 과정에서 이 책은 독립적인 프로젝트의 기반을 제공한다. 파트 1의 자료는 HDL, 합성 및 FPGA 보드에 대한 전반적인 배경을 제공하는 개요 또는 리뷰로 다룰 수 있다. 파트 2의 일부 모듈은 보다 복잡한 회로 설계를 시연하는데 사용할 수 있다. 이 모듈은 빌딩 블록 (즉, IPS) 또는 최종 프로젝트에 통합 될 서브시스템으로 간주 될 수도 있다. 파트 3에서 설명한 PicoBlaze 마이크로 컨트롤러는 임베디드 시스템 유형의 프로젝트가 필요한 경우 범용 프로세서로 사용할 수 있다.

동반자 웹 사이트

다음의 웹 사이트(https://academic.csuohio.edu/chu_p/rtl/)에는 아래의 자료를 포함한 추가 정보가 제공된다.

- 정오표
- 코드 템플릿
- HDL 코드 목록 및 관련 파일
- 합성 및 시뮬레이션 소프트웨어 링크
- 참조 자료 링크
- 추가 프로젝트 아이디어

정오표(Errata) 이 책은 스스로 준비된 것으로, 저자가 삽화, 표, 코드 목록, 색인 생성 및 서식을 포함하여 텍스트의 모든 측면을 작성한 것이다. 오류가 항상 발생하기 때문에, 동반 웹 사이트는 오류를 보고 할 수 있는 업데이트 된 정오표와 사이트를 제공한다.

P.P.Chu

클리블랜드, 오하이오, 2008년 1월

감사의 글

저자는 George L. Kramerich 교수에게 격려와 도움을 주신 것에 대해 감사드린다. 또한 저자는 John Wiley & Sons, Inc.에게 본인의 저서 "RTL Hardware Design Using VHDL: Coding for Efficiency, Portability, and Scalability"의 그림 3.1, 3.2, 2.4, 10, 4.11, 5.5 및 7.2의 사용 권한을 주신 것에 대해 감사드린다. "Spartan-3 Starter Kit User Guide"에서 그림 2.3 및 9.3을 사용할 수 있는 권한을 부여한 Xilinx에게도 감사드린다. 이 책에서 사용되거나 언급된 모든 상표는 해당 소유자의 자산이다.

P.P.Chu

저자서문

4년 전 중소기업에서 일하던 저는 FPGA로 과제를 위한 코딩을 맡게 되었습니다만 FPGA는 MCU와는 달리 접근 방식도 다양해서 어떻게 접근해야 할지 막막했습니다. 그 때 FPGA 자료를 모아보다가 본 서적과 처음 만났습니다.

대부분의 교육용 서적은 조합논리회로, 순차논리회로, FSM 등에 대해 예제를 구현하고 한 학기를 마무리합니다. Dr. Chu의 FPGA 서적은 조합논리회로, 순차논리회로, FSM, FSMD에 대해 각각 템플릿을 제공하며 각 예제들은 템플릿을 제시하고 이에 맞도록 FPGA 코드가 작성되어 있습니다. FPGA는 HDL(Hardware Description Language) 언어로 기술하는데, 이는 내부 하드웨어에 대해 기술을 하는 것입니다. FPGA의 기술이 주어진 클럭으로 동작할지 안할지는 합성 및 구현을 해서 실제로 보드에 다운로드를 하고 테스트를 해 보아야 확신할 수 있습니다. 각 문제들에 대해 템플릿을 기반으로 코드를 작성한다는 것이 불편할 수는 있지만 실무에 적용하여 큰 도움을 받았습니다.

책이 출간된 지 시간이 흐르긴 했지만 이러한 템플릿 기반 접근 방식을 HDL로 효율적인 회로를 작성하고자 할 때 큰 도움이 됩니다. 본 책은 이러한 Dr. Chu의 FPGA Prototyping by Verilog Example의 초판의 1부에 해당하는 기본 디지털 회로 부분을 번역하여 출간한 것입니다.

2부에 해당하는 I/O 모듈은 평가 보드마다 책의 내용이 달라져야 하는 부분이 있고, 3부에 해당하는 Picoblaze는 많이 사용되지 않는다는 현업 교수님들의 의견을 반영하여 1부만 번역하게 되었습니다.

학계 및 출판시장의 상황을 고려하여 적절한 가격의 대중적인 FPGA 번역서를 목표로 다수의 회의를 하고 의견을 수렴하여 출간까지 왔지만, 향후 시장의 의견 또한 반영하도록 하겠습니다.

본 책의 2장에서는 Digilent사의 S3 보드와 ISE를 이용하여 개발 환경을 설명하지만, 보드는 단종되었고 ISE도 사용 비중이 줄어들고 있습니다. 따라서 실습 부분에 대해서는 Digilent사의 Basys 3이나 Zybo Z7과 같은 Xilinx의 최신 칩셋을 활용한 평가 보드 및 Vivado 개발 환경을 통하여 연습을 시작하는 것을 추천드리며, 카페 (https://cafe.naver.com/fpgaqna)를 통해 최신 기술에 맞도록 갱신하여 제공할 계획입니다. Digilent사의 최신 보드는 국내 대리점인 이니프로 (http://www.inipro.net/)에서 구매 가능하며, 대학교 학생이라면 아카데믹 제품 구매를 통해 보다 저렴하게 보드 구매가 가능합니다. 최근에는 저자는 본 책의 개정판을 냈으며, 다음과 같은 사이트를 개설하여 예제 코드를 다운 받을 수 있습니다.

https://academic.csuohio.edu/chu_p/

FPGA의 HDL기반 합성을 정복하시면 FPGA에 MCU를 내장하여 작성도 해 보시고, Vivado HDL을 통하여 C언어를 HDL 언어로도 바꿔 보시고, MATLAB 등과도 연동해 보시기 바랍니다. 보드가 없다고 하더라도 Simulation을 통하여 자신이 작성한 HDL 코드를 검증해 보시기 바랍니다.

책의 번역에 우여곡절이 있었지만 이 책을 선택하신 독자 여러분, 홍릉과학출판사의 김기용 이사님, 최윤석 부장님, 박찬혁 과장님 및 이니프로의 우영준 대표님께 감사드리며 앞으로 더 좋은 책으로 보답하겠습니다. 마지막으로 딸 유선이와 아내, 그리고 부모님께 감사드립니다.

저자 씀

차례

BASIC DIGITAL CIRCUITS

CHAPTER 2

FPGA 및 EDA 소프트웨어 개요

CHAPTER 3

레지스터 전송 수준 조합 회로

CHAPTER 4

정규 순차 회로

CHAPTER 5

FSM 유한상태 기계

CHAPTER 6

FSMD(데이터 경로가 있는 FSM)

CHAPTER 7 Verilog의 엄선된 주제

BASIC DIGITAL CIRCUITS

CHAPTER 1

게이트 레벨 조합 회로

1.1 서론

Verilog는 하드웨어 기술 언어로, 이는 1980년대 중반에 개발되었으며 나중에 IEEE(전기 및 전자 기술자 협회)로 이관되었다. 표준은 IEEE 표준 1364에 의해 공식적으로 정의되었다. 이 표준은 1995년에 비준되었으며(Verilog-1995), 2001년에 개정되었다(Verilog-2001). 많은 유용한 개선 사항이 개정판에 추가되었다. 이 책은 Verilog-2001을 사용한다.

Verilog의 목적은 다양한 수준에서 디지털 시스템을 설명하고 모델링하기 위한 것이며 매우 복잡한 언어이다. 이 책의 초점은 Verilog 언어 자체가 아닌 하드웨어 설계에 있다. Verilog의 모든 측면을 다루는 대신, 실전 예제들을 검토하여 Verilog 핵심 합성 구문을 소개한다. 몇 가지 고급 주제를 7장에서 더 자세히 살펴 볼 예정이고, Verilog의 상세한 소개는 각 장의 끝에 있는 참고문헌을 참조하라.

Verilog의 구문은 C 언어의 구문과 다소 비슷하지만 의미는 동시 하드웨어 연산을 기반으로 하며 C의 순차 실행과는 완전히 다르다. Verilog의 고유한 일부 언어 구조의 미묘함과 비결정적 동작으로 인해 검출하기 어려운 오류가 발생할 수 있으며 시뮬레이션과 합성 간에 불일치가 발생할 수 있다. 이 책의 코딩은 "보다 안전하면서도 버그가 적도록" 작성되었다. 빠르고 간단한 코드를 작성하는 대신 명확하고 합성이 가능하고 원하는 하드웨어를 정확하게 설명할 수 있는 스타일과 구조에 중점을 둔다.

표 1.1 1비트 등가 비교기의 진리표

input $i0$ $i1$	output eq
0 0	1
0 1	0
1 0	0
1 1	1

이 장에서는 간단한 비교기를 사용하여 Verilog 프로그램의 골격을 설명한다. 이 설명은 논리 연산자만을 사용하며 간단한 논리 게이트로 구성된 게이트 레벨 조합 회로를 나타낸다. 3 장에서는 나머지 Verilog 연산자와 구문을 다루고 덧셈기, 비교기 및 멀티플렉서와 같은 중간 크기의 구성 요소로 구성된 레지스터 전송 레벨 조합 회로를 살펴본다.

1.2 일반적 기술

i0와 i1의 2개의 입력을 가지며 출력 eq를 가지는 1비트 등가 비교기를 생각해 보자. eq 신호는 i0와 i1이 같을 때 어서트[1]된다. 이 회로의 진리표는 표 1.1과 같다. 우리가 *not, and, or,* 그리고 *xor* 셀과 같은 기본 논리 게이트를 사용하여 회로를 구현한다고 가정하자. 곱의 합형(sum-of-products)으로 회로를 기술하면 논리식은 다음과 같다.

$$eq = i0 \cdot i1 + i0' \cdot i1'$$

Verilog 코드는 코드 1.1과 같다. 이어지는 절에서 코드의 언어 구조와 구문을 검토한다.

코드 1.1 1비트 비교기의 게이트 레벨 구현

```
module eq1
  // I/O Ports
  (
    input wire i0, i1,
    output wire eq
  );

  // signal delaration
  wire p0, p1;

  // body
  // sum of two product terms
  assign eq = p0 | p1;
  // product terms
  assign p0 = ~i0 & ~i1;
  assign p1 = i0 & i1;

endmodule
```

1) 어서트 : 시스템 버스의 신호선 등에 있어, 그것이 유효 (액티브) 상태가 되는 것

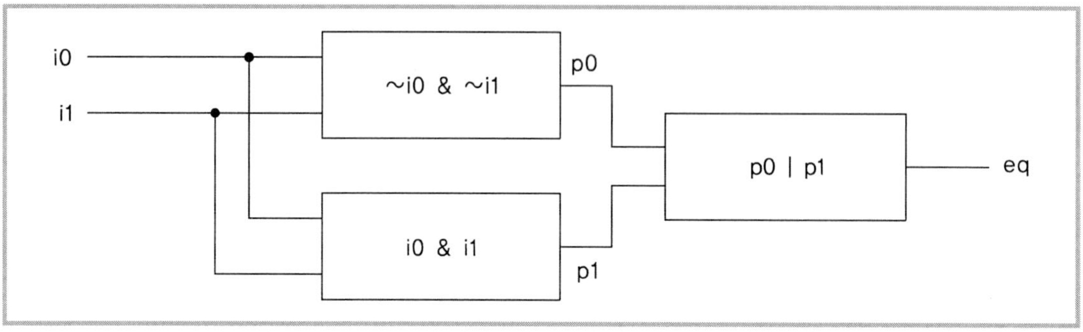

그림 1.1 비교기 프로그램의 시각적 표현

HDL(하드웨어 설명 언어) 프로그램을 이해하는 가장 좋은 방법은 그것을 하드웨어 회로 관점에서 생각하는 것이다. 상기 프로그램은 세 부분으로 구성된다. I/O 포트 부분인 i0 및 i1 및 eq는 각각 회로의 입력 및 출력 포트이다. 신호 선언부는 p0 및 p1의 내부 연결 신호를 기술한다. 본문 부분은 회로의 내부 구성을 기술한다. 이 코드에는 세 가지 연속 할당이 있다. 각각은 특정 간단한 논리 연산을 수행하는 회로 부분으로 생각할 수 있다. 우리는 다음 절에서 이 코드의 언어 구조와 구문을 검사한다.

이 프로그램의 시각적 표현은 그림 1.1과 같다. 이 세 연속적 대입문이 세 회로의 부분을 구성한다. 이 파트들의 연결은 신호 및 포트 이름을 통하여 암시적으로 지정된다.

1.3 기본적인 어휘 요소 및 데이터 형

1.3.1 어휘 요소

식별자 식별자는 객체에게 eq1, i0, 그리고 p0와 같은 고유한 이름을 부여한다. 식별자는 문자와 숫자, 밑줄(_), 그리고 달러($) 기호로 구성될 수 있다. $는 일반적으로 시스템 태스크나 펑션과 함께 사용된다. 식별자의 첫 번째 문자는 문자 또는 밑줄이어야 한다. 객체에 대한 설명이 포함된 이름을 지정하는 것이 좋다. 예를 들어, mem_addr_en은 메모리 주소 활성화 신호로 mae보다 의미가 있다.

Verilog는 대소문자를 구별하는 언어이다. 따라서 data_bus, Data_Bus 및 DATA_BUS는 세 개의 다른 객체를 참조한다. 혼동을 피하기 위해, 상기와 같이 다른 식별자를 만드는 것을 삼가야 한다.

키워드 키워드는 언어 구조를 설명하는 데 사용되는 미리 정의된 식별자이다. 이 책은 코드 1.1의 module 및 wire와 같은 Verilog 키워드에는 볼드체를 사용한다.

공백 스페이스, 탭 및 개행 문자를 포함하는 공백은 식별자를 구분하는 데 사용되며 Verilog 코드에서 자유롭게 사용할 수 있다. 적절한 공백을 사용하면 코드의 형식을 지정하고 보다 읽기 쉽게 만들 수 있다.

주석 주석은 문서화 목적으로만 사용되며 소프트웨어에 의해 무시된다. Verilog에는 두 가지 형식의 주석이 있다. 한 줄 주석은 //로 시작한다.

```
// This is a comment.
```

여러 줄 주석은 / *와 * / 사이에 적는다.

```
/* This is comment line 1.
   This is comment line 2.
   This is comment line 3. */
```

이 책에서는 위의 예에서처럼 주석에 이탤릭체를 사용한다.

1.4 데이터 형

1.4.1 네 가지 값 시스템

데이터 형으로 사용되는 네 기본적인 값은 다음과 같다.

- 0: "논리 0", 또는 거짓 조건
- 1: "논리 1", 또는 참 조건
- z: 하이 임피던스 상태
- x: unknown(미정) 값

z값은 3 상태 버퍼의 출력에 해당한다. x값은 일반적으로 모델링 및 시뮬레이션에서 사용되며 초기화되지 않은 입력 또는 출력 충돌과 같이 0, 1 또는 z가 아닌 값을 나타낸다.

1.4.2 데이터 타입 그룹

Verilog는 네트 그룹과 변수 그룹의 두 그룹의 데이터 형이 존재한다.

네트 그룹 네트 그룹의 데이터 유형은 하드웨어 구성 요소 간의 물리적 연결을 나타낸다. 그것들은 연속적 할당의 출력과 다른 모듈 간의 연결 신호로 사용된다. 이 그룹에서 가장 일반적으로 사용되는 데이터 유형은 **wire**이다. 이름에서 알 수 있듯이 연결선을 나타낸다.

wire 데이터 형은 1비트 신호를 나타낸다.

```
wire p0, p1;                    // two 1-bit signals
```

만약 신호들을 그룹지어 버스로 표현하면, 우리는 1차원 배열(벡터)을 통해 이를 표현할 수 있으며, 이는 다음과 같다.

```
wire [7:0] data1, data2; // 8-bit data
wire [31:0] addr;        // 32-bit address
wire [0:7] reverse_data; // ascending index should be avoided
```

색인 범위는 내림차순([7 : 0]) 또는 오름차순([0 : 7]에서와 같이) 중 하나 일 수 있지만, 가장 왼쪽 위치(즉, 7)가 2 진수의 MSB에 해당하기 때문에 전자가 선호된다.

2차원 배열은 메모리를 표현하기 위해 필요하다. 예를 들어, 32 × 4 메모리(즉, 4 비트 폭을 가진 32 워드를 가지는 메모리)는 다음과 같이 나타낼 수 있다.

```
wire [3:0] mem1 [31:0];  // 32-by-4 memory
```

네트 그룹의 다른 데이터 형은 특정 논리적 동작 혹은 기능을 의미하며, 예를 들면 **wand**(AND 연산을 하는 wire) 그리고 **supply0**(회로의 그라운드 연결)가 있다. 본서에서는 이러한 데이터 형은 사용하지 않는다. Verilog-2001은 또한 부호화된 데이터 형을 허용하며 이러한 이슈는 7.3 절에서 논의될 예정이다.

변수 그룹 변수 그룹의 데이터 형은 행동 모델링의 추상 저장소를 나타내며 절차적 할당의 출력에 사용된다. 이 그룹에는 **reg, integer, real, time**, 그리고 **realtime**의 다섯 가지 데이터 형이 있다. 이 그룹에서 가장 많이 사용되는 데이터 형은 **reg**이고 합성 가능하다. 암시된 회로는 물리적 저장 장치를 포함하고 있을 수도 있고, 그렇지 않을 수도 있다. 마지막 세 데이터 형은 모델링과 시뮬레이션 용도로만 사용된다. 그리고 **integer** 데이터 형은 7.3절에서 논의될 예정이다.

Verilog 1995에서는 변수 그룹을 레지스터 그룹이라고 하였다. 이 그룹 용어는 물리적 하드웨어 레지스터(플립플롭의 집합)와 같기 때문에, Verilog 2001에서 혼동을 피하기 위하여 변경되었다. 본서에서는 변수를 데이터 형을 나타내기 위해, 그리고 레지스터를 물리적 레지스터 회로를 나타내기 위하여 사용한다.

1.4.3 숫자 표현

Verilog에서 상수 정수는 다양한 형식으로 나타낼 수 있다. 일반적인 형태는 다음과 같다.

```
[sign] [size]'[base][value]
```

여기에서 [base] 항은 숫자의 기수를 나타내기 위하여 사용되었으며, 다음과 같은 종류가 있다.

- b 또는 B: 2진수
- o 또는 O: 8진수
- h 또는 H: 16진수
- d 또는 D: 10진수

[value]항은 해당 기수에 해당하는 숫자의 값을 나타낸다. 명확하게 표현하기 위해 밑줄(_)이 사용될 수 있다.

[size]항은 숫자의 비트 수를 나타내며, 선택사항이다. [size]항이 존재하면 크기가 지정된 수이고, 그렇지 않으면 크기가 지정되지 않은 수가 된다.

크기가 지정된 수 크기가 지정된 A는 변수의 비트 수를 명시적으로 표현한다. 만약 값의 크기가 지정된 크기보다 작으면 부호 데이터 형의 경우 MSB가 채워진다. 몇 가지 숫자 표현의 예를 표 1.2에 나타내었다.

크기가 비지정된 수 크기가 비지정된 수는 [size]항을 생략한다. 숫자의 실제 크기는 호스트 컴퓨터에 따라 다르지만 최소 32비트여야 한다. [base]항 또한 숫자가 10진수이면 생략 가능하다. 32비트 호스트 컴퓨터에서의 몇몇 크기가 지정되지 않은 수의 예는 표 1.2에 나타나 있다.

1.4.4 연산자

Verilog는 스무 개 이상의 연산자가 있다. 게이트 수준의 설명을 위해서는 ~ (not), & (and), | (or), 그리고 ^ (xor)의 연산자가 필요하다. 이 연산자들은 게이트 수준의 셀을 의미한다. 다른 연산자들은 3.2절에서 논의된다.

1.5 프로그램 골격

이름이 의미하듯, HDL은 하드웨어를 기술하기 위해 사용한다. 만일 우리가 Verilog 코드를 개발하거나 검사할 때, 우리가 순차 알고리즘이 아닌 하드웨어 구조의 측면에서 생각하면 보다 이해하기 쉽다.

표 1.2 크기가 지정된 수와 비지정된 수의 예

numger	stored value	comment
5'b11010	11010	
5'b11_010	11010	_ignored
5'o32	11010	
5'h1a	11010	
5'd26	11010	
5'b0	00000	0 extended
5'b1	00001	0 extended
5'bz	zzzzz	z extended
5'bx	xxxxx	x extended
5'bx01	xxx01	x extended
-5'b00001	11111	2's complement of 00001
'b11010	00000000000000000000000000011010	extended to 32bits
'hee	00000000000000000000000011101110	extended to 32bits
1	00000000000000000000000000000001	extended to 32bits
-1	11111111111111111111111111111111	extended to 32bits

이 책에 포함된 많은 Verilog 코드는 코드 1.1에 나타난 기본 골격을 따른다. 기본 코드는 I/O 포트 선언, 신호 정의, 그리고 모듈 본체의 세 구성요소로 이루어져 있다.

1.5.1 포트 선언

모듈 및 포트의 선언은 코드 1.1에 나타나 있다.

```
module eq1
   (
    input wire i0, i1,
    output wire eq
   );
```

I/O 선언은 I/O 포트의 모드, 데이터 형, 그리고 모듈의 I/O 이름을 지정한다. 단순화된 구문은 다음과 같다.

```
module [module_name]
  (
```

```
    [mode] [data_type] [port_names],
    [mode] [data_type] [port_names],
    ...
    [mode] [data_type] [port_names]
);
```

`[mode]`항은 **input, output,** 또는 **inout**의 값을 가지며, 이는 각각 입력 포트인지, 출력 포트인지, 양방향 포트인지를 나타낸다. 마지막 선언에는 콤마가 없다. 만약 해당 포트가 **wire**일 경우 `[data_type]`은 생략이 가능하다.

Verilog-1995 포트 선언 Verilog-1995에서는 포트 이름, 모드, 그리고 데이터 형을 따로 선언하였다. 포트 선언의 예를 들면,

```
module eq1 (i0, i1, eq);    // only port names in brackets
   // decleare mode
   input i0, i1;
   output eq;
   // declear data type
   wire i0, i1;
   wire eq;
```

이 책에서는 이 방식은 사용하지 않는다.

1.5.2 프로그램 몸체

명령문이 순차적으로 실행되는 C 언어의 프로그램과 달리 합성 가능한 Verilog 모듈의 프로그램 본문은 회로 부품들의 모음으로 간주될 수 있다. 이 파트는 병렬로 동작하며 동시에 실행된다. 파트를 기술하는 몇 가지 방법이 있다.

- 연속 할당문
- Always 블록
- 모듈의 인스턴스화

회로를 설명하는 첫 번째 방법은 연속 할당을 사용하는 것으로, 이것은 단순한 조합 회로에 유용하다. 단순화된 구문은 다음과 같다.

```
assign [signal_name] = [expression];
```

각 연속 할당은 회로 부품으로 생각할 수 있다. 좌변의 신호는 출력 신호이고 우변의 신호는 입력 신호이다. 다음과 같은 식을 예로 들면,

```
assign eq = p0 | p1;
```

이것은 or 연산을 수행하는 회로이다. p0 또는 p1의 값이 변경되면 이 명령문이 활성화되고 표현식이 평가된다. 새로운 값은 지연 시간 이후에 eq에 할당된다. 코드 1.1에는 세 가지 연속 할당이 있으며 그림 1.1에 표시된 세 회로 부분에 해당한다. 할당이 회로 부품과 대응하기 때문에 이러한 명령문의 순서는 중요하지 않다.

회로를 설명하는 두 번째 방법은 always 블록을 사용하는 것이다. 보다 추상적인 절차적 할당이 always 블록 내부에서 사용될 수 있어 더 복잡한 회로 작업을 설명하는 데 사용할 수 있다. always 블록은 3.3 절에서 설명한다.

회로 부분을 설명하는 세 번째 방법은 모듈 인스턴스화를 사용하는 것이다. 인스턴스 생성은 다른 모듈의 인스턴스를 생성하며, 현재 모듈의 하위 시스템으로 미리 디자인된 모듈을 통합할 수 있다. 인스턴스화는 1.6 절에서 논의된다.

1.5.3 신호 정의

선언 부분은 모듈에서 사용되는 내부 신호와 매개 변수를 지정한다. 내부 신호는 그림 1.1과 같이 회로 부품 사이의 상호 연결 wire로 생각할 수 있다. 단순화된 신호 선언은 다음과 같다.

```
[data_type] [port_names];
```

두 내부 신호는 코드 1.1에 선언되었다

```
wire p0, p1;
```

암시적 네트 Verilog에서는 식별자를 명시적으로 선언할 필요가 없다. 선언을 생략하면 암시적 네트라고 가정한다. 기본 데이터 유형은 **wire**이다. 코드 1.2는 코드 1.1에서 명시적 선언을 제거하고 단순화한 코드를 보여준다.

코드 1.2 암시적 네트를 이용한 코드

```
module eq1_implicit
  (
    input i0, i1,
    output eq
  );

  // no internal signal delaration

  // product terms must be placed in front
  assign p0 = ~i0 & ~i1;       // implicit declaration
```

```
    assign p1 = i0 & i1;           // implicit declaration
    // sum of two product terms
    assign eq = p0 | p1;

 endmodule
```

코드는 더 줄어들었지만 맞춤법이 틀린 식별자의 미묘한 오류가 발생할 수 있다. 명확성과 문서화를 위해 이 책에서는 항상 명시적 선언을 사용한다.

1.5.4 또 다른 예제

비교기는 2비트 입력으로 확장 가능하다. 입력 a와 b와 출력 aeqb라고 하면 aeqb 신호는 a의 비트와 b의 비트들이 모두 같을 때에만 할당된다. 코드는 코드 1.3에 나타내었다.

코드 1.3 2비트 비교기의 게이트 레벨 구현

```
module eq2_sop
   (
    input wire [1:0] a, b,
    output wire eq
   );

   // internal signal declaration
   wire p0, p1, p2, p3;
   // sum of product terms
   assign aeqb = p0 | p1 | p2 | p3;
   //  product terms
   assign p0 = (~a[1] & ~b[1]) & (~a[0] & ~b[0]);
   assign p1 = (~a[1] & ~b[1]) & (a[0] & b[0]);
   assign p2 = (a[1] & b[1]) & (~a[0] & ~b[0]);
   assign p3 = (a[1] & b[1]) & (a[0] & b[0]);

endmodule
```

a 및 b 포트는 이제 두 요소 배열로 선언된다. 아키텍처 몸체의 유도는 1 비트 비교기와 유사하다. p0, p1, p2 및 p3 신호는 네 개의 곱 항들의 결과이고, 최종 결과인 aeqb는 곱의 합 형식으로 표현된다.

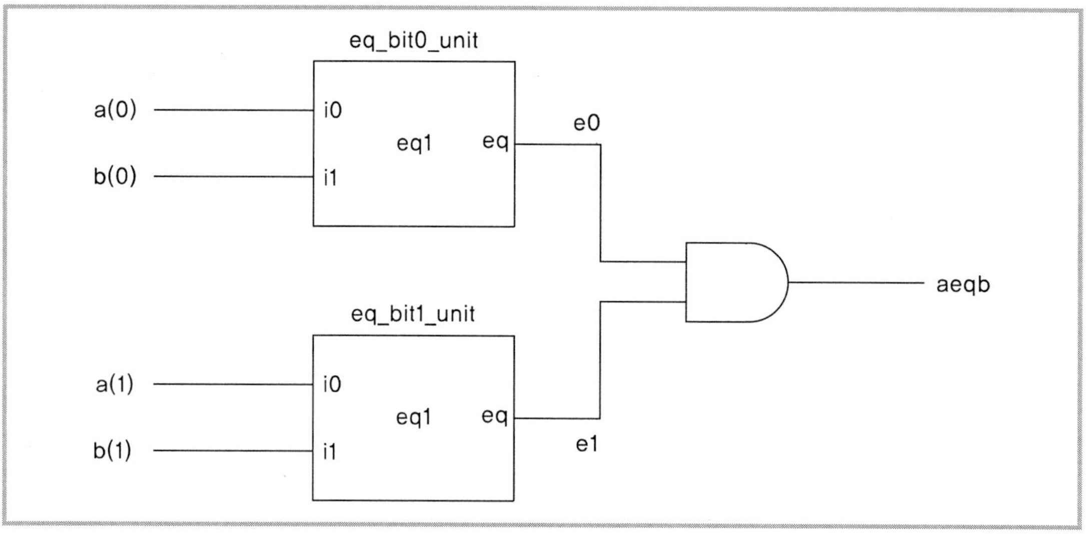

그림 1.2 1비트 비교기로 2비트 비교기를 구성

1.6 구조적 기술

디지털 시스템은 종종 여러 개의 작은 하위 시스템으로 구성된다. 이를 통해 더 단순하거나 사전 설계된 구성 요소로 대규모 시스템을 구축할 수 있다. Verilog는 이 작업을 수행하기 위해 모듈 인스턴스화라는 메커니즘을 제공하며, 이 유형의 코드를 구조적 기술이라고 한다. 1.5.4 절의 2 비트 비교기의 설계 대안은 이전에 구성된 1 비트 비교기를 빌딩 블록으로 활용하는 것이다. 다이어그램은 두 개의 1 비트 비교기를 사용하여 두 개의 개별 비트를 검사하고 그 결과가 셀에 저장되는 것으로 그림 1.2에 나타내었다.

aeqb 신호는 두 비트가 동일한 경우에만 참이 된다. 코드 1.4에는 해당 코드를 나타내었다.

코드 1.4 2비트 비교기의 구조적 기술

```
module eq2
  (
    input wire [1:0] a, b,
    output wire aeqb
  );

  // internal signal delaration
  wire e0, e1;

  // body
```

```
   // instantiate two 1-bit comparators
   eq1 eq_bit0_unit(.i0(a[0]), .i1(b[0]), .eq(e0));
   eq1 eq_bit1_unit(.eq(e1), .i0(a[1]), .i1(b[1]));
   //  a and b are equal if individual bits are equal
   assign aeqb = e0 & e1;

endmodule
```

코드에는 두 개의 모듈 인스턴스화 문이 포함되어 있다. 모듈 인스턴스화의 단순화된 구문은 다음과 같다.

```
[module_name] [instance_name]
  (
   .[port_name]([signal_name]),
   .[port_name]([signal_name]),
   . . .
   );
```

구문의 첫 번째 부분은 사용되는 구성 요소를 지정한다. [module_name] 항은 모듈의 이름을 나타내고 [instance_name] 용어는 인스턴스에 대한 고유 ID를 제공한다. 두 번째 부분은 인스턴스화된 모듈(하위 수준 모듈)의 I/O 포트와 현재 모듈(상위 수준 모듈)에서 사용되는 외부 신호 간의 연결을 나타내는 포트 연결이다. 이 매핑 형태는 이름으로 연결(connection by name)이라고 한다. 포트 이름과 신호 이름 쌍의 순서는 중요하지 않다.

코드 1.4의 첫 번째 구성 요소인 인스턴스화 문은 다음과 같다.

```
eq1 eq_bit0_unit(.i0(a[0]), .i1(b[0]), .eq(e0));
```

eq1은 코드 1.1에 정의된 모듈 이름이다. 포트 매핑은 그림 1.2에 표시된 연결을 반영한다. 구성 요소 인스턴스화 문은 다른 모듈에서 기능이 정의된 "블랙박스"에 포함된 회로를 나타낸다.

이 예제는 블록 다이어그램과 코드 간의 밀접한 관계를 보여준다. 이 코드는 본질적으로 회로도에 대한 텍스트 설명이다. 사용자가 다이어그램을 이해하는 것은 어색하지만, 모든 표현이 단일 HDL 프레임 워크에 나타나 있다. Xilinx ISE 패키지에는 그래픽 형식으로 도식한 다음 다이어그램을 HDL 구조 기술로 변환할 수 있는 간단한 스키매틱 편집기 유틸리티가 포함되어 있다.

순서 쌍을 이용한 연결 순서대로 나열하여 연결 포트와 외부 신호를 연결하는 다른 방법은 순서대로 나열하는 것이다(위치 별 연결(connection by position)이라고도 함). 이 방식에서는 하위 모듈의 포트 이름이 생략되고 상위 모듈의 신호가 하위 모듈의 포트 선언과 같은 순서로 나열된다. 이 스키마를 사용하면 코드 1.4의 두 모듈 인스턴스화 문을 다음과 같이 다시 작성할 수 있다.

```
eq1 eq_bit0_uint (a[0], b[0], e0);
eq1 eq_bit1_uint (a[1], b[1], e1);
```

이 방법은 코드를 더 간단하게 만들어 주지만, 특히 I/O 포트가 많은 모듈의 경우 오류가 발생하기 쉽다. 예를 들어, 하위 모듈의 코드를 수정하고 포트 선언에서 두 포트의 순서를 전환하면 모든 인스턴스화된 모듈도 수정해야 한다. 이 작업이 실수로 코드 편집 중에 수행되면 변경된 포트 순서가 합성 중에 감지되지 않고 버그를 찾기 어렵게 된다. 우리는 이 책에서 항상 이름으로 연결(connection-by-name) 방식을 사용한다.

Verilog 프리미티브 Verilog에는 모듈로 인스턴스화할 수 있는 사전 정의된 프리미티브 세트가 포함되어 있다. 이러한 프리미티브는 and, or 및 not과 같은 간단한 게이트 레벨 기능 블록에 해당한다. 예를 들어 eq1 회로는 그림 1.3과 같이 간단한 셀을 사용하여 구현할 수 있다. 해당 프리미티브 기반 코드는 코드 1.5와 같다.

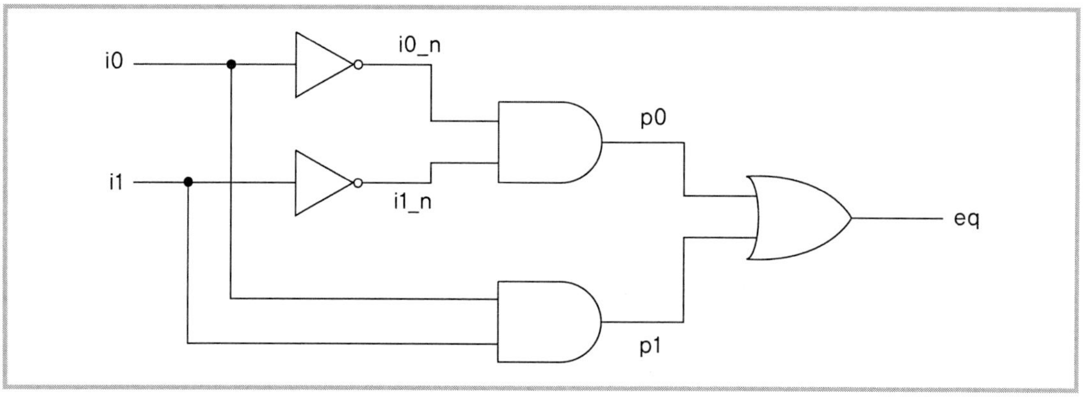

그림 1.3 1비트 비교기의 저레벨 다이어그램

코드 1.5 Verilog 프리미티브를 이용한 구현

```
module eq1_primitive
  (
    input wire i0, i1,
    output wire eq
  );

  // internal signal delaration
  wire i0_n, i1_n, p0, p1;
```

```
   // primitive gate instantiations
   not unit1 (i0_n, i0);                    // i0_n = ~i0;
   not unit2 (i1_n, i1);                    // i1_n = ~i1;
   and unit3 (p0, i0_n, i1_n);                    // p0 = i0_n & i1_n;
   and unit4 (p0, i0, i1);      // p1 = i0 & i1;
   or unit5 (eq, p0, p1);       // eq = p0 | p1;
endmodule
```

이 형태의 코드는 매우 지루하고 간단한 비트 논리 연산자로 쉽게 대체할 수 있다. 이 책에서는 프리미티브를 사용하지 않는다.

사전에 정의된 프리미티브 외에도 사용자 정의 프리미티브(UDP; User Defined Primitive)로 알려진 사용자 정의 프리미티브를 정의할 수 있다. 예를 들어, UDP에서 1 비트 비교기 회로를 정의할 수 있다(코드 1.6 참조).

코드 1.6 1비트 비교기의 UDP

```
primitive eq1_udf(eq, i0, i1);
   output eq;
   input i0, i1;

   table
   // i0 i1 : eq
      0  0  :  1;
      0  1  :  0;
      1  0  :  0;
      1  1  :  1;
   endtable

endprimitive
```

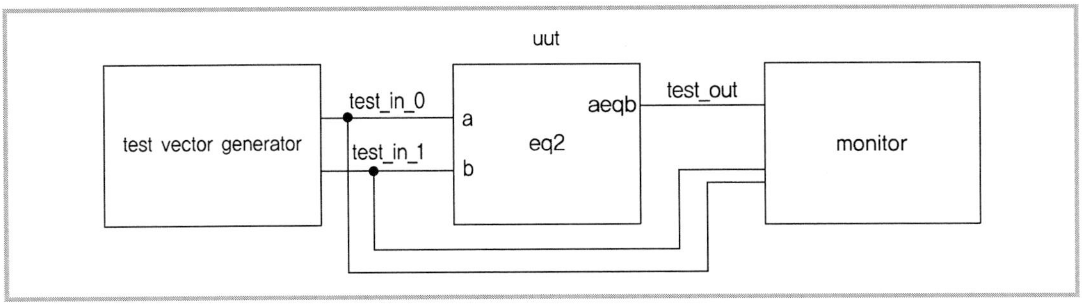

그림 1.4 2비트 비교기의 테스트벤치

기본적으로 UDP는 회로에 대한 테이블 기반 설명이다. 동일한 테이블은 case문(3.5 절에서 논의 됨)에 의해서도 기술될 수 있다. 우리는 후자의 방법을 사용하고 이 책에서는 UDP를 사용하지 않는다.

1.7 테스트벤치

코드가 개발된 후에는 호스트 컴퓨터에서 시뮬레이션을 수행하여 회로 작동의 정확성을 검증하고 물리적 장치로 합성할 수 있다. 시뮬레이션은 일반적으로 동일한 HDL 프레임 워크 내에서 수행된다. 우리는 실제 실험실 작업대를 모방하기 위해 테스트벤치로 알려진 특별 프로그램을 만든다. 그림 1.4는 2 비트 비교기 테스트벤치의 스케치이다. uut 블록은 테스트중인 유닛이고, 테스트 블록 생성 블록은 테스트 입력 패턴을 생성하고, 블록은 출력 응답을 검사한다. 2 비트 비교기에 대한 간단한 테스트벤치가 코드 1.7에 나와 있다.

코드 1.7 2비트 비교기의 테스트벤치

```
// The 'timescale directive specifies that
// the simulation time unit is 1ns and
// the simulation timestep is 10 ps
'timescale 1 ns/10 ps

module eq2_testbench;
  // single declaration
  reg [1:0] test_in0, test_in1;
  wire test_out;
  // instantiate the circuit under test
  eq2 uut
      (.a(test_in0), .b(test_in1), .aeqb(test_out));

  //  test vector generator
  initial
  begin
    // test vector 1
    test_in0 = 2'b00;
    test_in1 = 2'b00;
    #200;
    // test vector 2
    test_in0 = 2'b01;
    test_in1 = 2'b00;
    #200;
```

```
        // test vector 3
        test_in0 = 2'b01;
        test_in1 = 2'b11;
        #200;
        // test vector 4
        test_in0 = 2'b10;
        test_in1 = 2'b10;
        #200;
        // test vector 5
        test_in0 = 2'b10;
        test_in1 = 2'b00;
        #200;
        // test vector 6
        test_in0 = 2'b11;
        test_in1 = 2'b11;
        #200;
        // test vector 7
        test_in0 = 2'b11;
        test_in1 = 2'b01;
        #200;
        // stop simulation
        $stop;
    end

endmodule
```

코드는 2 비트 비교기의 인스턴스를 생성하는 모듈 인스턴스화 문과 테스트 패턴의 시퀀스를 생성하는 initial 블록으로 구성된다. initial 블록은 시뮬레이션이 시작될 때 한 번 실행되는 특별한 Verilog 구조이다. initial 블록 내의 명령문은 순차적으로 실행된다. 각 테스트 패턴은 다음과 같이 세 가지 명령문에 의해 생성된다.

```
// test vector 2
test_in0 = 2'b01;
test_in1 = 2'b00;
#200;
```

처음 두 문은 test_in0 및 test_in1 신호의 값을 지정하고 세 번째 문은 두 값이 200 시간 단위로 지속됨을 나타낸다. 마지막 명령문인 **$stop**은 Verilog의 시스템 기능으로 시뮬레이션을 중지하고 제어를 시뮬레이션 소프트웨어로 반환한다.

코드에는 모니터가 없으며, 가상 로직 분석기(virtual logic analyzer)로 간주할 수 있는 시뮬레이터의 디스플레이에서 입력 및 출력 파형을 관찰할 수 있다. 이 테스트벤치의 시뮬레이션된 타이밍 다이어그램이 그림 2.16에 나와 있다.

포괄적인 테스트 벡터 생성기 및 모니터용 코드를 작성하려면 Verilog에 대한 자세한 지식이 필요하다. 현재 이 코드는 다른 조합 회로의 테스트벤치 템플릿으로 사용될 수 있다. 우리는 uut 인스턴스를 대체하고 새로운 회로에 따라 테스트 패턴을 수정할 수 있다. 7.5 절에서는 추가 모델링 및 시뮬레이션 관련 언어 구성을 검토하고 보다 정교한 테스트벤치를 구축하는 방법을 보여준다.

1.8 참고문헌

각 장의 마지막 부분에 짧은 참고문헌이 추가되어 더 알고 싶은 사람들에 대해 가장 관련성이 높은 참조를 제공한다. 이 책의 끝 부분에는 포괄적인 참고문헌이 포함되어 있다. Verilog는 복잡한 언어이다. 표준은 "IEEE Standard Verilog Hardware Description Language, IEEE Std 1364-2001"에 지정되어 있다.

S. Palnitkar의 "Verilog HDL, 2nd edition"과 M. D. Ciletti의 "Starter's Guide to Verilog 2001"는 언어 구문과 구문에 대한 자세한 내용을 제공한다.

Verilog-2001은 이전 표준보다 많은 개선 사항을 포함하고 있다. S. Sutherland의 "The IEEE Verilog 1364-2001 Standard: What's New, and Why You Need It"에는 이러한 새로운 기능이 요약되어 있다. 대형 디지털 시스템을 위한 테스트벤치의 유도는 어려운 작업이다. J. Bergeron의 "Writing Testbenches: Functional Verification of HDL Models, 2nd edition"이 주제에 중점을 둔다.

1.9 제안하는 실험

각 장의 끝 부분에서 연습으로 몇 가지 실험을 제안한다. 실험은 개념을 더 잘 이해하고 실제 회로를 설계하고 디버그할 수 있는 실제적인 기회를 제공한다.

1.9.1 게이트 레벨 숫자 비교 회로 코드

실험 2.9.1에서 HDL 코드를 개발하시오. 코드는 2장을 완료한 후에 시뮬레이션하고 합성할 수 있다.

1.9.2 게이트 레벨 이진 디코더 코드

실험 2.9.2에서 HDL 코드를 개발하라. 코드는 2장을 완료한 후에 시뮬레이션하고 합성할 수 있다.

CHAPTER 2

FPGA 및 EDA 소프트웨어 개요

2.1 서론

대형 FPGA 기반 시스템을 개발하는 것은 복잡한 변환과 최적화 알고리즘으로 구성된 복잡한 프로세스이다. 일부 작업을 자동화하려면 소프트웨어 도구가 필요하다. 우리는 합성 및 구현을 위해 Web 버전의 Xilinx *ISE* 패키지를 사용하고 시뮬레이션을 위해 Mentor Graphics의 *ModelSim XE III* 패키지의 starter 버전을 사용한다. 이 장에서는 FPGA 디바이스와 S3 프로토타이핑 보드에 대해 간략하게 소개하고 학습 과정에 시동을 걸기 위해 두 소프트웨어 패키지에 대한 간단한 자습서를 제공한다.[2)]

2.2 FPGA

2.2.1 일반적인 FPGA 디바이스 개요

필드 프로그래머블 게이트 어레이(FPGA)는 일반 논리 셀과 프로그래밍 가능한 스위치의 2차원 배열을 포함하는 논리 장치이다. FPGA 디바이스의 개념적 구조는 그림 2.1에 나와 있다. 논리 셀은 간단한 기능을 수행하도록 구성(즉, 프로그래밍)될 수 있고, 프로그래머블 스위치는 논리 채널들 간의 상호 접속을 제공하도록 설정될 수 있다. 각 논리 셀의 기능을 지정하고 각 프로그래밍 가능한 스위치의 연결을 선택적으로 설정하여 맞춤 설계를 구현할 수 있다. 설계 및 합성이 완료되면 간단한 어댑터 케이블을 사용하여 원하는 로직 셀을 다운로드하고 FPGA 디바이스로 설정을 전환하면 맞춤 회로를 얻을 수 있다. 이 프로세스는 "제조 시설(fab)"이 아닌 "현장"에서 수행될 수 있기 때문에 디바이스는 현장에서 프로그램 가능한(field programmable) 특성을 가지고 있다.

2) Basys3 평가보드 및 Vivado를 이용한 사용 방법은 카페(https://cafe.naver.com/fpgaqna)에서 확인 가능하다.

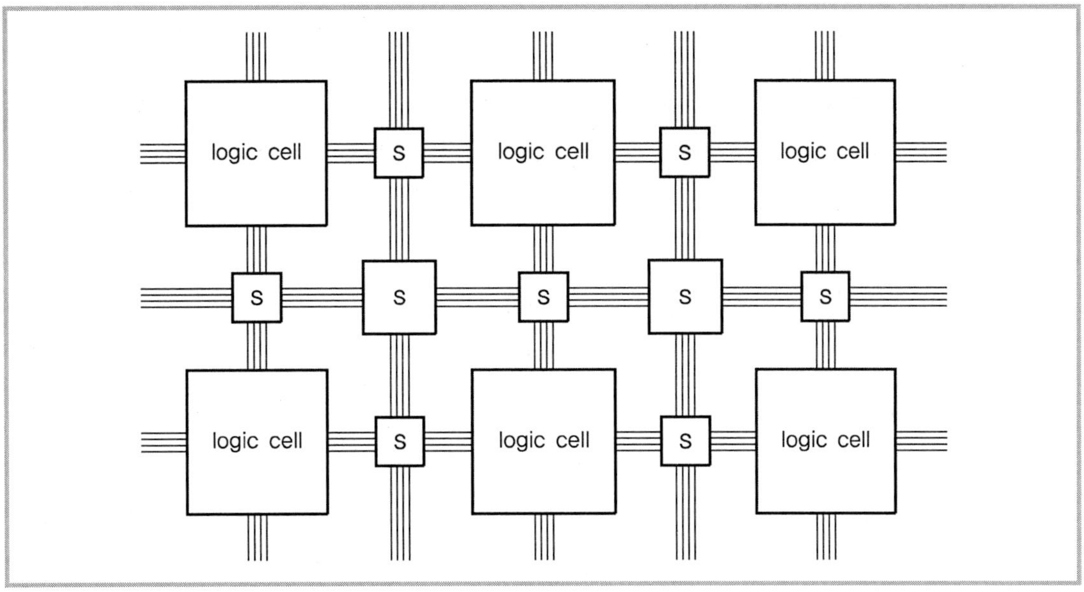

그림 2.1 FPGA 디바이스의 개념적 구조

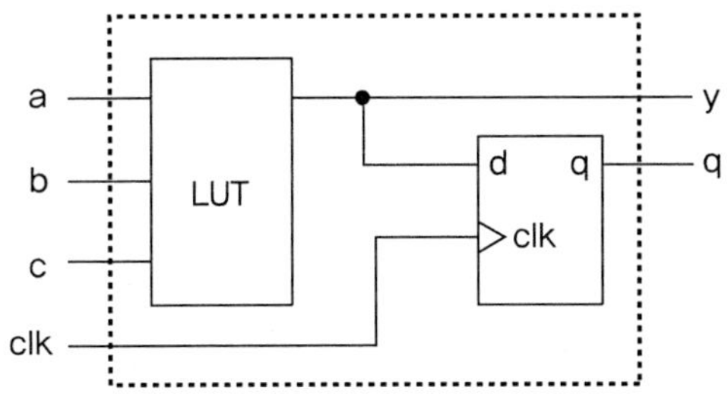

(a) Conceptual diagram

a	b	c	y
0	0	0	0
0	0	1	1
0	1	0	1
0	1	1	0
1	0	0	1
1	0	1	0
1	1	0	0
1	1	1	1

(b) Example table

그림 2.2 3 입력 LUT 기반 논리 셀

LUT 기반 논리 셀 논리 셀은 일반적으로 D 형 플립 플롭(D FF)이 있는 작고 구성 가능한 조합 회로를 포함한다. 구성 가능한 조합 회로를 구현하는 가장 일반적인 방법은 LUT(look-up table)이다. n 입력 LUT는 작은 2^n - by - 1 메모리로 간주될 수 있다. 메모리 내용을 적절히 쓰면 LUT를 사용하여 n 입력 조합 함수를 구현할 수 있다. 3 입력 LUT 기반 논리 셀의 개념도가 그림 2.2(a)에 나와 있다. $a \oplus b \oplus c$의 3 입력 LUT 구현 예가 그림 2.2(b)에 나와 있다. LUT의 출력은 직접 사용하거나 D FF에 저장할 수 있다. 후자는 순차 회로를 구현하는 데 사용할 수 있다.

매크로 셀 대부분의 FPGA 디바이스는 또한 특정 매크로 셀 또는 매크로 블록을 내장한다. 이들은 트랜지스터 수준에서 설계되고 제작되며, 그 기능은 일반적인 로직 셀을 보완한다. 일반적으로 사용되는 매크로 셀은 메모리 블록, 조합 곱셈기, 클럭 관리 회로 및 I/O 인터페이스 회로를 포함한다. 고급 FPGA 디바이스에는 하나 이상의 사전 제작된 프로세서 코어가 포함될 수도 있다.

2.2.2 Xilinx Spartan-3 디바이스 개요

이 책에서는 Xilinx Spartan-3 제품군 FPGA 디바이스를 사용한다. 논리 셀 수와 I/O 카운트 사이의 비율에 기초하여, 제품군은 여러 하위 제품군으로 더 나뉘어진다. 논의는 모든 하위 제품군에 적용된다.

논리 셀, 슬라이스, 그리고 설정 가능한 논리 블록(CLB) Spartan-3 디바이스의 가장 기본적인 요소는 그림 2.2와 비슷한 4입력 LUT와 D FF를 포함하는 로직 셀(LC)이다. 또한, 논리 셀은 캐리(carry) 회로를 포함하는데, 산술 기능을 구현하는 데 사용되는 회로와 와이드 멀티플렉서를 구현하기 위한 멀티플렉서 회로를 구현하는데 사용된다. LUT는 16-by-1 SRAM(Static Random Access Memory) 또는 16비트 시프트 레지스터(shift register)로 구성될 수도 있다.

유연성을 높이고 성능을 향상시키기 위해 8개의 로직 셀이 특별한 내부 라우팅 구조와 결합된다. Xilinx 용어로는 두 개의 로직 셀이 하나의 슬라이스로 그룹화되고 네 개의 슬라이스가 그룹화되어 설정(변경) 가능한 논리 블록(CLB; configurable logic block)을 형성한다.

매크로 셀 Spartan-3 디바이스에는 조합 곱셈기, 블록 RAM, DCM(digital clock manager) 및 IOB(input/output block)의 네 가지 유형의 매크로 블록이 있다. 조합 곱셈기는 두 개의 18 비트 숫자를 입력으로 받아들이고 곱을 계산한다. 블록 RAM은 다양한 유형의 구성으로 배열 될 수 있는 18K 비트의 동기식 SRAM이다. DCM은 디지털 지연 루프를 사용하여 클럭 스큐(clock skew)를 줄이고 클럭 신호의 주파수 및 위상 변이를 제어한다. IOB는 디바이스의 I/O 핀과 내부 로직 간의 데이터 흐름을 제어한다. 다양한 I/O 신호 표준을 지원하도록 구성할 수 있다.

Spartan-3 하위 제품군 디바이스 Spartan-3 FPGA 디바이스는 유사한 유형의 로직 셀과 매크로 셀을 가지고 있지만, 이들의 밀도는 다르다. 각 서브 패밀리는 다양한 밀도의 장치 배열을 포함한다. Spartan-3 서브 패밀리의 디바이스의 LC, 블록 RAM, 곱셈기 및 DCM의 수는 표 2.1에 요약되어 있다.

2.3 DIGILENT S3 BOARD 개요

Digilent S3 보드는 Spartan-3 디바이스(일반적으로 XC3S200)를 기반으로 하며 다양한 주변 장치를 내장하고 있다. 보드의 단순화된 레이아웃은 그림 2.3(a)와 (b)에 나와 있다. 주요 구성

요소 및 커넥터는 다음과 같다:

1. Xilinx Spartan-3 XC3S200 FPGA 디바이스(XC3S200FT256)
2. 2M-bit Xilinx XCF02S 플랫폼 flash configuration PROM
3. configuration source를 선택하는 점퍼
4. 두 개의 256K-by-16 비동기 SRAM 디바이스(ISSI IS61LV25616AL-10T)

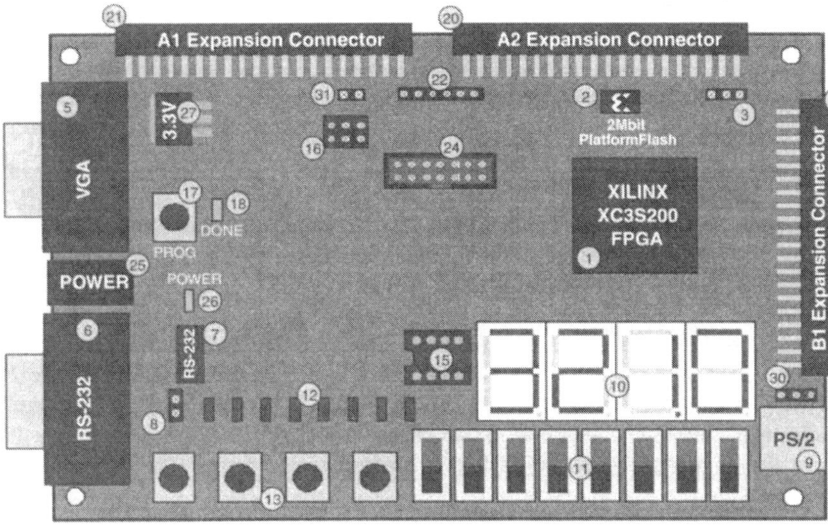

(a) Top view

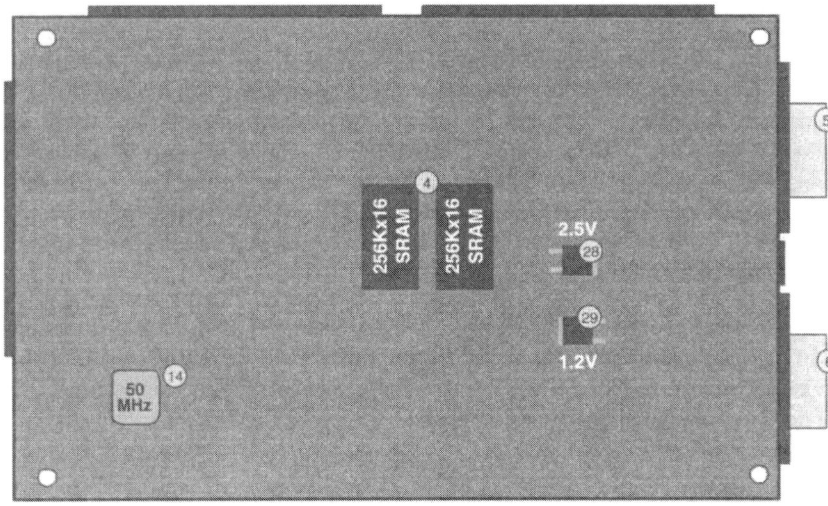

(b) Bottom view

그림 2.3 S3 board의 레이아웃(Courtesy of Xilinx, Inc. © Xilinx, Inc. 1994-2007. All rights reserved.)

표 2.1 Device in the Spartan-3 family

Device	Nu mber of LCs	Nu mber of block RAMs	Block RAM bits	Number of multipliers	Nu mber of DCMs
XC3S50	1,728	4	72K	4	2
XC3S200	4,320	12	216K	12	4
XC3S400	8,064	16	288K	16	4
XC3S1000	17,280	24	432K	24	4
XC3S1500	29,952	32	576K	32	4
XC3S2000	46,080	40	720K	40	4
XC3S4000	62,208	96	1,728K	96	4
XC3S5000	74,880	104	1,872K	104	4

5. VGA 디스플레이 포트
6. RS-232 시리얼 포트
7. RS-232 송수신기/전압 레벨 변환기
8. 두 RS-232 송수신 채널
9. PS/2 마우스/키보드 포트
10. 7 세그먼트 LED 4개
11. 8개의 슬라이드 스위치
12. 8개의 개별 LED 출력
13. 4개의 순간 접촉 푸시 버튼 스위치
14. 50 MHz 크리스탈 발진기 클럭
15. 보조 크리스탈 발진기 클럭용 소켓
16. FPGA configuration 모드 설정용 점퍼
17. FPGA 재구성용 푸시 버튼 스위치
18. FPGA가 성공적으로 구성되었는지 여부를 나타내는 LED
19. 40-pin 확장 커넥터 1(B1으로 표기)
20. 40-pin 확장 커넥터 2(A2로 표기)
21. 40-pin 확장 커넥터 3(A1으로 표기)
22. Digilent 다운로드 케이블용 JTAG 커넥터
23. Digilent 저가형 다운로드 케이블(S3 키트에 포함되어 있지만 그림 2.3에는 표시되지 않음)
24. JTAG 포트(자일링스 병렬 케이블 IV 및 MultiPRO 데스크탑 툴과 함께 사용, S3 키트에 포함되지 않음)
25. 5V 전원 공급 장치용(레귤레이터를 거치지 않음) 전원 커넥터(S3 키트에 포함)
26. Power-on LED 지시자
27. 3.3-V 전압 레귤레이터

28. 2.5-V 전압 레귤레이터
29. 1.2-V 전압 레귤레이터
30. PS2 포트 전압 공급 선택기(3.3 or 5 V)

2.4 개발 절차

간략화된 FPGA 기반 시스템 개발 흐름이 그림 2.4에 나와 있다. 추가 읽기를 돕기 위해 자일링스 문서에서 사용된 용어를 사용한다. 흐름의 왼쪽 부분은 개선 및 프로그래밍 프로세스(refinement and programming process)이다. 이 과정에서 시스템은 추상 텍스트 HDL 설명에서 장치 셀 수준 구성으로 변환되어 FPGA 디바이스로 다운로드된다.

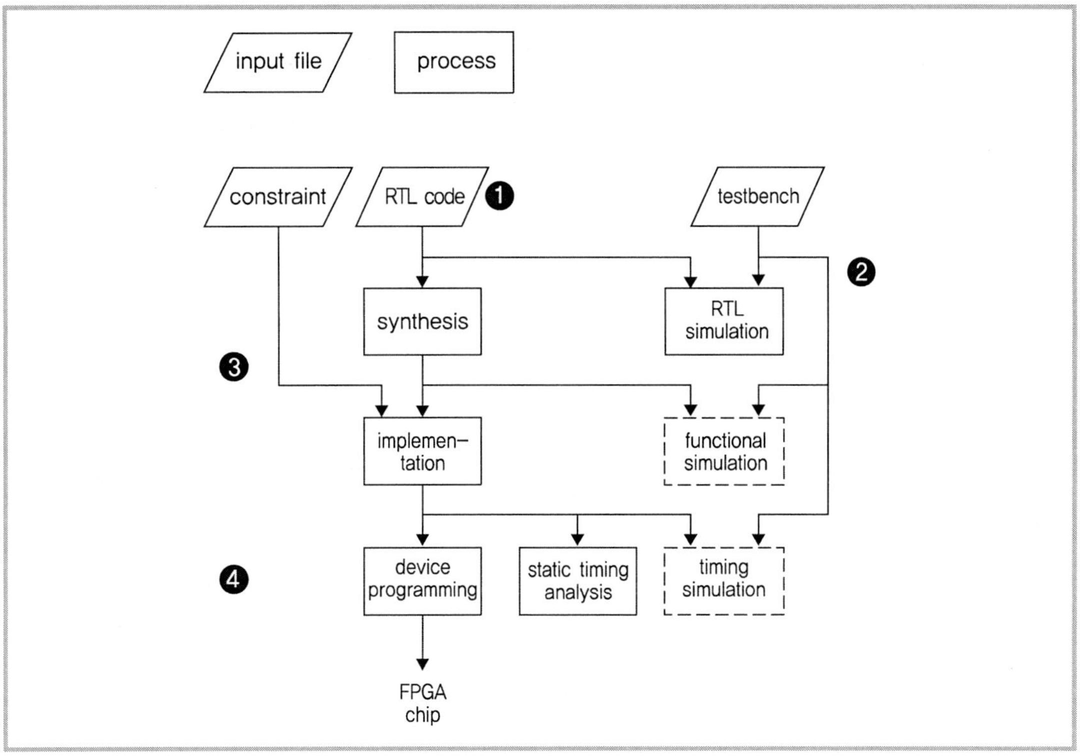

그림 2.4 개발 절차

오른쪽 부분은 시스템이 기능 사양 및 성능 목표를 충족하는지 확인하는 유효성 검사 프로세스이다. 흐름의 주요 단계는 다음과 같다.

1. 시스템을 설계하고 HDL 파일을 도출한다. 특정 구현 제약 조건을 지정하기 위해 별도의 제약 조건 파일을 추가해야 할 수도 있다.

2. HDL로 테스트벤치를 개발하고 RTL 시뮬레이션을 수행한다. RTL 용어는 HDL 코드가 레지스터 전송 레벨에서 수행된다는 사실을 반영한다.
3. 합성 및 구현을 수행한다. 합성 프로세스는 일반적으로 로직 합성(logic synthesis)으로 알려져 있으며, 소프트웨어가 HDL 구조를 단순한 로직 게이트 및 플립 플롭(FF)과 같은 일반 게이트 수준 구성 요소로 변환한다. 구현 프로세스는 변환(translate), 맵(map) 및 배치 및 라우팅(place and route)의 세 가지 작은 프로세스로 구성된다. 변환(translate) 프로세스는 여러 설계 파일을 단일 네트 리스트(net list)로 병합한다. 일반적으로 기술 매핑(technology mapping)이라고 알려진 맵(map) 프로세스는 네트 리스트의 일반 게이트를 FPGA의 로직 셀 및 IOB에 매핑한다. 일반적으로 배치 및 라우팅(place and route)이라고 하는 장소 및 경로 프로세스는 FPGA 칩 내부의 물리적 레이아웃을 가져온다. 물리적 위치에 셀을 배치하고 다양한 신호를 연결하는 경로를 결정한다. Xilinx flow에서는 최대 전파 지연 및 최대 클록 주파수와 같은 다양한 타이밍 매개 변수를 결정하는 정적 타이밍 분석이 구현(implement) 프로세스의 마지막에 수행된다.
4. 프로그래밍 파일을 생성하고 다운로드한다. 이 과정에서 최종 네트 리스트에 따라 구성 파일이 생성된다. 이 파일은 FPGA 셀에 연속적으로 다운로드되어 로직 셀과 스위치를 구성한다. 그에 따라 물리적 회로를 검증할 수 있다.

선택적 기능 시뮬레이션(*functional simulation*)은 합성(synthesis) 후에 수행될 수 있으며, 선택적 타이밍 시뮬레이션(*timing simulation*)은 구현(implementation) 후에 수행될 수 있다. 기능 시뮬레이션은 합성된 네트 리스트를 사용하여 RTL 설명을 대체하고 합성 프로세스의 정확성을 검사한다. 타이밍 시뮬레이션은 자세한 타이밍 데이터와 함께 최종 네트 리스트를 사용하여 시뮬레이션을 수행한다. 네트 리스트의 복잡성 때문에 기능 및 타이밍 시뮬레이션에 상당한 시간이 필요할 수 있다. 좋은 설계 및 코딩 방법을 따르면 HDL 코드가 올바르게 합성되고 올바르게 구현된다. 우리는 HDL 코드의 정확성을 검사하고 정적 타이밍 분석을 사용하여 관련 타이밍 정보를 검사하기 위해 RTL 시뮬레이션을 사용해야 한다. 기능 및 타이밍 시뮬레이션 모두 개발 절차에서 생략될 수 있다.

2.5 XILINX ISE PROJECT NAVIGATOR 개요

Xilinx ISE(integrated software environment)는 개발 절차의 모든 측면을 제어한다. Project Navigator는 사용자가 프로젝트와 관련된 소프트웨어 도구 및 관련 파일에 액세스할 수 있는 그래픽 인터페이스이다. ModelSim 시뮬레이션을 제외한 모든 개발 작업을 시작하는 데 사용한다. 이 섹션의 설명과 다음 섹션의 자습서는 ISE WebPack 버전 8.2를 기반으로 한다.

기본 ISE 창은 그림 2.5와 같다. 그것은 4개의 서브 윈도우로 나누어진다.

- 소스 창: *Sources window*(top left): 프로젝트에 포함된 파일을 계층 적으로 표시한다.
- 프로세스 창: *Processes window*(middle left): 현재 선택된 소스 파일에 대해 사용 가능한 프로세스를 표시한다.
- 표시 창: *Transcript window*(bottom): 상태 메시지, 오류 및 경고를 표시한다.
- 작업 창: *Workplace window*(top right): 보기 및 편집을 위한 여러 문서 창(예: HDL 코드, 보고서, 설계도 등)을 포함한다.

각 서브 윈도우는 크기 조정, 이동, 도킹 또는 도킹 해제가 가능하다. 보기〉복원(View-Restore)을 선택하여 기본 레이아웃을 복원할 수 있다. 서브 윈도우에는 여러 페이지가 있을 수 있다. 하단의 탭은 원하는 페이지를 선택하는 데 사용된다.

소스 창(Sources window) 소스 창은 주로 현재 프로젝트와 관련된 파일을 표시하는 데 사용된다. 전형적인 소스 창은 코드 2.2의 디자인에 해당한다(그림 2.6). **Sources for:** 레이블이 있는 위쪽 드롭 다운 목록은 현재 디자인 보기를 지정한다. 우리는 ISE를 합성 및 구현에만 사용하기 때문에 synthesis / implementation view를 선택해야 한다.

맨 아래에는 소스(Sources), 스냅 샷(Snapshot) 및 라이브러리(Libraries)라는 세 개의 탭이 있다. 소스 탭은 프로젝트 이름, 지정된 FPGA 디바이스, 사용자 문서 및 설계 파일을 표시한다. 모듈은 내부 설계 계층에 따라 표시된다. 그림 2.6에서 eq2와 eq1 개체는 코드 2.2의 계층 구조를 반영한다. eq2 모듈에는 디자인의 제약 조건을 지정하는 `eq_s3.ucf`도 포함된다. 해당 모듈을 더블클릭하여 작업 공간 창에서 파일을 열 수 있다. eq2 모듈과 마찬가지로 최상위 모듈 아이콘을 모듈 옆에 배치하여 이 특정 모듈에 대한 합성 및 구현을 유도할 수 있다.

스냅 샷 탭은 프로젝트의 "스냅 샷"을 표시하는데. 이것은 이전에 저장된 프로젝트 파일의 복사본이다. 라이브러리 탭은 프로젝트와 관련된 모든 라이브러리를 보여준다.

프로세스 창(Process window) 프로세스 창에 사용 가능한 프로세스가 표시된다. 디스플레이는 문맥에 민감하며 사용 가능한 프로세스는 소스 창에서 선택된 소스 유형을 기반으로 한다. 예를 들어, 최상위 모듈로 설정된 eq2 모듈이 그림 2.6에서 선택된다. 사용 가능한 프로세스는 그림 2.7과 같이 프로세스 창에 표시된다. 일부 프로세스에는 여러 하위 프로세스가 포함될 수도 있다. 해당 아이콘을 클릭하여 프로세스를 시작할 수 있다. ISE는 원하는 단계를 수행하는 데 필요한 프로세스를 자동으로 실행하는 "자동 생성" 기술을 통합한다. 예를 들어, 프로그래밍 파일 생성 프로세스를 시작하면 ISE는 파일 생성이 파일 생성에 의존하기 때문에 Synthesize and Implement Design 프로세스를 자동으로 호출한다. 구현 결과는 합성 결과에 따라 달라진다.

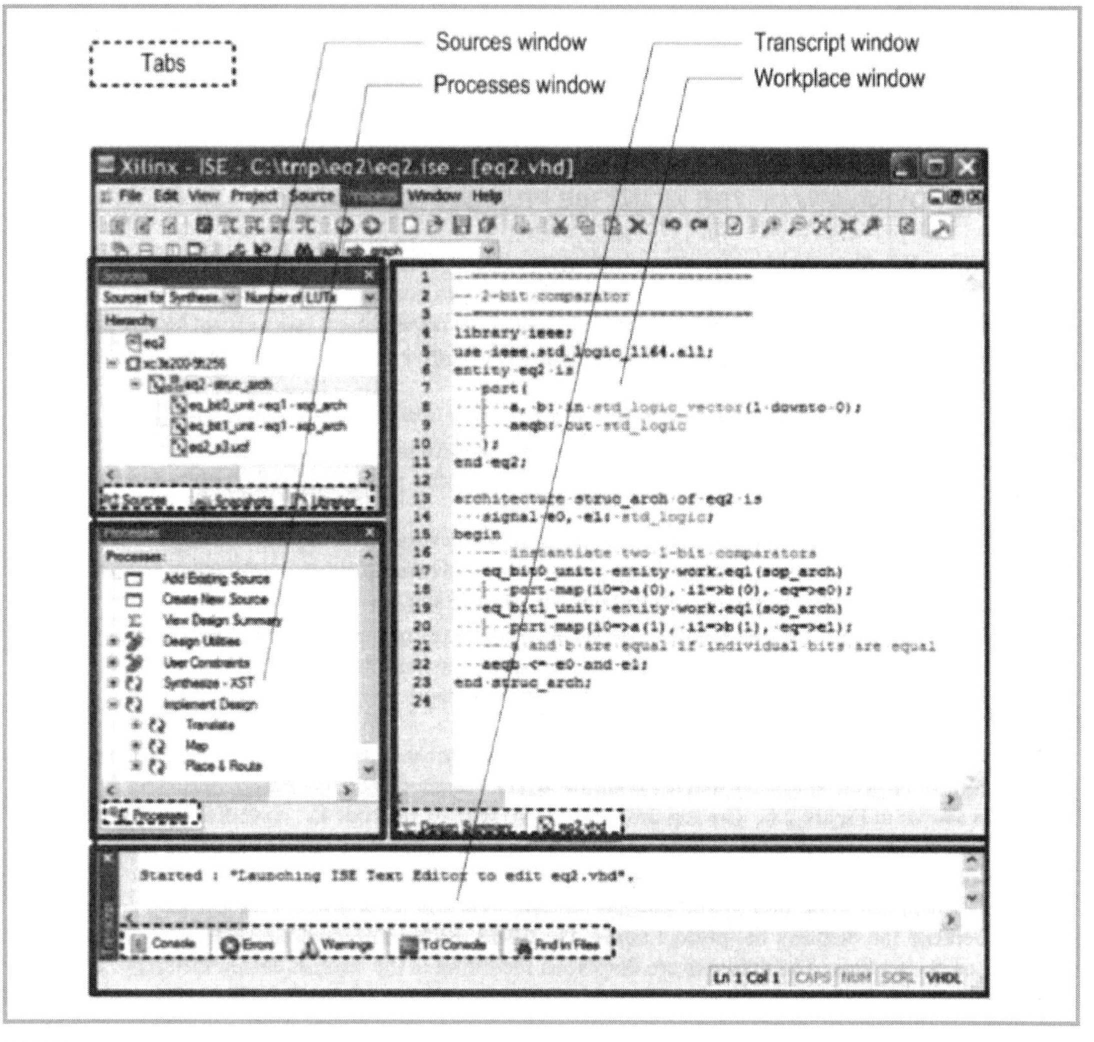

그림2.5 ISE 윈도우

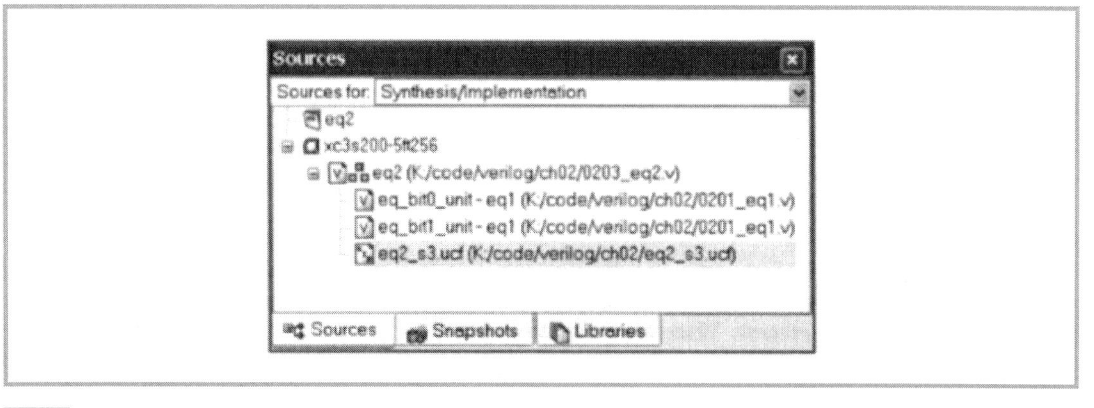

그림2.6 전형적인 ISE 윈도우의 소스 창(Source window)

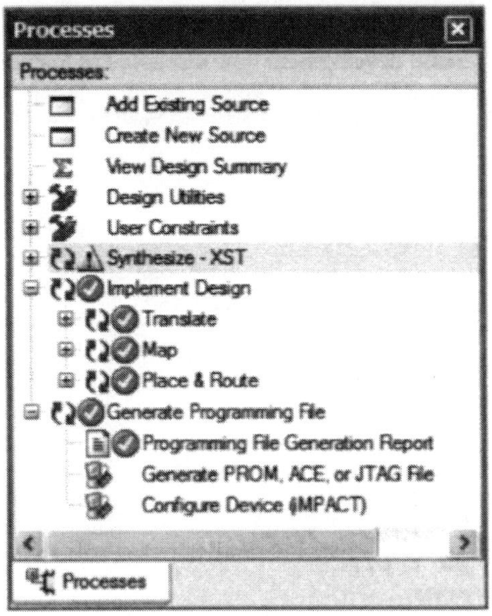

그림2.7. 프로세스 창(Process window)

표시 창(Transcript window) 표시 창은 프로세스의 진행 상황과 관련 메시지를 표시하는 데 사용된다. 콘솔 페이지에는 오류, 경고 및 정보 메시지가 표시된다. 오류 메시지 옆에는 빨간색 X 표시가 나타나며 경고는 노란색 !으로 표시된다. 경고 및 오류 페이지는 경고와 오류메시지만 표시된다.

작업 창(Workplace window) 작업 창은 사용자가 다양한 유형의 파일을 보고 편집할 수 있는 창이다. 우리는 그것을 두 가지 주요 작업을 수행하는 데 사용한다. 첫 번째 작업은 HDL 및 제약 조건 파일을 보고 편집하는 것이다. 기본 편집기는 ISE 텍스트 편집기이다. 이 편집기는 HDL 코드 생성을 지원하는 간단한 텍스트 편집기이다. 두 번째 작업은 디자인 요약과 다양한 보고서를 확인하는 것이다.

2.6 ISE PROJECT NAVIGATOR 간단 자습서

Xilinx ISE는 일련의 소프트웨어 툴로 구성되어 있지만, 사용법에 대한 자세한 논의는 이 책의 범위를 벗어난다. 이 섹션에서는 기본 개발 프로세스를 설명하기 위해 간단한 자습서를 제공한다. 네 가지 주요 단계가 있다.

1. 프로젝트 및 HDL 코드 생성 및 디자인
2. 테스트벤치 생성 및 RTL 시뮬레이션 수행
3. 제약 조건 파일(constraint file)을 추가하고 코드를 합성(synthesize)하고 구현(implement)함

4. configuration 파일을 생성하여 FPGA 디바이스로 다운로드

이 단계는 2.4 절에서 논의된 일반적인 개발 흐름을 따른다. 1장의 튜토리얼에서 설명한 2 비트 비교기를 사용한다. 코드는 코드 2.1과 2.2에서 반복된다.

코드 2.1 1비트 비교기의 게이트 수준 구현

```
module eq1
  // I/O Ports
  (
    input wire i0, i1,
    output wire eq
  );

  // signal delaration
  wire p0, p1;

  // body
  // sum of two product terms
  assign eq = p0 | p1;
  // product terms
  assign p0 = ~i0 & ~i1;
  assign p1 = i0 & i1;

endmodule
```

코드 2.2 2비트 비교기의 구조적 기술

```
module eq2
  (
    input wire [1:0] a, b,
    output wire aeqb
  );

  // internal signal delaration
  wire e0, e1;

  // body
  // instantiate two 1-bit comparators
```

```
   eq1 eq_bit0_unit(.i0(a[0]), .i1(b[0]), .eq(e0));
   eq1 eq_bit1_unit(.eq(e1), .i0(a[1]), .i1(b[1]));

   // a and b are equal if individual bits are equal
   assign aeqb = e0 & e1;

endmodule
```

2.6.1 디자인 프로젝트 및 HDL 코드 생성

이 단계에는 세 가지 작업이 있다.

- 프로젝트 생성
- HDL 파일을 추가하거나 생성
- HDL 구문 검사

프로젝트 생성 ISE 프로젝트에는 소스 파일과 대상 장치를 포함하는 디자인의 기본 정보가 들어 있다. 다음과 같이 새 프로젝트를 만들 수 있다.

1. 시작 > 프로그램 > Xilinx ISE > Project Navigator(혹은 ISE가 설치된 곳)를 선택하여 ISE project navigator를 실행한다.
2. Project Navigator에서 File > New Project를 선택하고, The New Project Wizard - Create New project 대화상자가 나타난다. 프로젝트 이름을 eq2로 설정하고 프로젝트 위치를 정한다. 그리고 HDL이 the Top-level Source Type field로 선택되었는지 확인한다. Next를 클릭한다.
3. The New Project Wizard - Device Properties 대화상자가 나타난다. 여기에서 사용할 target 디바이스를 선택해야 한다. 이 정보는 FPGA 보드 매뉴얼이나 FPGA 칩 상단의 마킹을 확인하면 찾을 수 있다. 일반적인 S3 보드의 경우 다음을 선택한다.
   - Product Category: `All`
   - Family: `Spartan3`
   - Device: `XC3S200`
   - Package: `FT256`
   - Speed: `-4`

또한 Xilinx XST 소프트웨어가 합성을 위해 선택되었는지 확인해야 한다.

- Synthesis Tool: `XST(VHDL/Verilog)`

4. 다음을 몇 번 클릭하여 나머지 대화 상자로 이동 한 다음 Finish를 클릭하여 작성을 완료한다.

프로젝트가 생성된 후 관련 HDL 파일과 제한 조건 파일을 추가할 수 있다.

새 HDL 파일 만들기 파일이 없으면 새 소스 파일을 만든다. 새 HDL 파일을 만드는 절차는 다음과 같다.

1. Project > New Source를 선택한다. The New Source Wizard - Select Source Type 대화 상자가 나타난다. Verilog mode를 선택하고 파일 이름을 eq2라고 한다. **Next**를 클릭한다.
2. 다음 대화상자가 나타난다. 이 대화 상자에서 우리는 Verilog 코드에 포함될 포트 이름을 입력할 수 있다. 그러나 생성된 코드는 이전 스타일의 포트 선언을 사용하므로 이 기능을 사용하지 않는다. 다음을 클릭한다.
3. 마침을 클릭하면 새 HDL 텍스트 편집기 창이 작업 창에 나타난다. 이 소프트웨어는 주석 헤더와 모듈 구분 기호를 자동으로 생성한다.
4. 편집기를 사용하여 2.2 절의 HDL 코드를 입력하고 파일을 저장한다.
5. 프로세스를 반복하여 코드 2.1의 코드에 해당하는 다른 파일을 작성한다.

기존의 파일 추가 파일이 이미 있으면 다음과 같이 프로젝트에 추가할 수 있다.

1. Project > Add Source를 선택한다. 대화상자 창이 나타난다.
2. 해당 디렉토리로 이동하여 원하는 파일을 선택한다. 열기를 클릭하면 새 대화상자가 나타난다.
3. OK를 클릭하여 추가 작업을 완료한다. 추가한 파일은 project navigator의 소스 창(source window)에 나타난다.

코드의 구문 검사 새로운 HDL 파일을 완성한 후에는 코드 구문을 검사해야 한다.

1. 소스 창(source window)에서 원하는 파일을 선택한다.
2. 프로세스 창(processes window)에서 Synthesize to expand the process hierarchy 옆에 있는 + 아이콘을 클릭한다.
3. 구문 검사 프로세스(Check Syntax process)를 더블클릭한다.

하단의 기록 창에는 프로세스의 진행 상태가 표시되고 빨간색 및 노란색으로 시작하는 오류 및 경고가 표시된다. 이러한 메시지를 두 번 클릭하면 파일의 잘못된 행이 표시된다. 모든 구문 오류가 제거될 때까지 문제를 해결하고 파일을 저장하고 구문 검사 프로세스를 반복할 수 있다.

2.6.2 테스트벤치 생성 및 RTL 시뮬레이션 수행

테스트벤치 함수는 가상의 랩 벤치로 작동한다. 이는 테스트할 HDL 모듈과 입력을 생성하는 코드 세그먼트로 구성된다. RTL 시뮬레이션은 호스트 컴퓨터에서 HDL 모듈의 작동을 확인한다. ISE에는 내장된 ISE 시뮬레이터가 포함되어 있으며 Mentor Graphics Corporation에서 개발한 *ModelSim* 시뮬레이터를 시작할 수 있다. 후자가 더 강력하고 다양하기 때문에, 우리는 그것을 책에서 사용한다. ModelSim은 ISE Project navigator로부터 호출될 수 있지만, 우리는 그것을 독립적인 소프트웨어 툴로 간주하고 사용법은 섹션 2.7.에 나타내었다.

2.6.3 제약 조건 파일을 추가하고 코드 합성 및 구현

이 단계에는 세 가지 작업이 있다.

- 제약 조건 파일 추가
- 합성 수행 및 구현
- 디자인 요약 검사

제약 조건 파일 추가 제약 조건은 합성 및 구현 프로세스에 부과된 특정 조건이다. 우리의 목적을 위해, 주요 제약 조건은 최상위 I/O 포트의 핀 할당과 최소 클럭 속도이다. 구현 프로세스 중에 최상위 모듈의 I/O 신호는 FPGA 디바이스의 물리적 핀에 매핑되어야 한다. 주변기기의 I/O 신호는 이미 프로토타이핑 보드의 지정된 FPGA 핀에 영구적으로 연결되어 있으므로 신호가 해당 핀에 매핑되도록 해야 한다. 다른 유형의 제약은 보드의 오실레이터를 이용하기 위해 최소 클럭 주파수를 지정하는 타이밍에 관한 것이다.

제약 조건 정보는 확장자가 **.ucf**인 텍스트 파일에 저장된다(사용자 제약 조건 파일의 경우). eq2 회로에서 a 및 b 포트를 네 개의 스위치에 연결하고 aeqb 포트를 LED에 연결하여 회로의 물리적 작동을 검증할 수 있다. S3 보드의 경우 해당 핀은 F12, G12, H14, H13 및 K12이다. 제약 조건 파일은 다음과 같다.

```
#4 slide switchs
NET "a<0>" LOC = "F12" ; # switch 0
NET "a<1>" LOC = "G12" ; # switch 1
NET "b<0>" LOC = "H14" ; # switch 2
NET "b<1>" LOC = "H13" ; # switch 3
# led
NET "aeqb" LOC = "K12" ; # led 0
```

메모에는 # 기호가 사용되며 이후의 텍스트는 무시된다. 이 파일은 소스 창에서 디자인에 추가해야 한다.

몇 가지 ISE 툴을 사용하여 제약 조건 파일을 지정하고 생성할 수 있다. 모든 실험이 동일한 프로토타입 보드에서 수행되므로 제한(즉, 핀 지정 및 클럭 주파수)이 동일하게 유지된다. S3 보드의 모든 I/O 주변 신호를 포함하는 제한 조건 템플릿 파일이 부록에 제공된다. 구속 조건 파일을 만드는 쉬운 방법 중 하나는 단순히 현재 디자인의 I/O 포트 이름에 따라 템플릿 파일을 복사하고 편집하는 것이다. eq2 회로에 대한 .ucf 파일을 작성하는 절차는 다음과 같이 진행된다.

1. 제한 조건 파일의 템플릿을 복사하고 이름을 eq2_s3.ucf로 변경한다.
2. 2.6.1 절의 절차에 따라 소스 창에서 eq2 모듈에 새 제한 조건 파일을 추가한다.
3. 제약 조건 파일을 선택한다.
4. 프로세스 창에서 사용자 제약 조건 옆의 + 아이콘을 클릭하여 프로세스 계층을 확장한다.
5. Edit Constraints(Text) process를 두 번 클릭하여 ISE 텍스트 편집기를 시작한다.
6. I/O 이름의 이름을 바꾸고, 사용하지 않은 핀 할당을 삭제한다.
7. 파일을 저장한다.

ISE 버전 8.2의 기본 옵션은 기존 최상위 I/O 포트의 핀 할당만 허용한다. 사용되지 않는 핀 할당이 ucf 템플릿에서 삭제되지 않으면 오류 메시지를 발생한다. 다음과 같이 기본 옵션을 재정의할 수 있다.

1. top-level HDL 파일을 선택한다.
2. 프로세스 창에서 Implement Design Process를 마우스 오른쪽 단추로 클릭한 다음 메뉴에서 Properties...을 선택한다. 대화상자 창이 나타난다.
3. 대화 상자 창에서 Allow Unmatched LOC Constraints 옵션을 선택하고 OK를 클릭한다.

이 옵션을 켜면 동일한 I/O 포트 이름이 최상위 모듈에 유지되고 모든 시간에 ucf 파일을 편집할 필요가 없는 한 모든 디자인에 동일한 ucf 템플릿을 사용할 수 있다.

합성 수행 및 구현 합성 및 구현 절차를 호출하는 것은 매우 간단하다.

1. 합성할 모듈을 선택하고 최상위 모듈(모듈 아이콘 옆에 녹색 사각형이 있음)로 지정되었는지 확인한다.
2. 프로세스 창의 Implement Design process를 더블클릭한다.
3. 이전에 구문을 검사했지만 코드에 합성할 수 없거나 잘못된 조합(예: 조합 루프)이 발생할 수 있다. 메시지 및 경고 메시지는 기록 창의 콘솔 탭에 표시된다.
4. 문제를 수정하고 필요한 경우 시뮬레이션 및 합성 프로세스를 반복한다.

EQ2 Project Summary			
Project File:	eq2.ise	Current State:	placed and Routed
Module Name:	eq2	• Errors:	No Errors
Target Device:	xc3s200-5ft256	• Warnings:	No Warnings
Product Version:	ISE, 8.li	• Updated:	Sun Jan 21 18:04:45 2007

Device Utilization Summay				
Logic Utilization	Used	Available	Utiliz ation	Note(s)
Number of 4 input LUTs	1	3,840	1%	
Logic Distribution				
Number of occupied Slices	1	1,920	1%	
Number of Slices containing only related logic	1	1	100%	
Number of Slices containing unrelated logic	0	1	0%	
Total Number of 4 input LUTs	1	3,840	1%	
Number of bonded IOBs	5	173	2%	
Total equivalent gate count for design	6			
Additional JTAG gate count for IOBs	240			

Performance Summary			
Final Timing score:	0	Pinout Data:	Pinout Report
Routing Results:	All Signals Completely Routed	Clock Data:	Clock Report
Timing Constraints:	All Constraints		

Detailed Reports					
Report Name	Status	Generated	Errors	Warnings	Infos
Synthesis Report	Current	Sat Jan 20 22:22:32 2007	0	0	0
Translation Report	Current	Sat Jan 20 22:22:46 2007	0	0	0
Map Report	Current	Sat Jan 20 22:23:00 2007	0	0	2 Infos
Place Route Report	Current	Sat Jan 20 22:23:18 2007	0	0	1 Info
Static Timing Report	Current	Sat Jan 20 22:23:30 2007	0	0	2 Infos
Bitgen Report					

그림 2.8 디자인 요약

디자인 요약 검사 프로젝트가 진행됨에 따라 보고서가 각 프로세스에서 생성된다. 이러한 보고서 및 주요 통계는 설계 요약 창에 요약되어 있다. 결과 회로의 크기(슬라이스, FF 및 LUT의 수와 관련하여)를 확인할 수 있으며, 순차 회로의 경우 클럭 속도가 타이밍 제약 조건을 충족하는지 확인할 수 있다. 요약은 프로세스 창에서 View Design Summary process를 두 번 클릭하여 호출할 수 있다. eq2 회로의 요약은 그림 2.8에 나와 있다. Device Utilization Summary 부분에서 슬라이스, LUT 등의 사용을 확인할 수 있다. 더 자세한 보고서는 해당 링크를 클릭하여 호출할 수 있다.

2.6.4 FPGA 장치에 configuration 파일 생성 및 다운로드

마지막 단계는 설정 파일을 생성하고 파일을 FPGA 디바이스로 다운로드하는 것이다.

이 단계에는 세 가지 작업이 있다.

- 다운로드 케이블 연결
- configuration 파일 생성
- configuration 파일 다운로드

S3 키트는 병렬 포트 JTAG 다운로드 케이블과 함께 제공되며, 다음 설명은 이 케이블을 기반으로 한다. 다른 케이블에 대한 절차는 유사하고 자세한 지침은 해당 설명서에서 찾을 수 있다.

다운로드 케이블 연결 보드 준비 절차는 다음과 같다

1. PROM 및 모드 점퍼(그림 2.3의 3 및 16)가 기본 설정(보드 출하시)으로 되어 있는지 확인한다
2. 전원 케이블을 연결한다.
3. 다운로드 케이블의 한쪽 끝을 PC의 병렬 포트에 연결하고 다른 쪽 끝을 S3 보드의 JTAG 포트(그림 2.3의 22)에 연결한다.

Configuration 파일 생성 구성 파일 생성은 간단하다.

1. 소스 창에서 최상위 모듈이 선택되어 있는지 확인한다.
2. 프로세스 창의 Generate Programming File을 선택한다.

이 프로세스가 완료되면 구성 파일 **eq2.bit**가 생성된다.

configuration 파일 다운로드 configuration 파일을 FPGA 장치로 다운로드하는 작업은 ISE Project Navigator에서 호출할 수 있는 iMPACT라는 소프트웨어 도구로 수행된다. 절차는 다음과 같다.

1. 프로세스 창에서 + 기호를 클릭하여 프로그래밍 파일 생성 계층을 확장한다.
2. Configure Device(iMPACT) process를 더블 클릭한다. 그림 2.9와 같이 Welcome to iMPACT 대화 상자가 나타난다. Configure devices using Boundary-Scan(JTAG)을 선택하고 드롭 다운 목록에서 Automatically connect to a cable and identify Boundary-Scan

chain을 선택한다.

3. 두 개의 장치가 발견되었다는 메시지가 표시되면 확인을 클릭하여 계속한다.
4. iMPACT 메인 윈도우는 그림 2.10과 같이 Assign new configuration 파일 대화상자와 함께 나타난다. 보드의 JTAG 체인에 연결된 장치가 감지되어 표시되어야 한다.
5. `eq2.bit` 파일을 선택하고 열기를 클릭하여 이 configuration 파일을 JTAG 체인의 xc3s200 장치에 할당한다.
6. 경고 메시지가 나타나면 무시하고 확인을 클릭한다.
7. 다른 장치를 건너 뛰려면 Bypass를 클릭한다.
8. xc3s200 장치 이미지를 마우스 오른쪽 단추로 클릭하고 프로그램을 선택한다. Programming Properties 대화 상자가 열린다. 확인을 클릭하여 장치를 프로그래밍한다.
9. 다운로드 프로세스가 완료되면 프로그램 성공 메시지가 나타난다.

이제 FPGA 디바이스가 구성되었으며 스위치로 회로를 테스트하고 출력 LED를 관찰할 수 있다.

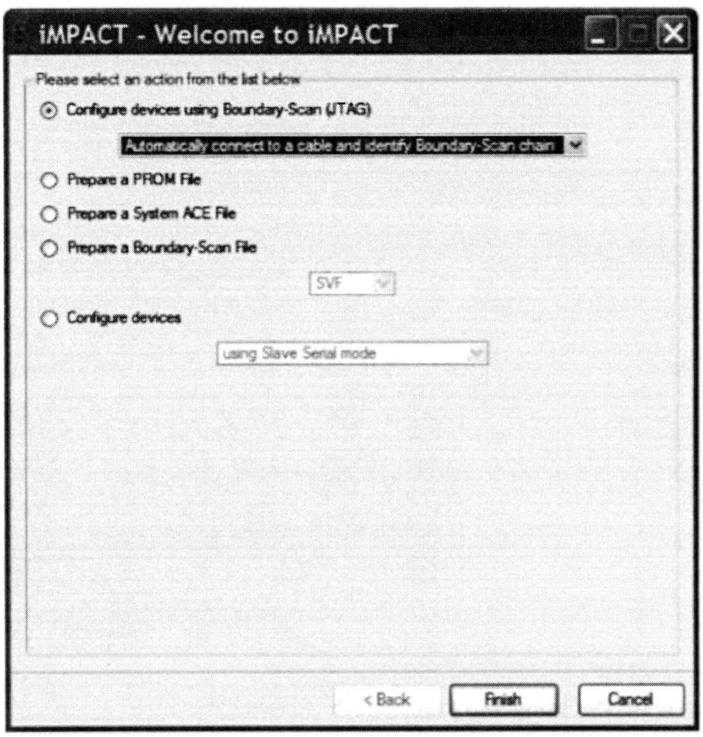

그림 2.9 iMPACT welcome 대화상자

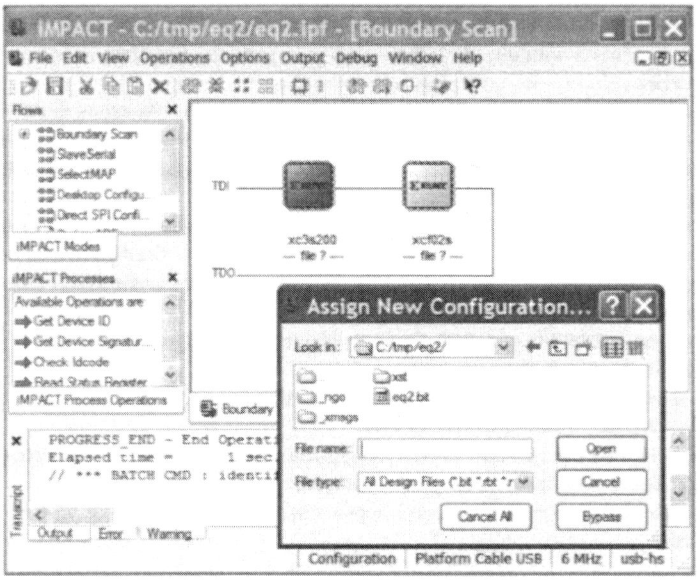

그림 2.10 iMPACT 메인 윈도우

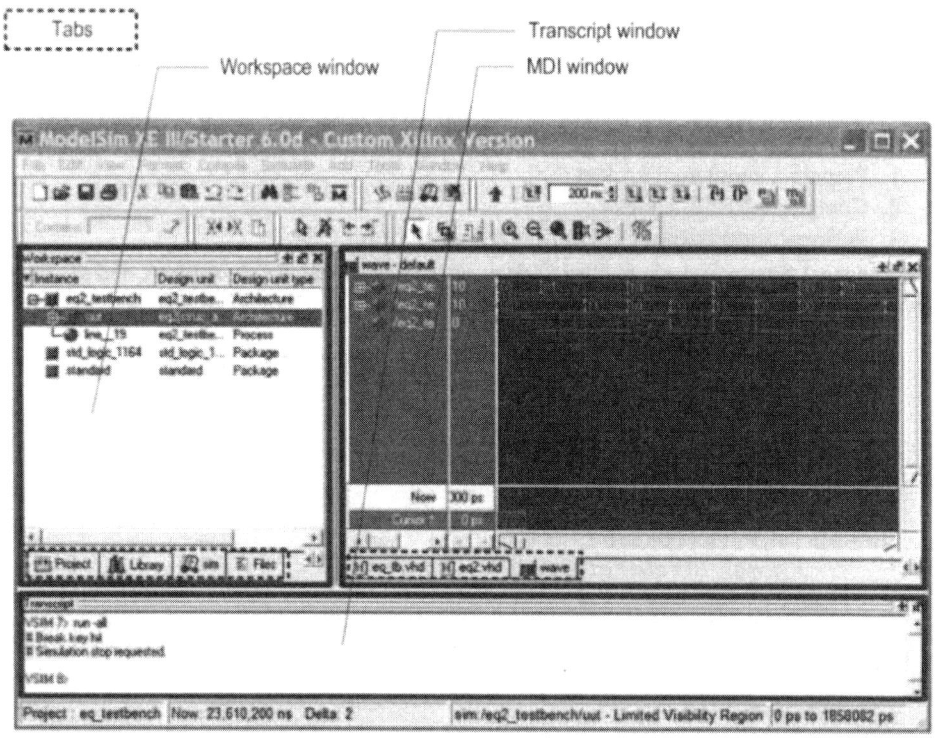

그림 2.11. 전형적인 ModelSim 윈도우

FPGA를 구성하는 다른 방법은 configuration 파일을 PROM으로 다운로드하고 PROM에서 구성 파일을 로드하는 것이다. 더 자세한 정보는 참고문헌에 인용된 출처에서 찾을 수 있다.

2.7 MODELSIM HDL SIMULATOR 간단 자습서

ModelSim 소프트웨어는 Mentor Graphics Corporation에서 개발한 HDL 시뮬레이터이며 ISE없이 독립적으로 실행할 수 있다. 이 섹션의 설명은 ModelSim XE III Starter 버전 6.0d를 기반으로 한다.

ModelSim의 기본 창은 그림 2.11과 같다. Transcript Window(하단), Workspace Window 및 Multiple document interface(**MDI**) windows의 세 가지 하위 창으로 나뉜다. Workspace Window는 현재 프로세스에 대한 정보를 표시한다. 하단 탭은 원하는 프로세스 페이지를 선택하는 데 사용된다. 이 페이지는 Project, Library, Sim 등이 될 수 있다. Transcript 창은 명령 기록 및 메시지를 추적한다. ModelSim 명령을 입력하기 위한 명령 행 인터페이스로 사용할 수도 있다. **MDI** 창은 HDL 텍스트, 파형 등을 표시하는 영역이다. 아래쪽 탭은 원하는 페이지를 선택한다.

각 서브 윈도우는 크기 조정, 이동, 도킹 또는 도킹 해제가 가능하다. 일부 작업에는 추가 창이 나타날 수 있다. Window > Initial Layout을 선택하여 기본 레이아웃을 복원할 수 있다.

기본 시뮬레이션 프로세스를 설명하기 위해 이 섹션에서 간단한 자습서를 제공한다. 세 단계가 있다.

1. 시뮬레이션 프로젝트 준비
2. HDL 코드 컴파일
3. 시뮬레이션 수행 및 파형 검사

1장의 튜토리얼에서 논의한 2 비트 비교기 테스트벤치를 사용하며 코드는 코드 2.3에 반복된다.

코드 2.3 2비트 비교기의 테스트벤치

```
// The 'timescale directive specifies that
// the simulation time unit is 1ns and
// the simulation timestep is 10 ps
'timescale 1 ns/10 ps

module eq2_testbench;
  // single declaration
  reg [1:0] test_in0, test_in1;
  wire test_out;
```

```
   // instantiate the circuit under test
   eq2 uut
      (.a(test_in0), .b(test_in1), .aeqb(test_out));

   // test vector generator
   initial
   begin
      // test vector 1
      test_in0 = 2'b00;
      test_in1 = 2'b00;
      #200;
      // test vector 2
      test_in0 = 2'b01;
      test_in1 = 2'b00;
      #200;
      // test vector 3
      test_in0 = 2'b01;
      test_in1 = 2'b11;
      #200;
      // test vector 4
      test_in0 = 2'b10;
      test_in1 = 2'b10;
      #200;
      // test vector 5
      test_in0 = 2'b10;
      test_in1 = 2'b00;
      #200;
      // test vector 6
      test_in0 = 2'b11;
      test_in1 = 2'b11;
      #200;
      // test vector 7
      test_in0 = 2'b11;
      test_in1 = 2'b01;
      #200;
      // stop simulation
      $stop;
   end

endmodule
```

시뮬레이션 프로젝트 준비 ModelSim 시뮬레이션 프로젝트는 라이브러리 정의와 HDL 파일 모음으로 구성된다. 테스트벤치는 HDL 프로그램이며 2.6.1절에서 설명한대로 ISE 텍스트 편집기를 사용하여 만들 수 있다. 또는 ModelSim에는 내장 편집기가 있다. 모든 HDL 파일은 이미 구축된 것으로 가정한다. 프로젝트를 만드는 방법은 다음과 같다.

1. **시작 > 프로그램 > ModelSim XE Ill 6.0d > ModelSim**(혹은 ModelSim이 설치된 곳)을 선택하여 ModelSim 프로그램을 실행한다.
2. **File - New - Project**를 선택하면 그림 2.12(a)와 같이 **Create Project** 대화 상자가 나타난다. 프로젝트 이름을 `eq_testbench`로 입력하고, 프로젝트가 저장될 위치를 선택한다. Default Library Name은 work라고 입력한 후 OK 버튼을 클릭한다. 빈 프로젝트 페이지가 메인 윈도우에 나타나고, 그림 2.12(b)와 같이 **Add items to the project** 대화 상자가 나타난다.
3. **Add items to the project** 대화 상자에서 **Add Existing File**을 클릭하고 필요한 HDL 파일을 추가한다. **OK**를 클릭한다. 프로젝트 탭이 작업 공간 서브 윈도우에 나타나고 선택한 파일이 표시된다(그림 2.13 참조).

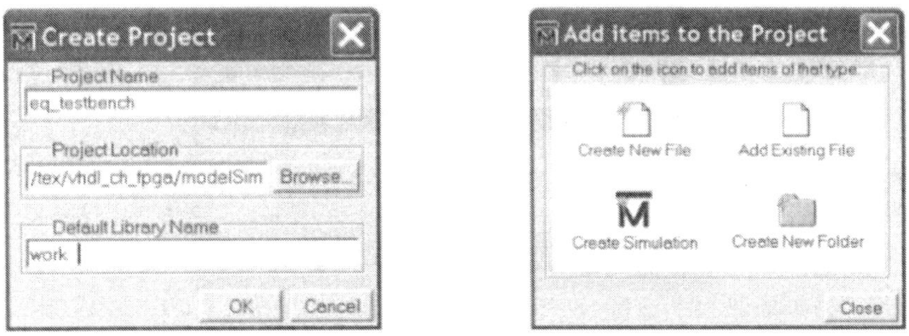

(a) Create Project dialog (b) Add iteams dialog

그림 2.12 New Project 대화 상자

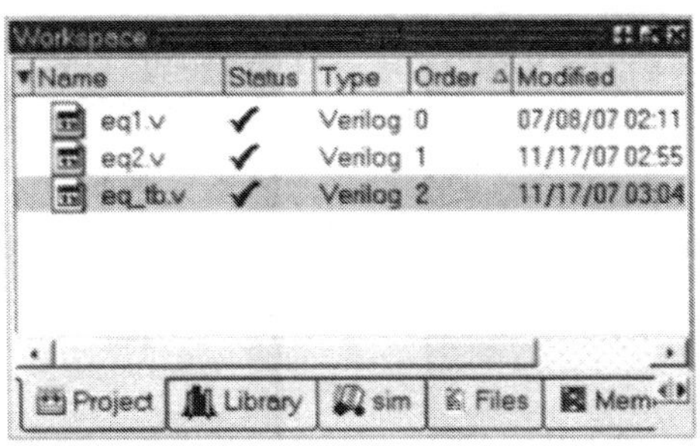

그림 2.13. workspace 패널의 프로젝트 탭

HDL 코드 컴파일 여기서 컴파일 용어는 HDL 코드를 ModelSim 내부 형식으로 변환하는 것을 의미한다. Verilog에서 컴파일은 모듈 단위로 수행된다. 절차는 다음과 같다.

1. eq1 파일을 선택하고 마우스 오른쪽 버튼으로 클릭한다. **Compile** > **Complie Selected**를 선택한다. 컴파일은 디자인 계층의 맨 아래에 있는 모듈에서 시작해야 한다. 진행률과 메시지가 transcript 창에 표시된다.
2. 파일에 구문 오류가 없으면 확인 표시가 나타난다. 그렇지 않으면 × 표시가 나타난다. transcript window 에서 빨간색 줄을 클릭하여 대상을 찾는다. 문제점을 정정하고 파일을 저장한 후 파일을 다시 컴파일한다.
3. 앞의 단계를 반복하여 eq2 파일과 eq_tb 파일을 컴파일한다.

시뮬레이션 수행 및 파형 검사 테스트벤치 및 해당 파일을 컴파일한 후 시뮬레이션을 수행하고 결과 파형을 검사할 수 있다. 이는 가상 랩 벤치에서 회로를 실행하고 가상 로직 분석기에서 파형을 확인하는 것과 같다. 절차는 다음과 같다

1. **Simulate** > **Simulate**를 선택하면 **Simulate** 대화상자가 나타난다.
2. **Design** 탭에서 프로젝트를 만들 때 정의된 work 라이브러리를 찾아 확장한다. 그림 2.14와 같이 컴파일된 단위가 표시된다.
3. 해당 아이콘을 두 번 클릭하여 eq2 테스트벤치를 로드한다. sim 탭은 작업 공간 창에 표시되고 해당 페이지에는 그림 2.15와 같이 eq2_testbench 모듈의 구조가 표시된다. 선택한 모듈의 신호가 들어 있는 객체 창이 나타날 수도 있다.
4. uut 유닛을 선택하고 마우스 오른쪽 버튼을 클릭한다. **Add** > **Add to Wave**를 선택한다. 그러면 파형 페이지에 uut 장치의 모든 신호가 추가된다. 파형 페이지가 MDI 창에 나타난다.
5. 필요하다면, 신호 순서를 다시 배열하고 적절한 형식(10 진수, 16 진수 등)으로 설정한다.
6. **Simulate** > **Run**을 선택한다. 시뮬레이션을 제어하기 위한 몇몇 명령어가 있다: 시뮬레이션 다시 시작(시뮬레이션 재시작), 실행(시뮬레이션 one step 실행), 계속 실행(인터럽트 실행 재개), 모두 실행(시뮬레이션을 영원히 실행) 및 중단 시뮬레이션). 이 명령들은 또한 창 상단에 아이콘으로 표시된다.
7. waveform window은 그림 2.16과 같이 시뮬레이션된 결과를 표시한다. 창을 스크롤하거나, 확대하거나, 축소하여 디자인의 정확성을 확인할 수 있다.

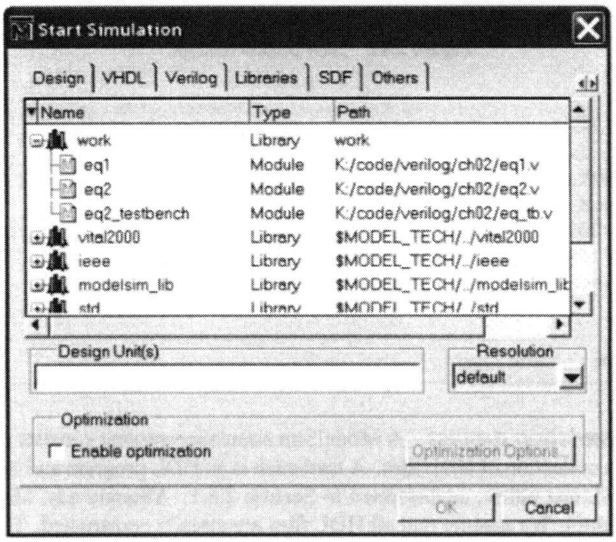

그림 2.14 Simulate 대화 상자

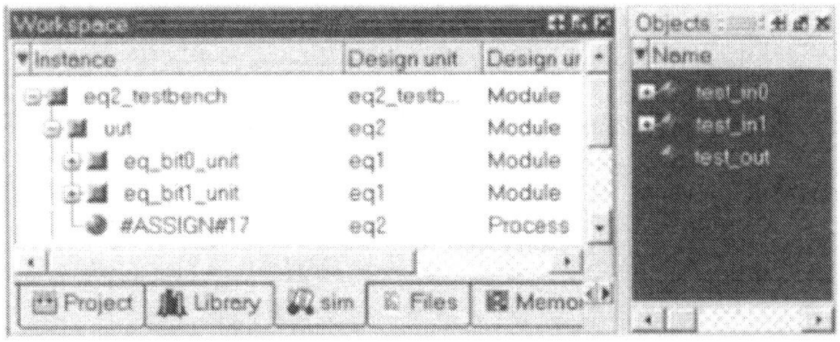

그림 2.15 Workspace 패널의 Sim 패널

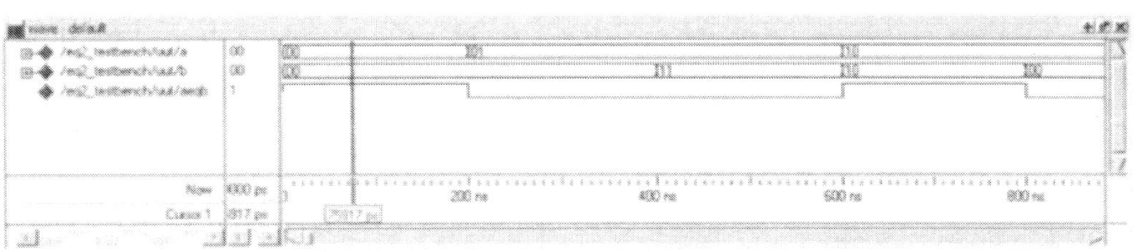

그림. 2.16 Waveform Window

2.8 참고문헌

Xilinx ISE와 Mentor Graphics ModelSim은 모두 복잡한 소프트웨어 패키지이며 문서가 수천 페이지를 넘는다. 대부분의 문서는 도움말 메뉴를 통해 액세스할 수 있다. ISE는 30 페이지 튜토리얼인 "*ISE 8.1i Quick Start Tutorial*" 및 170 페이지 분량의 자습서인 "*ISE In-Depth Tutorial*"를 제공한다. ModelSim에는 비슷한 튜토리얼인 "*ModelSim Tutorial*"이 있다. 이 자습서에서는 소프트웨어 패키지의 모든 기능에 대한 개요를 제공한다. Spartan-3 디바이스에 대한 관련 정보는 데이터 시트 "*DS099 Spartan-3 FPGA Family: Complete Data Sheet*"에 있으며 로직 셀 및 매크로 셀에 대한 자세한 설명이 나와 있다. Clive Maxfield의 "*The Design Warrior's Guide to FPGAs*"는 *FPGA* 관련 문제를 포괄적으로 검토한다. S3 보드의 자세한 레이아웃 및 I/O 커넥터는 "*Spartan-3 Starter Kit Board User Guide*"에서 찾을 수 있다. 다른 프로토타이핑 보드에 대한 정보는 해당 매뉴얼에서 찾을 수 있다.

2.9 제안하는 실험

2.9.1 게이트 수준 숫자 비교 회로

숫자 회로는 두 개의 입력 a와 b를 비교하고 a가 b보다 큰 경우 출력을 나타낸다. 아래에서 위로 4 비트 숫자 비교 회로를 설계 시에 게이트 레벨 논리 연산자 만 사용하려고 한다. 다음과 같이 회로를 설계하라.

1. 2비트 숫자 비교 회로에 대한 진리표를 유도하고 곱셈 형식으로 논리 표현식을 얻는다. 표현식을 기반으로 논리 연산자만 사용하여 HDL 코드를 도출한다.
2. 2비트 숫자 비교 회로에 대한 테스트벤치를 작성하라. 시뮬레이션을 수행하고 설계의 정확성을 검증하라.
3. 4개의 스위치를 입력으로 사용하고 하나의 LED를 출력으로 사용하시오. 회로를 합성하고 프로토타입 보드에 구성 파일을 다운로드하라. 작동을 확인하라.
4. 2비트 숫자 비교 회로와 2 비트 동등 비교기와 최소수의 "풀(glue) 게이트"를 사용하여 4비트 숫자 비교 회로를 구성하라. 먼저 블록 다이어그램을 그린 다음 다이어그램에 따라 구조적 HDL 코드를 생성하라.
5. 4 비트 숫자 비교 회로를 위한 테스트벤치를 도출하라. 시뮬레이션을 수행하고 설계의 정확성을 검증하라.
6. 8개의 스위치를 입력으로 사용하고 하나의 LED를 출력으로 사용하라. 회로를 합성하고 프로토타입 보드에 구성 파일을 다운로드하라. 작동을 확인하라.

2.9.2 게이트 수준 이진 디코더

$n-\mathrm{to}-2^n$ 이진 디코더는 입력 조합에 따라 2^n 비트 중 하나를 표현한다. 2-4 디코더의 진리표는 표 2.2에 나와 있다. 우리는 몇몇 디코더를 게이트만 사용하여 만들고 싶다. 수준의 논리 연산자 절차는 다음과 같다.

1. 논리 연산자만 사용하여 활성화 신호를 포함하는 2-to-4 디코더의 논리 표현식을 결정하라.
2. 디코더에 대한 테스트벤치를 도출하시오. 시뮬레이션을 수행하고 설계의 정확성을 검증하라.
3. 2개의 스위치를 입력으로 사용하고 4개의 LED를 출력으로 사용하라. 회로를 합성하고 프로토타입 보드에 구성 파일을 다운로드하라. 작동을 확인하라.
4. 2-to-4 디코더를 사용하여 3-8 디코더를 생성한다. 먼저 블록 다이어그램을 그린 다음 다이어그램에 따라 구조적 HDL 코드를 생성한다.
5. 3-to-8 디코더에 대한 테스트벤치를 도출하라. 시뮬레이션을 수행하고 설계의 정확도를 검증하라.
6. 3개의 스위치를 입력으로 사용하고 8개의 LED를 출력으로 사용하라. 회로를 합성하고 프로토타입 보드에 구성 파일을 다운로드하라. 작동을 확인하라.
7. 2-to-4 디코더를 사용하여 4-to-16 디코더를 유도하라. 먼저 블록 다이어그램을 그린 다음 다이어그램에 따라 구조적 HDL 코드를 생성하라.
8. 4-to-16 디코더에 대한 테스트벤치를 도출하라. 시뮬레이션을 수행하고 설계의 정확성을 검증하라.

CHAPTER 3

레지스터 전송 수준 조합 회로

3.1 개요

1장에서 논의된 게이트 레벨 회로는 단순한 논리 셀로 구성된 게이트 레벨 설계를 설명하기 위해 간단한 비트 연산자를 이용한다. 이 장에서는 가산기, 비교기 및 멀티플렉서와 같은 중간 크기의 구성 요소로 구성된 회로에 대한 HDL 설명을 검토한다. 이러한 구성 요소는 레지스터 전송 방법에 사용되는 기본 구성 요소이기 때문에 때로는 RT 레벨 설계라고도 한다. 우리는 더 정교한 Verilog 연산자, always 블록, 라우팅 구조에 대해 논의한 다음 일련의 예제를 통해 RT 레벨 조합 회로 설계를 보여준다.

3.2 연산자

Verilog는 약 20여개의 연산자로 구성된다. 1장에서 논의된 비트 연산자 외에도 산술, 시프트 및 관계 연산자가 있다. 이 연산자는 가산기 및 비교기와 같은 중간 크기의 구성 요소에 해당한다. 이 장에서 이러한 연산자를 검토하고 기타 합성 관련 Verilog 구문을 다룬다. 표 3.1은 연산자를 요약한 것이다.

표 3.1. Verilog 연산자

Type of operation	Operator symbol	Description	Number of operands
Arithmetic	+	addition	2
	−	subtraction	2
	*	multiplication	2
	/	division	2
	%	modulus	2
	**	exponentiation	2
Shift	>>	logical right shift	2
	<<	logical left shift	2
	>>>	arithmetic right shift	2
	<<<	arithmetic left shift	2
Relational	>	greater than	2
	<	less than	2
	>=	greater than or equal to	2
	<=	less than or equal to	2
Equality	=	equality	2
	!=	inequality	2
	===	case equality	2
	!==	case inequality	2
Bitwise	~	bitwise negation	1
	&	bitwise and	2
	|	bitwise or	2
	^	bitwise xor	2
Reduction	&	reduction and	1
	|	reduction or	1
	^	reduction xor	1
Logical	!	logical negation	1
	&&	logical and	2
	||	logical or	2
Concatenation	{ }	concatenation	any
	{ { } }	replication	any
Conditional	? :	conditional	3

표 3.2. 연산자 우선순위

<table>
<tr><th>Operator</th><th>Precedence</th></tr>
<tr><td>! ~ + − (unary)</td><td>highest</td></tr>
<tr><td>**
* / %
+ − (binary)</td><td></td></tr>
<tr><td>>> << >>> <<<</td><td></td></tr>
<tr><td>< <= > >=
== != === !==</td><td></td></tr>
<tr><td>&
^
|</td><td></td></tr>
<tr><td>&&
||</td><td></td></tr>
<tr><td>?:</td><td>lowest</td></tr>
</table>

3.2.1 산술 연산자

\+ − *, /, % 및 **의 6개의 산술 연산자가 있다. 이들은 각각 더하기, 빼기, 곱하기, 나누기, 나머지 및 지수 연산을 나타낸다. + 및 - 연산자는 −a와 같이 단항 연산자로도 사용할 수 있다. 합성 과정에서 + 와 - 연산자는 가산기와 감산기를 의미하며 FPGA의 논리 셀에 의해 합성된다.

곱셈은 복잡한 연산이며 곱셈 연산자 *의 합성은 합성 소프트웨어 및 대상 장치 기술에 따라 다르다. Xilinx Spartan-3 FPGA 제품군은 조립식 조합 곱셈기 블록을 포함하고 있다. Xilinx XST 소프트웨어는 합성 중에 이러한 블록을 유추할 수 있으므로 HDL 코드에서 곱셈 연산자를 사용할 수 있다. S3 보드의 XCS200 장치는 12개의 18 x 18 곱셈기 블록으로 구성된다. 곱셈 연산자의 합성은 지원되지만, 이 블록의 수와 입력 폭에 대한 제한을 알고 조심해서 사용해야 한다.

/, % 및 ** 연산자는 일반적으로 자동으로 합성할 수 없다.

3.2.2 시프트 연산자

>>, <<, 그리고 >>>, <<< 네 개의 시프트 연산자가 있다. 처음 두 개는 오른쪽 및 왼쪽 논리 시프트를 나타내며, 마지막 두 개는 오른쪽 및 왼쪽 산술 시프트를 나타낸다.

논리적 시프트 동작(즉, >> 및 <<)에는 0이 채워지고, 산술 시프트 동작에는 부호 비트(즉, MSB)가 채워진다. << 및 <<< 연산자 간에는 차이점이 없으나 후자는 완전성을 위해 포함된다.

표 3.3에는 몇 가지 시프트 예제가 나와 있다.

a << b와 같이 시프트 연산자의 두 피연산자가 모두 신호인 경우 연산자는 배럴 시프터(barrel shifter)를 추론한다. 이는 상당히 복잡한 회로이다. 반면에, a << 2에서와 같이 이동된 양이 고정된 경우, 연산은 논리를 유추하지 않으며 입력 신호의 라우팅 만을 포함한다.

표 3.4. 시프트 연산 예

a	a >> 2	a >>>2	a << 2	a <<< 2
0100_1111	0001_0011	0001_0011	0011_1100	0011_1100
1100_1111	0011_0011	1111_0011	0011_1100	0011_1100

이 유형의 연산은 3.2.5 절에서 설명한 연결 연산자를 사용하여 기술할 수도 있다.

3.2.3 관계 연산자 및 항등 연산자

관계 연산자에는 >, <, <= 및 >= 네 가지가 있다. 이 연산자는 두 개의 피연산자를 비교하여 false(1비트 스칼라 값 0으로 표시됨) 또는 true(1비트 스칼라 값 1로 표시됨)일 수 있는 불 대수 결과를 반환한다.

항등 연산자에는 ==,!=, === 및 !==의 네 가지가 있다. 관계 연산자의 경우와 마찬가지로 false(1-bit 0) 또는 true(1-bit 1)를 반환한다. === 및 !== 연산자(case equality and case inequality operators)는 연산자를 피연산자의 x 및 z 비트를 포함한 일치 여부를 고려하며 실제로 합성할 수 없다.

관계 연산자와 == 및 != 연산자는 합성 중에 비교기를 유추한다.

3.2.4 비트 연산자, 축약 연산자 및 논리 연산자

비트 연산자, 축약 연산자 및 논리 연산자는 다소 유사하며 and, or, xor 및 not 연산을 수행한다. 이 연산자는 기본 논리 셀에 의해 구현된다.

비트 연산자 비트 연산자는 & (and), i (or), ^(xor) 및 ~ (not)의 네 가지 기본 연산자가 있다. 처음 세 연산자는 두 개의 피연산자가 필요하다. ~^ 또는 ^~와 같이 부정 및 xor 연산을 결합하여 xnor 연산자를 만들 수 있다. 연산은 비트 단위로 수행되므로 비트 단위 연산자로 알려져 있다. 예를 들어 a, b 및 c를 4 비트 신호로 지정하면,

```
wire [3:0] a, b, c;
```

문

```
assign c = a | b;
```

은 다음과 같다.

```
assign c[3] = a[3] | b[3];
assign c[2] = a[2] | b[2];
assign c[1] = a[1] | b[1];
assign c[0] = a[0] | b[0];
```

축약 연산자 이전 &, | 및 ^연산자는 하나의 피연산자만 가질 수도 있으며 그러한 경우 축약 연산자라고 한다. 단일 피연산자는 일반적으로 배열 데이터 유형이다. 지정된 연산은 모든 요소에 대해 수행되고 1비트 결과를 반환한다. 예를 들어, a는 4 비트 신호이고, y는 1 비트 신호이다.

```
wire [3:0] a;
wire y;
```

문

```
assign  y = | a;        // only one operand
```

은 다음과 같다.

```
assign y = a[3] | a[2] | a[1] | a[0];
```

논리 연산자 논리 연산자에는 3가지 종류가 있다: && (논리 AND), || (논리 OR) 및 ! (논리 부정). 논리 연산자는 비트 연산자와 다르다. x 또는 z가 사용되지 않는다고 가정하면 논리 연산자의 피연산자는 false(모든 비트가 0일 때) 또는 true(적어도 하나의 비트가 1일 때)로 해석되며 연산은 항상 1 비트 결과를 반환한다. 이름에서 알 수 있듯이 논리적 연산자는 다음과 같이 부울 표현식의 논리적 연결 요소로 사용해야 한다.

```
(state == idle) || ( (state == op) && (count > 10) )
```

표 3.4 로직 및 비트 연산자 예

a	b	a&b	a|b	a&&b	a||b
0	1	0	1	0(false)	1(true)
000	000	000	000	0(false)	0(false)
000	001	000	001	0(false)	1(true)
011	001	001	011	1(true)	1(true)

몇 가지 예가 표 3.4에 나와 있다. 대응하는 비트 연산도 두 가지 연산 유형의 차이점을 설명하기 위해 포함되어 있다. Verilog는 0과 1을 사용하여 거짓 값과 참 값을 나타내기 때문에 비트와 논리 연산자는 경우에 따라 서로 바꿔 사용할 수 있다. 그러나 부울 식에 논리 연산자를 사용하고 신호 조작에 비트 연산자를 사용하는 것이 좋다.

3.2.5 연결 및 복제 연산자

연결 연산자 { }는 요소 및 작은 배열의 부분들을 결합하여 큰 간격을 형성한다. 다음 예제에서는 사용법을 보여준다.

```
wire a1;
wire [3:0] a4;
wire [7:0] b8, c8, d8;
. . .
assign b8 = {a4, a4};
assign c8 = {a1, a1, a4, 2'b00};
assign d8 = {b8[3:0], c8[3:0]};
```

연결 연산자의 구현에는 입력 및 출력 신호의 재 연결이 필요하며 "배선"만 필요하다.
연결 연산자의 한 응용 프로그램은 다음 예제와 같이 고정된 양만큼 신호를 이동하고 회전하는 것이다.

```
wire [7:0] a;
wire [7:0] rot, shl, sha;
. . .
  // rotate a to right 3 bits
assign rot = {a[2:0] a[8:3]};
  // shift a to right 3 bits and insert MSB
  // (arithmetic shift)
asssign sha = {a[8], a[8], a[8], a[8:3]};
```

연결 연산자 N{ }은 포함된 문자열을 복제한다. 복제 상수 N은 복제 횟수를 지정한다. 예를 들어, {4{2'b01}}은 8'b01010101을 반환한다.
이전의 산술 연산을 단순화할 수 있다.

```
asssign sha = {3{a[8]}, a[8:3]};
```

3.2.6 조건 연산자

조건 연산자 ?:는, 3개의 피연산자를 사용하며 일반적인 형식은 다음과 같다.

```
[signal] = [boolean_exp] ? [true_exp] : [false_exp];
```

[boolean_exp]는 true (12'bl) 또는 false (12'b0)를 반환하는 부울 식이다. [signal]은 참이면 [true_exp]을 수행하고 거짓이라면 [false_exp]을 수행한다. 예를 들어, 다음 회로는 a와 b의 최대값을 얻는다.

```
assign max = (a>b) ? a : b;
```

연산자는 단순화된 if-then-else 문으로 생각할 수 있다.

```
if [boolean_exp] then
  [signal] = [true_exp];
else
  [signal] = [false_exp];
```

조건 연산자는 단순하면서도 원하는 조건을 지정하기 위해 조건부 연산자를 중첩하여 사용할 수 있다. 예를 들어, 표 1에 설명된 eq1 회로는 조건부 연산자를 사용하여 작성할 수 있다.

```
assign eq = (~i1 & ~i0) ? 1'b1 :
            (~i1 & i0) ? 1'b0 :
            (i1 & ~i0) ? 1'b0 :
            1'b1;
```

또한 최대 값을 반환하는 회로를 확장하여 a, b 및 c의 최대 값을 반환할 수 있다.

```
assign eq =  (a>b) ? ((a>c) ? a : c) :
                     ((b>c) ? b : c);
```

합성 중에 조건 연산자는 2-to-1 멀티플렉서 회로를 추론한다. 상세한 파생은 3.6 절에서 논의된다.

3.2.7 연산자 우선순위

연산자 우선순위는 평가 순서를 지정한다. 우선순위가 표 3.2에 나와 있다. 표현식이 평가될 때 우선순위가 더 높은 연산자가 먼저 평가된다. 예를 들어 a + b >> 1 표현식에서 a + b가 먼저 평가된 후 >> 1이 계산된다. a + (b >> 1)처럼 괄호를 사용하여 우선순위를 변경할 수 있다. 필요 없는 경우에도 괄호를 사용하여 (a + b) >> 1처럼 표현식을 명확하게 만드는 것이 좋다.

3.2.8 표현식 비트 길이 조정

Verilog 프로그램의 네트 형 및 변수에 대한 실제 하드웨어의 신호는 일반적으로 비트 수(즉, 비트 길이 또는 폭)가 다르다. Verilog 문에서 피연산자의 비트 길이는 다를 수 있으며 조정은 암시적 규칙 집합에 의해 결정된다.

- 문맥에서 피연산자의 최대 비트 길이를 결정한다. 여기에는 오른쪽 표현식과 왼쪽 신호가 포함된다.

- 오른쪽에 있는 피연산자의 비트 길이를 최대값으로 확장하고 표현식을 평가한다.
- 결과를 왼쪽 신호에 지정한다. 신호의 비트 길이가 더 작은 경우 MSB를 절단한다.

다음의 단순한 예제를 살펴보자.

```
wire [7:0] a, b;
assign a = 8'b00000000;
assign b = 0;
```

첫 번째 명령문은 a에 8 비트 값 "00000000"을 할당한다. 두 번째 명령문은 정수 0을 b에 할당한다. Verilog의 정수는 32 비트이므로 0은 "00000000000000000000000000000000"으로 표현된다.

다음의 단순한 예제를 살펴보자.

```
wire [7:0] a, b;
wire [7:0] sum8;
wire [8:0] sum9;

assign sum8 = a + b;
assign sum9 = a + b;
```

첫 번째 할당에서 모든 피연산자는 8 비트 폭이고 8 비트 덧셈이 수행된다. 더하기의 carry-out 비트는 버려진다. 두 번째 할당에서는 a 및 b 신호가 9 비트로 확장되고 sum9 신호는 비트 길이가 9 비트 가산이 수행된다. 덧셈 결과 발생하는 sum9[9] 신호는 carry-out비트가 된다. 명시적 carry-out 신호가 필요한 경우 연결 연산자를 사용할 수도 있다.

```
assign {c_out, sum8} = a + b;
```

기본 변환 규칙은 간단하고 직관적이지만 미묘한 부분은 오류가 발생할 수 있다. 예를 들어 a, b, sum1 및 sum2를 8 비트 신호로 가정하자. 다음 명령문은 다른 결과를 제공한다.

```
// shift 0 to MSB of sum1
assign sum1 = (a + b) >> 1;
// shift carry-out of a + b to MSB of sum2
assign sum2 = (0 + a + b) >> 1;
```

첫 번째 할당에서 모든 피연산자는 8 비트 폭이고 8 비트 덧셈이 수행된다. carry-bit는 버려진다. 시프트 연산이 수행되면 0이 MSB로 시프트된다. 두 번째 할당에서 0은 정수이므로 32 비트 폭이다. a와 b는 32비트 덧셈을 수행하고 합계가 이동된다. 결과는 sum2에 대입될 때 8 비트로 잘리고 sum2[7]은 원래의 carry-out 비트를 얻는다. 부호가 있는 데이터 형식을 사용할 때 변환이 더 복잡해진다(7.3 절에서 설명함).

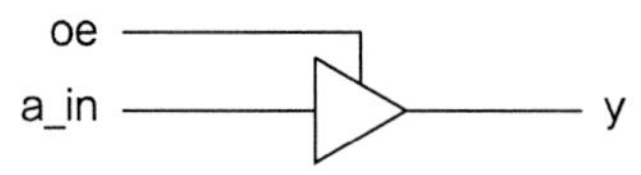

oe	y
0	Z
1	a_in

그림 3.1 Symbol and functional table of a tri-state buffer.

안전하지만 다소 성가신 대안은 피연산자의 비트 길이를 수동으로 조정하는 것이다. 예를 들어, sum2를 얻는 데 사용할 수 있는 대안은 다음과 같다.

```
// shift 0 to MSB of sum1
wire [8:0] sum_ext; // extend sum to 9 bits
assign sum_ext = {1'b0, a} + {1'b0, b};
assign sum2 = sum_ext[9:1];
```

코드는 길어졌지만 설명이 더 잘 되어 있고 오류가 적다.

요약하면 Verilog의 자동 비트 길이 조정 메커니즘을 알고 있어야 한다. 의도하지 않은 비트 길이의 불일치는 미묘하고 어려운 오류를 유발할 수 있다. 정수 0을 할당하여 모두 0으로 대입하는 등 사소한 조정을 제외하고는 수동으로 비트 길이를 조정하거나 원하는 자동 조정을 문서화해야 한다.

3.2.9 z와 x값의 합성

일반 논리 0 및 논리 1 외에도 네트 및 변수에는 z 및 x 값이 포함될 수 있다. 연산자는 아니지만 하위 절에서 이 두 값의 합성 네트에 대해 설명한다.

z의 합성 z값은 높은 임피던스 또는 개방 회로를 의미한다. 그것은 정상 신호가 아니고 논리 값이며 3 상태 버퍼에 의해서만 합성될 수 있다. 3 상태 버퍼의 기호 및 기능 표가 그림 3.1에 나와 있다. 버퍼의 동작은 인에이블 신호 oe("출력 인에이블"용)에 의해 제어된다. 1이면 입력이 출력으로 전달된다. 반면에, 그것이 0일 때, 출력 y는 개방 회로처럼 보인다. 3 상태 버퍼의 코드는 다음과 같다.

```
assign y = (oe) ? a_in : 1'bz;
```

3 상태 버퍼의 가장 일반적인 응용은 양방향 포트를 구현하여 물리적인 I/O 핀을 보다 잘 활용하는 것이다. 간단한 예가 그림 3.2에 나와 있다. dir 신호는 bi 핀의 신호 흐름 방향을 제어한다. 그것이 0일 때, 3 상태 버퍼는 하이 임피던스 상태에 있고 sig_out 신호는 차단된다. 이 핀은 입력 포트로 사용되며 입력 신호는 sig_in 신호로 라우팅 된다. dir 신호가 1일 때 핀은 출력 포트로 사용되고 sig_out 신호는 외부 회로로 라우팅된다. 다이어그램에 따라 HDL 코드를

파생시킬 수 있다.

```
module bi_demo (
    input wire bi,
    ...
)

  assign sig_out = output_expression;
  ...
  assign some_signal = expression_with_sig_in;
  ...
  assign bi = (dir) ? sig_out ? 1'bz;
  assign sig_in = bi;
  ...
```

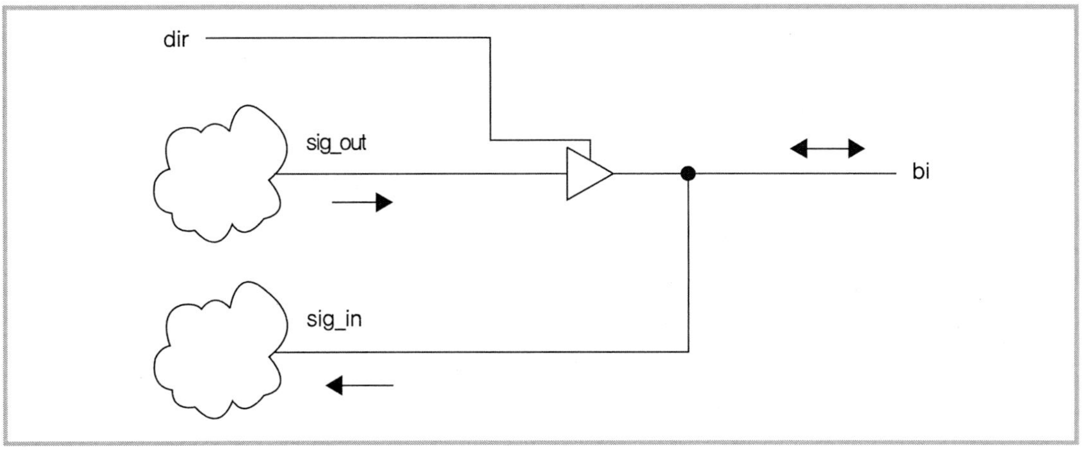

그림 3.2 단일 버퍼 양방향 I/O 포트

표 3.5 don't care를 포함하는 진리표

input i	output y
0 0	0
0 1	1
1 0	1
1 1	x

bi 포트의 모드는 양방향 조작의 입력으로서 선언할 필요가 있다.

Xilinx Spartan-3 디바이스의 경우, 3 상태 버퍼는 물리적 핀의 I/O 블록(IOB)에만 존재한다. 따라서 3 상태 버퍼는 FPGA 디바이스의 물리적 핀에 매핑되는 I/O 포트에만 사용할 수 있다.

x의 합성 일부 조합 회로에서는 특정 입력 패턴이 결코 발생하지 않을 수 있으므로 출력 값은 부적합하다. 우리는 자주 출력에 "don't-care"값을 지정한다. 합성 과정에서 "don't-care"는 최적화 과정을 도울 수 있는 값(0 또는 1)을 할당 받게 된다. 표 3.5에 나와 있는 진리표를 고려하자. 우리는 i가 절대로 11이 되지 않을 것이며 따라서 해당 출력은 don't-care로 지정된다. 합성에서 우리는 don't-care 값으로 x를 사용할 수 있다. 이전 표의 가능한 코드 중 하나는 다음과 같다.

```
assign y = (i == 2'b00) ? 1'b0 :
           (i==2'b01) ? 1'b1 :
           (i==2'b10) ? 1'b1 :
           1'bx;      // i == 2'b11
```

이 방법이 회로를 최소화하는 데 도움이 되지만 시뮬레이션과 합성 간에 불일치를 발생시킬 수 있다. 시뮬레이션에서 x는 "0 또는 1"이 아닌 고유한 값이다. 시뮬레이션에서 입력이 11인 경우 출력은 x가 되고 합성 결과 (0 또는 1일 수 있음)와 일치하지 않는다. 그러나 원래의 스펙에서는 11 패턴이 결코 발생하지 않아야 하므로 x값으로 나타내어 테스트벤치에서 발생할 수 있는 오류를 알릴 수 있다.

3.3 조합 회로를 위한 ALWAYS 블록

시스템 모델링을 용이하게 하기 위해, Verilog에는 여러 개의 절차문이 포함되어 있으며 순차적으로 실행된다. 이들의 동작은 일반적인 동시 회로 모델과 다르기 때문에 이러한 문은 always 블록 또는 initial 블록 내에 캡슐화된다. initial 블록은 시뮬레이션이 시작될 때 한 번 실행된다. 코드 1.7의 테스트벤치 예제와 같이 시뮬레이션에 사용할 수 있다. always 블록만 합성할 수 있으며 이 절에서 설명한다. 절차적 기술이 더 추상적이기 때문에, 이 유형의 코드는 때때로 동작적 기술 이라고도 한다.

Always 블록은 블랙박스로 간주될 수 있다. 블랙박스의 동작은 내부 절차문으로 설명된다. 절차적 기술에는 다양한 구조가 포함되지만 그 중 많은 부분에는 명확한 하드웨어 대응이 없다. 잘못 코딩된 always 블록은 불필요하게 복잡한 구현을 초래하거나 전혀 합성할 수 없다. 이 섹션의 초점은 조합 회로의 합성에 있으며 우리는 세 가지 유형의 구문으로 토론을 제한한다.

- 블로킹 절차적 대입
- If 문
- Case 문

후자의 두 가지는 라우팅 구조를 추론하는 구조로 간주될 수 있다.

3.3.1 기본 구문 및 동작

민감도 목록(이벤트 제어 표현식이라고도 함)이 있는 always 블록의 단순화된 구문은 다음과 같다.

```
always @([sensitivity_list])
begin [optional name]
   [optional local variable declaration];

   [procedural statement];
   [procedural statement];
   . . .
end
```

[sensitivity_list] 용어는 always 블록이 응답하는(즉, "sensitive"인) 신호 및 이벤트의 목록이다. 조합 회로의 경우 모든 입력 신호가 이 목록에 포함되어야 한다. 본문은 많은 행의 절차문으로 구성된다.

본문에 절차문이 하나만 있는 경우 시작 및 끝 구분 기호는 생략할 수 있다. @([sensitivity_list]) 용어는 실제로 타이밍 제어 구조이다. 일반적으로 합성 가능한 항상 블록의 유일한 타이밍 제어 구성이다.

always 블록은 복잡한 회로의 파트로 간주될 수 있다. 일시 중지되거나 활성화될 수 있다. 민감도 목록의 신호가 변경되거나 이벤트가 발생하면 파트가 활성화되고 내부 절차문이 실행된다. 다른 타이밍 제어 구조가 없으므로 실행이 끝나고 파트가 일시 중단된다. 따라서 always 블록은 실제로 "영원이 반복되며" 각 루프의 시작은 민감도 목록에 의해 제어된다.

3.3.2 절차적 할당

절차적 할당은 always 블록 안이나 initial 블록 안에서만 사용될 수 있다. 할당에는 블로킹 할당 및 논블로킹 할당 두 가지 종류가 있다. 기본 구문은 다음과 같다.

```
[variable_name] = [expression]; // blocking assignment
[variable_name] <= [expression]; // nonblocking assignment
```

블로킹 할당에서는 표현식이 평가된 후 다음 문장을 실행하기 전에 변수에 즉시 할당된다(할당은 다른 명령문의 실행을 "차단"한다). 그것은 C언어에서 일반적인 변수 할당과 같이 동작한다. 논블로킹 할당에서 평가된 표현식은 always 블록의 끝에 할당된다(따라서 할당은 다른 명령문의 실행을 차단하지 않는다).

블로킹 및 논블로킹 할당은 종종 초보 Verilog 사용자를 혼란스럽게 하고 그들 간의 차이점을 이해하지 못하면 예상치 못한 동작이나 경쟁 조건이 발생할 수 있다. 경험에 따른 기본 법칙은 다음과 같다.

- 조합 회로에 대해 블로킹 할당을 사용한다.
- 순차 회로에는 논블로킹 할당을 사용한다.

이 주제는 7.1 절에서 자세히 설명한다. 본 장에서는 조합 회로에만 중점을 두기 때문에 블로킹 문만 사용한다.

3.3.3 변수 데이터 형

절차적 할당에서 표현식은 **reg, integer, real, time** 및 **realtime**과 같은 변수 데이터 형 중 하나의 출력에만 할당할 수 있다. **reg** 데이터 형은 **Wire** 데이터 유형과 유사하지만 절차적 출력과 함께 사용된다. **integer** 데이터 형은 고정 크기(보통 32 비트)의 부호가 있는 숫자를 2의 보수 형식으로 나타낸다. 크기가 고정되어 있기 때문에 일반적으로 합성에 사용하지 않는다. 다른 데이터 유형은 모델링 및 시뮬레이션 용이하며 합성할 수 없다.

3.3.4 간단한 예제

우리는 두 가지 간단한 예제를 사용하여 always 블록 및 절차적 블로킹 할당의 사용 및 동작을 설명한다.

1 비트 비교기 이전의 1 비트 비교기 회로는 always 블록을 사용하여 다시 작성할 수 있으며, 코드는 코드 3.1과 같다.

코드 3.1 1비트 비교기의 Always 블록 구현

```
module eq1_always
  (
   input wire i0, i1,
   output reg eq // eq declared as reg
  );

  // p0 and p1 declared as reg
  reg p0, p1;
  always @(i0, i1)  // i0 an i1 must be in sensitivity list
    begin
      // the order of statements is important
      p0 = ~i0 & ~i1;
      p1 = i0 & i1;
      eq = p0 | p1;
    end

endmodule
```

eq, p0 및 p1 신호는 always 블록 내에서 지정되므로 reg 데이터 유형으로 선언되었다. 민감도 목록은 i0과 i1으로 구성되고, 쉼표로 구분된다. 그 중 하나가 변경되면 always 블록이 활성화된다. 세 가지 블로킹 할당은 C 프로그램의 명령문과 같이 순차적으로 실행된다.
Verilog-1995에서 키워드 or는 민감도 목록에 쉼표 대신 사용되었다. 예를 들어, 목록

```
always @(a, b, c)
```

은 다음과 같이 쓸 수 있다.

```
always @(a or b or c)
```

이 책에서는 쉼표만 사용한다.

조합 회로는 원하는 동작을 정확하게 모델링하기 위해 감도 목록에 모든 입력 신호를 포함해야한다. 신호가 없으면 합성과 시뮬레이션의 불일치가 발생할 수 있다. Verilog-2001에서는 모든 입력 신호를 암시적으로 포함하는 표기법

```
always @*
```

을 사용할 수 있다. 이 책에서 우리는 조합 회로를 위해 이 구조를 사용한다.

3-입력 회로 코드 1.1 및 1.3의 유사성은 다소 오해의 소지가 있다. 연속적 할당과 절차적 할당의 행동은 아주 다르다.

코드 3.2를 살펴보자. a, b 및 c(예: a & b & c)에 대한 연산을 수행하는 회로이다.

코드 3.2 변수를 사용한 동작 감소 and 회로

```
module and_block_assign
  (
  input wire a, b, c,
  output reg y
  );

  always @*
  begin
     y = a;
     y = y & b;
     y = y & c;
    end
```

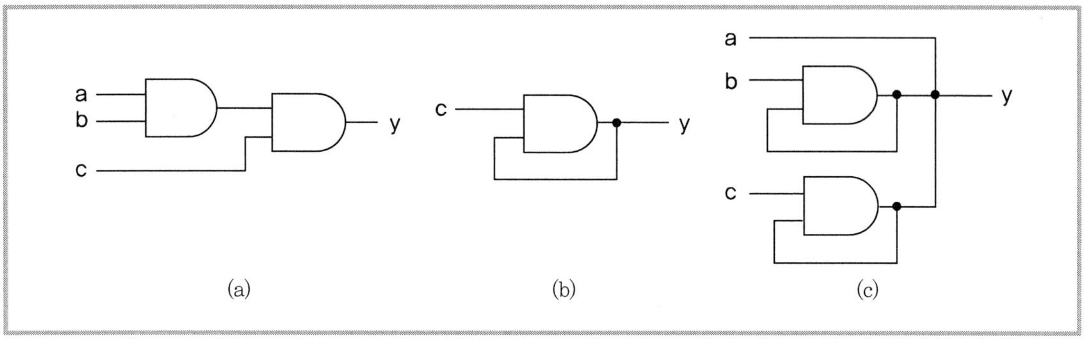

그림 3.3 정확한 구문 및 잘못된 구문의 코드로부터 유추된 회로

추론된 회로는 그림 3.3(a)에 나와 있다. 우리가 비슷한 방식으로 연속 할당을 사용한다면, 코드 3.3에 나와 있는 것처럼 기술이 다르다.

코드 3.3 축소된 and 회로의 잘못된 코드

```
module and_cont_assign
  (
  input wire a, b, c,
  output wire y
  );

  assign y = a;
  assign y = y & b;
  assign y = y & c;

endmodule
```

이 코드에서 각 연속 할당은 회로의 부분을 유추한다. 왼쪽에 있는 y의 세 가지 모양은 세 개의 출력이 함께 묶여 있음을 나타낸다. 해당 회로도는 그림 3.3(c)에 나와 있으며 분명히 원하는 회로가 아니다.

3.4 IF 문

3.4.1 구문

if 문의 단순화된 구문은 다음과 같다.

```
if [boolean_expr]
  begin
    [procedural statement];
    [procedural statement];
    . . .
  end
else
  begin
    [procedural statement];
    [procedural statement];
    . . .
  end
```

표 3.6 4-요구 우선 순위 엔코더의 기능 테이블

input r	output pcode
1---	100
01--	011
001-	010
0001	001
0000	000

[boolean_expr] 용어는 부울 표현식이며 먼저 평가된다. 이 식이 true이면 다음 분기의 명령문이 실행된다. 그렇지 않으면 else 분기의 명령문이 실행된다. else 분기는 선택 사항이며 생략될 수 있다. 시작과 끝 구분 기호는 분기에 단 하나의 절차문이 있는 경우 생략할 수 있다.

여러 개의 if 문을 여러 단계로 중첩하여 여러 개의 부울 조건을 평가할 수 있으며 우선순위를 정할 수도 있다.

```
if [boolean_expr1]
  . . .
else if [boolean_expr2]
  . . .
else if [boolean_expr3]
  . . .
else
  . . .
```

상기 코드가 합성될 때 if 문은 "우선순위 라우팅" 네트워크를 추론한다. 이 주제는 3.6 절에서 논의된다.

3.4.2 예제

if 문을 사용하는 방법을 보여주기 위해 두 가지 간단한 예제를 살펴보자. 첫 번째 예는 우선순위 인코더이다. 우선순위 인코더는 하나의 4 비트의 r 입력으로 그룹화되고 r[4]가 가장 높은 우선순위를 갖는 4개의 요청 r[4], r[3], r[2] 및 r[1]을 가진다. 출력은 최상위 요청의 2진 코드이다. 기능 표는 표 3.6과 같다. HDL 코드는 코드 3.4와 같다.

코드 3.4 if 문을 사용하는 우선순위 인코더

```
module prio_encoder_if
  (
    input wire [4:1] r,
    output reg [2:0] y
  );
  always @*
    if (r [4]==1'b1) // can be written as (r[4])
      y = 3'b100;
    else if (r[3]==1'b1) // can be written as (r[3])
      y = 3'b011;
    else if (r[2]==1'b1) // can be written as (r[2])
      y = 3'b010;
    else if (r[1]==1'b1) // can be written as (r[1])
      y = 3'b001;
    else
      y = 3'b000;
endmodule
```

표 3.7. 활성화 신호를 가진 2-to-4 디코더의 진리표

input			output
en	a(1)	a(0)	y
0	—	—	0000
1	0	0	0001
1	0	1	0010
1	1	0	0100
1	1	1	1000

코드는 먼저 r[4] 요청을 검사하고 이것이 어서트되면 pcode에 100을 지정한다. r[4]가 요청되어 있지 않으면 r[3] 요청을 계속 확인하고 모든 요청을 검사할 때까지 프로세스를 반복한다. 부울 표현식(r[4] == 1'b1)은 r[4]가 1일 때, true이다. true값은 Verilog에서 1'b1로 표현되기 때문에 표현은 (r[4])로도 나타낼 수 있다.

두 번째 예제는 이진 디코더이다. $n-\text{to}-2^n$ 이진 디코더는 입력 조합에 따라 2^n 비트 출력 중의 1 비트를 1로 한다. 2-to-4 디코더의 기능 표가 표 3.7에 나와 있다. 회로는 또한 1이 될 때 디코딩 기능을 가능하게 하는 제어 신호 en을 갖는다. HDL 코드는 코드 3.5와 같다

코드 3.5 if문을 사용한 이진 디코더

```
module decoder_2_4_if
  (
   input wire [1:01 a,
   input wire en,
   output reg [3:0] y
  );

  always @*
    if (en==1'b0)    // can be written  as (~en)
      y = 4'b0000;
    else if (a==2'b00)
      y = 4'b0001;
    else if (a==2'b01)
      y = 4'b0010;
    else if (a==2'b10)
      y = 4'b0100;
    else
      y = 4'b1000;
endmodule
```

이 코드는 en이 선언되지 않았는지 먼저 확인한다. 조건이 거짓 (즉, en이 1) 인 경우, 4개의 2진 조합을 순서대로 테스트한다. 부울 표현식 (en == 1'b0)은 (~en)으로도 쓸 수 있다.

3.5 CASE 문

3.5.1 구문

case 문의 간략화된 구문은 다음과 같다.

```
case [case_expr]
  [item] :
    begin
      [procedural statement] ;
      [procedural statement] ;
```

```
      . . .
    end
  [item] :
    begin
      [procedural statement] ;
      [procedural statement] ;
      . . .
    end
  [item] :
    begin
      [procedural statement] ;
      [procedural statement] ;
      . . .
    end
    . . .
  default :
    begin
      [procedural statement] ;
      [procedural statement] ;
      . . .
    end
endcase
```

case 문은 [case_expr] 식을 여러 [item] 표현과 비교하는 다중 결정문이다. 실행은 [item]이 [case expr]의 현재 값과 일치하는 분기로 분기한다. 일치하는 [item] 표현식이 여러 개 있으면 실행은 첫 번째 일치 지점으로 분기한다. 마지막 항목은 선택적인 **default** 키워드가 될 수 있다. [case_expr] 표현식의 모든 지정되지 않은 값을 포함한다. 분기에 하나의 절차적 구문만 있는 경우 **begin** 및 **end** 구분 기호는 생략할 수 있다.

3.5.2 예제

우리는 동일한 우선 순위 인코더 및 디코더 예제를 사용하여 case 문을 사용하는 방법을 보여준다. 2-to-4 디코더의 기능 표가 표 3.7에 나와 있다. case 문을 사용하는 HDL 코드는 코드 3.6과 같다.

코드 3.6 case를 이용한 이진 디코더

```
module decoder_2_4_case
  (
   input wire [1:0] a,
```

```
    input wire en,
    output reg [3:0] y
   );
   always @*
     case ({en, a})
       3'b000, 3'b001, 3'b010, 3'b011: y = 4'b0000;
       3'b100: y = 4'b0001;
       3'b101: y = 4'b0010;
       3'b110: y = 4'b0100;
       3'b111: y = 4'b1000; // default can also be used
     endcase

endmodule
```

동일한 문이 여러 값들에 사용되는 경우 여러 값을 10 행과 같이 하나의 항목 표현식으로 그룹화할 수 있다. {en, a} 표현식의 가능한 모든 값은 항목 표현식에서 다룬다.

우선순위 인코더의 기능 표가 표 3.6에 나와 있다. HDL 코드는 코드 3.7과 같다.

코드 3.7. case 문을 이용한 우선순위 인코더

```
module prio_encoder_case
   (
    input wire [4: 1] r,
    output reg [2:0] y
   );
    always @*
      case (r)
         4'b1000, 4'b1001, 4'b1010, 4'b1011,
         4'b1100, 4'b1101, 4'b1110, 4'b1111:
             y = 3'b100;
         4'b0100, 4'b0101, 4'b0110, 4'b0111:
             y = 3'b011;
         4'b0010, 4'b0011:
             y = 3'b010;
         4'b0001:
             y = 3'b001;
         4'b0000 : // default can also be used
             y = 3'b000;
      endcase

endmodule
```

3.5.3 casez 및 casex 문

일반적인 **case** 문 외에도 두 가지 변형이 있다. **casez** 문에서 z 값과 ? 문자는 "don't-care"(즉, 해당 비트가 일치할 필요가 없음)로 취급된다. **"casex"** 문에서는 항목 표현식의 z 값과 x 값 및 ? 문자는 don't-care로 처리된다. z 및 x 값은 시뮬레이션에서 나타날 수 있으므로 "?" 문자를 사용하는 것이 좋다.

예를 들어, 이전 우선순위 인코더는 코드 3.8와 같이 **casez** 문으로 작성될 수 있다.

코드 3.8 casez문을 이용한 우선순위 인코더

```
module prio_encoder_casez
  (
   input wire [4:1] r,
   output reg [2:0] y
  );

  always @*
    casez (r)
      4'b1??? : y = 3'b100;
      4'b01?? : y = 3'b011;
      4'b001? : y = 3'b010;
      4'b0001 : y = 3'b001;
      4'b0000 : y = 3'b100;   // default can also be used
    endcase

endmodule
```

3.5.4 full case 문과 parallel case 문

Verilog에서 항목 표현식은 [case_expr] 표현식의 모든 값을 포함할 필요가 없으며 일부 값은 두 번 이상 일치할 수 있다. 다음 **casez** 문을 살펴보자.

```
reg [2:0] s
. . .
casez (s)
  3'b111 : y = 1'b1;
  3'b1?? : y = 1'b0;
  3'b000 : y = 1'b1;
endcase
```

이 문에서 값 3'b111은 항목 표현식에서 두 번 일치한다(3'b111에서 한 번, 3'b1??에서 한 번). 첫 번째 매칭이 유효하기 때문에 s가 3'b111이면 y는 1'b1이 된다. s가 3'b001, 3'b010 또는 3'b011이면 일치하는 항목이 없고 y는 이전 값을 유지한다.

[case_expr] 표현식의 가능한 모든 2진 값이 항목 표현식에 의해 다루어지면, 이 명령문은 full case문으로 알려져 있다. 조합 회로의 경우 각 입력 조합에 출력 값이 있어야 하기 때문에 full case 문을 사용해야 한다. 일치하지 않는 모든 값을 포함하도록 기본 항목을 추가할 수 있다. 예를 들어, 이전 명령문은 다음 중 하나로 수정할 수 있다.

```
reg [2:0] s
. . .
casez (s)
  3'b111 : y = 1'b1;
  3'b1?? : y = 1'b0;
  default : y = 1'b1;          // y gets 1 for unspecified values
endcase
```

또는 다음과 같이 나타낼 수도 있다.

```
reg [2:0] s
. . .
casez (s)
  3'b111 : y = 1'b1;
  3'b1?? : y = 1'b0;
  3'b000 : y = 1'b1;
  default : y = 1'bx;          // y gets don't care
endcase
```

항목 표현식의 값이 상호 배타적인 경우(즉, 하나의 항목 표현식에만 값이 나타나는 경우), 명령문은 parallel case문으로 간주된다. 예를 들어, 이전 **casez** 문은 3'b111 값이 두 번 나타나기 때문에 parallel case 문이 아니다. 코드 3.6과 3.7의 case 문은 parallel case 문이다.

합성될 때, parallel case문은 일반적으로 멀티플렉싱 라우팅 네트워크를 추론하고 비 parallel case 서술문은 보통 우선순위 라우팅 네트워크를 추론한다. 이 주제는 다음 절에서 설명한다.

많은 합성 소프트웨어 패키지에는 "full case 지시문"과 "parallel case 지시문"이 있다. 사용 시 모든 case 문은 full case 문과 parallel case 문으로 처리되며 그에 따라 합성된다. Verilog-2001은 이와 같은 속성을 가지고 있다. 이러한 지시어를 사용하면 Verilog 원본 의미를 기본적으로 무시하고 시뮬레이션과 합성 간에 불일치가 발생한다. 이 책에서는 이러한 지시문이나 특성을 적용하는 대신 코드로 이러한 조건을 표현하기로 한다.

3.6 조건부 제어 생성자의 라우팅 구조

본 절에서는 몇 가지 ?: 연산자와 if 및 case 문과 같은 조건부 제어 언어 구조를 조사한다. C 언어에서는 이러한 구문이 순차적으로 실행된다. 조합 회로에는 순차적 제어가 없다. 이러한 구조는 라우팅 네트워크에 의해 실현된다. 모든 표현식은 동시에 평가되고 라우팅 네트워크는 원하는 결과를 출력으로 라우팅한다. 라우팅 구조에는 우선순위 라우팅 네트워크와 다중화 네트워크의 두 가지 유형이 있다.

3.6.1 우선순위 라우팅 네트워크

우선순위 라우팅 네트워크는 2-to-1 멀티플렉서 순열로 구현된다. 그림 3.4(a)에 2-to-1 멀티플렉서의 다이어그램과 진리표가 나와 있다. if-else 문은 우선순위 라우팅 네트워크를 의미한다. 다음 내용을 살펴보자.

```
if (m == n)
  r = a + b + c;
else if (m > n)
  r = a + b;
else
  r = c + 1;
```

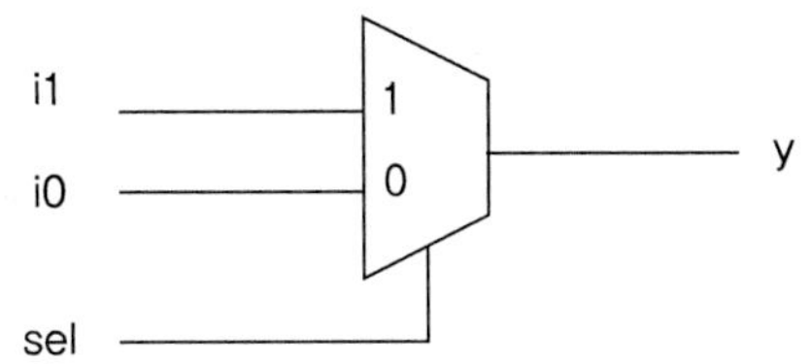

sel	y
0(false)	i0
1(trye)	i1

(a) Diagram of a 2-to-1 multiplexer

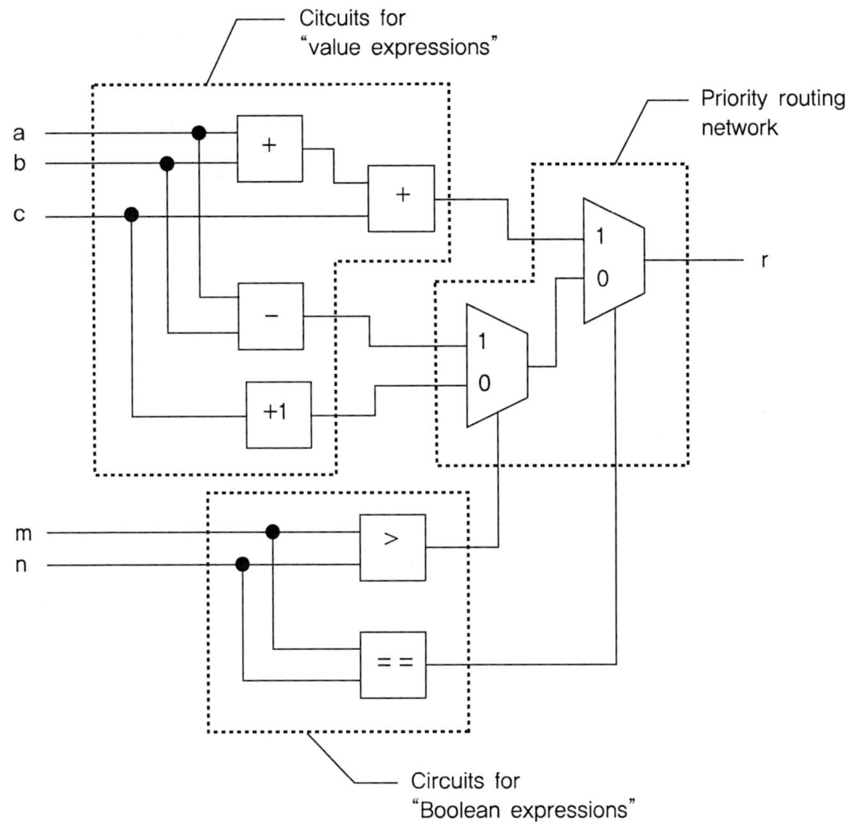

(b) Diagram of an if statement

그림 3.4 if 문의 구현

상기 구문의 개념도가 그림 3.4(b)에 나와 있다. 두 개의 2-to-1 멀티플렉서는 우선순위 라우팅 네트워크를 구성하고 다른 구성 요소는 다양한 부울 및 산술 표현식을 구현한다. 제1 부울 조건(즉, m == n)이 참일 때, a + b + c의 결과는 r로 라우팅 된다. 그렇지 않으면 포트 0에 연결된 데이터가 r로 전달된다. 다음 부울 조건(즉, m > n)은 a-b 또는 c+1의 결과가 출력으로 라우팅 되는지의 여부를 결정한다.

부울 표현식과 산술 표현식은 모두 동시에 평가된다. 부울 회로의 출력은 멀티플렉서의 선택 신호를 설정하여 원하는 값을 r로 라우트한다. 계단식 단계의 수는 if-else 절의 수에 비례하여 증가한다. 많은 수의 if-else 절은 긴 계단식 체인으로 이어져 큰 전파 지연을 초래한다.

조건 연산자(?:)는 단순화된 if-else 문과 비슷하며 유사한 우선순위 라우팅 네트워크를 유추한다. 비 paralle case 문은 첫 번째로 일치하는 항목에 우선순위를 설정하므로 비슷한 우선순위 라우팅 네트워크를 추론한다. 예를 들어, 다음 case 문을 고려하자.

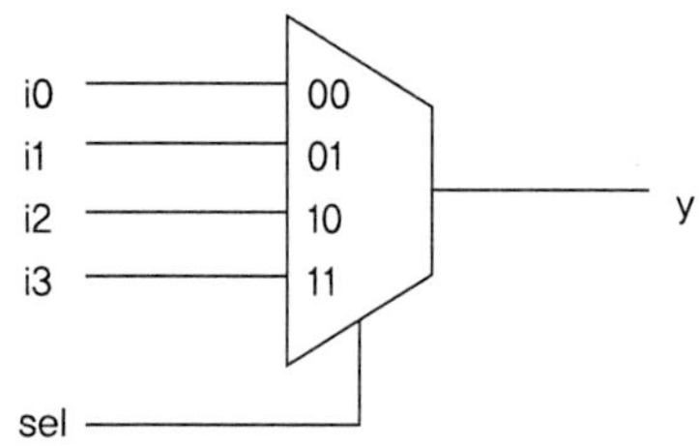

sel	y
00	i0
01	i1
10	i2
11	i3

(a) Diagram and functional table of a 4-to-1 multiplexer

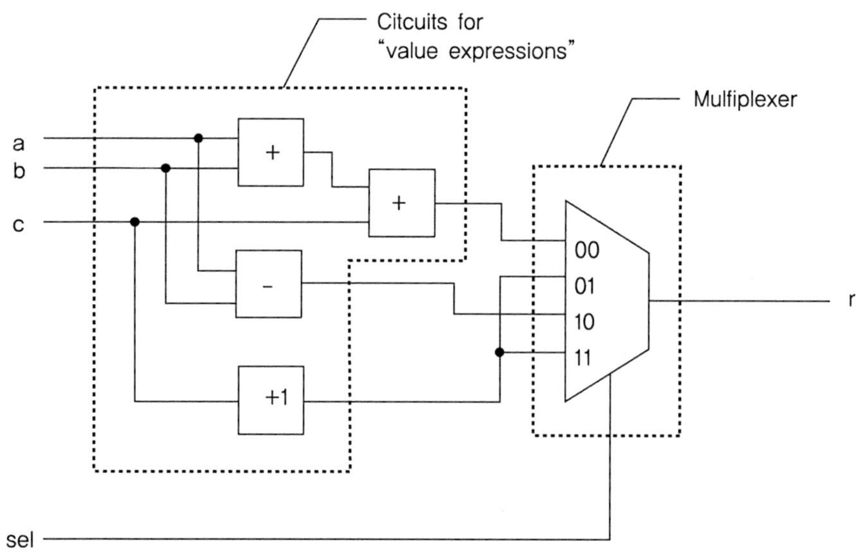

(b) Diagram of an parallel case statement

그림 3.5 parallel case 문의 구현

```
case (expr)
  item1 : statement1;
  item2 : statement2;
  item3 : statement3;
  default : statement4;
endcase
```

이는 다음과 같이 쓸 수 있다.

```
if [expr == item1]
  statement1;
else if [expr == item2]
  statement2;
else if [expr == item3]
  statement3;
else
  statement4;
```

3.6.2 멀티플렉싱 네트워크

멀티플렉싱 네트워크는 n-to-1 멀티플렉서에 의해 구현된다. 원하는 입력 포트는 선택 신호에 의해 지정되며 해당 입력은 출력으로 라우팅된다. 2^2-to-1 멀티플렉서의 다이어그램과 기능 표는 그림 3.5(a)에 나와 있다.

parallel case 문에서 case 표현식의 각 값을 멀티플렉서의 입력 포트에 매핑하고 해당 평가 결과를 포트에 연결할 수 있다. case 표현식은 선택 신호에 연결된다. 구성은 예제를 통해 이해할 수 있다. 다음의 예를 살펴보자.

```
wire [1:0] sel;
. . .
case(sel)
  2'b00 : r = a + b + c;
  2'b10 : r = a - b;
  default : r = c + 1; // 2'b01, 2'b11
endcase
```

이 구문의 개념도가 그림 3.5(b)에 나와 있다. sel은 00, 01, 10 및 11의 네 가지 값을 취할 수 있다. 따라서 회로는 sel을 선택 신호로 사용하는 2^2-to-1 멀티플렉서를 의미한다. a + b + c의 평가된 결과는 sel이 00일 때 r로 라우트되고, sel이 10일 때 a-b의 결과는 r로 라우트되고, sel이 01 또는 11일 때 c + 1의 결과는 r로 라우트된다.

다시 말하면, 모든 값 표현식은 동시에 평가된다. sel 변수는 원하는 값을 출력으로 보내기 위한 선택 신호로 사용된다. 멀티플렉서의 폭(즉, 입력 포트의 수)은 셀의 비트 수와 함께 기하학적으로 증가한다.

일반적으로, 우선순위 라우팅 네트워크는 우선순위 인코더와 같은 특정 조건 하에서 우선순위가 주어지면 효과적이고, 멀티플렉싱 네트워크는 이진 디코더와 같이 진리표 또는 기능 표 기반 설명에 더 효과적이다.

3.7 ALWAYS 블록을 위한 일반적 코딩 가이드라인

Verilog는 모델링과 합성 모두를 위한 것이다. 합성을 위한 코드를 작성하는 동안 다양한 언어 구문이 하드웨어에 어떻게 매핑되는 지를 알아야 한다. 특히 블록 내에서 변수 및 절차적 구문을 사용할 수 있는 always 블록에 해당된다. 코드의 목적은 C에서 순차 알고리즘을 설명하는 것이 아니라 하드웨어를 추론하는 것임을 기억해야 한다. 그렇게 하지 않으면 코드가 합성 불가능해지고 불필요하게 복잡한 구현 또는 시뮬레이션과 합성 간의 불일치가 발생한다. 이 섹션에서는 몇 가지 일반적인 오류를 검토하고 코딩 지침 모음을 제안한다.

3.7.1 조합 회로 코드의 일반적인 오류

다음은 조합 회로 코드에서 발견되는 일반적인 오류이다.

- 여러 개의 always 블록에 할당된 변수
- 불완전한 민감도 목록
- 불완전 분기 및 불완전한 출력 할당

이러한 오류들은 아래에서 설명한다.

여러 개의 always 블록에 할당된 변수 Verilog에서 변수는 여러 개의 always 블록에서 할당(즉, 왼쪽에 표시)될 수 있다. 예를 들어, y 변수는 두 개의 always 블록에 의해 공유된다. 다음 코드 부분을 보자.

```
reg y;
reg a, b, clear;
. . .
always @*
  if (clear) y = 1'b0;
always @*
  y = a & b;
```

이 코드는 구문적으로 정확하고 시뮬레이션할 수 있지만 합성할 수는 없다. always 블록은 회로의 파트로 해석될 수 있다. 위의 코드는 y가 두 회로 파트의 출력이며, 각 부품에 의해 업데이트될 수 있음을 나타낸다. 물리적인 회로는 이러한 종류의 동작을 나타내지 않으므로 코드를 합성할 수 없다. 할당 문은 다음과 같이 하나의 always 블록으로 그룹화해야 한다.

```
always @*
  if (clear)
    y = 1'b0;
  else
    y = a & b;
```

불완전한 민감도 목록 조합 회로의 경우 출력은 입력의 함수이므로 입력 신호의 모든 변경은 회로를 활성화해야 한다. 이는 모든 입력 신호가 민감도 목록에 포함되어야 함을 의미한다. 예를 들어 2 입력 및 게이트는 다음과 같이 쓸 수 있다.

```
always @(a, b)        // both a and b are in sensitivity list
  y = a & b;
```

b를 포함하는 것을 잊어버리면 코드는 다음과 같이 된다.

```
always @(a)  // a missing from sensitivity list
  y = a & b;
```

코드는 여전히 구문적으로 정확하지만 그 동작은 매우 다르다. a가 변경되면 always 블록이 활성화되고 y는 a & b 값을 얻는다. b가 변경되면 always 블록은 b에 민감하지 않고 y가 이전 값을 유지하기 때문에 일시 중단된 상태로 유지된다. 이러한 종류의 동작을 나타내는 물리적 회로는 없다. 대부분의 합성 소프트웨어는 경고 메시지를 발행하면서 합성 게이트를 추론한다. 그러나 시뮬레이션 소프트웨어는 여전히 의도된 동작을 모델링하고자 하므로 시뮬레이션과 합성 간에 불일치가 발생한다.

Verilog-2001에서는 모든 관련 입력 신호를 암시적으로 포함하기 위해 특수 표기법 @*이 도입되어 이 문제를 해결한다. 조합 회로 설명에 이 표기법을 사용하는 것이 좋다.

불완전 분기 및 불완전한 출력 할당 조합 회로의 출력은 입력의 함수이며, 회로는 내부 상태(즉, 메모리)를 포함하지 않아야 한다. always 블록과 관련된 일반적인 오류 중 하나는 조합 회로에서 의도하지 않은 메모리의 추론이다. Verilog 표준은 변수가 always 블록에 값이 지정되지 않은 경우 이전 값을 유지하도록 지정한다. 합성 중에 이것은 내부 상태(닫힌 피드백 루프를 통한) 또는 메모리 요소(래치와 같은)를 추론한다. always 블록에서 의도하지 않은 메모리를 방지하려면 모든 출력 신호를 할당해야 한다.

조합 회로의 출력은 입력의 함수이며, 회로는 내부 상태(즉, 메모리)를 포함하지 않아야 한다. always 블록과 관련된 일반적인 오류 중 하나는 조합 회로에서 의도하지 않은 메모리의 추론이다. Verilog 표준은 변수가 always 블록 내에서 값이 지정되지 않은 경우 이전 값을 유지하도록 지정한다. 합성 중에 이것은 내부 상태(닫힌 피드백 루프를 통한) 또는 메모리 요소(래치와 같은)를 추론한다. 항상 블록에서 의도하지 않은 메모리를 막으려면 항상 모든 출력 신호에 적절한 값을 할당해야 한다. 불완전한 분기와 불완전한 할당은 의도하지 않은 메모리로 이어지는 일반적인 두 문제이다. 이를 방지하기 위해 조합 회로 코드를 개발하는 동안 다음 규칙을 준수해야 한다.

- if 또는 case 문의 모든 분기를 포함하라.
- 모든 지점의 모든 출력 신호에 값을 할당하라.

보다 큰(즉, gt) 및 등가(즉, eq) 출력 신호를 생성하는 회로를 설명하려는 다음 코드 구문을 살펴보자.

```
always @*
  if (a > b)                // eq not assigned in this branch
      gt = 1'b1;
  else if (a == b)          // gt not assigned in this branch
      eq = 1'b1;
                            // final else branch is omitted
```

구문은 두 규칙을 위반한다.

불완전한 분기 오류를 먼저 살펴보자. 세그먼트에 다른 분기가 없다. a>b 및 a==b 표현식이 모두 false인 경우 gt 및 eq는 모두 값을 할당받지 않는다. Verilog 정의에 따르면, 이들은 이전 값을 유지한다(즉, 출력은 내부 상태에 의존한다). 그리고 의도하지 않은 래치가 유추된다.

또한 세그먼트에 불완전한 출력 할당 오류가 있다. 예를 들어, a>b 표현식이 참이면 eq에 값이 지정되지 않으므로 이전 상태를 유지한다. 이에 따라 래치가 유추된다.

두 가지 방법으로 문제를 해결할 수 있다. 첫 번째는 else 분기를 추가하고 모든 출력 변수를 명시적으로 할당하는 것이다. 코드는 다음과 같다.

```
always @*
  if (a > b)
    begin
      gt = 1'b1;
      eq = 1'b0;
    end
  else if (a == b)
    begin
      gt = 1'b0;
      eq = 1'b1;
    end
  else                  // i. e., a < b
    begin
      gt = 1'b0;
      eq = 1'b0;
    end
```

다른 방법은 지정되지 않은 분기와 할당되지 않은 변수를 다루기 위해 always 블록의 시작 부분에 있는 각 변수에 기본 값을 할당하는 것이다. 코드는 다음과 같다.

```
always @*
begin
```

```
    gt = 1'b0;                  // default value for gt
    eq = 1'b0;                  // default value for eq
  if (a > b)
      gt = 1'b1;
  else if (a == b)
      eq = 1'b1;
end
```

gt와 eq는 나중에 값이 지정되지 않으면 0으로 가정한다.

case 문은 [case expr] 표현식의 일부 값이 항목 표현식에 의해 다루어지지 않는 경우(즉, 전체 사례가 아닌) 동일한 오류를 경험한다. 다음 코드 구문을 살펴보자.

```
reg [1:0] s;
. . .
case (s)
    2'b00 : y = 1'b1;
    2'b10 : y = 1'b0;
    2'b11 : y = 1'b1;
endcase
```

2'b01 값은 어떤 지점에서도 다루지 않는다. s가 이 조합을 가정하면 y는 이전 값을 유지하고 의도하지 않은 래치가 유추된다. 매개 변수를 수정하려면 항상 y에 값이 지정되어야 한다. 이를 수행하는 한 가지 방법은 결국 기본 키워드를 사용하여 지정되지 않은 모든 값을 포함하는 것이다. 마지막 항목 표현식을 대체할 수 있다.

```
case (s)
    2'b00 : y = 1'b1;
    2'b10 : y = 1'b0;
    default : y = 1'b1;         // y gets 1 for 2'b01
endcase
```

또는 don't-care 값이 있는 새 항목 표현식을 추가할 수 있다.

```
case (s)
    2'b00 : y = 1'b1;
    2'b10 : y = 1'b0;
    2'b11 : y = 1'b1;
    default : y = 1'bx;         // y gets x for 2'b01
endcase
```

이 대안으로, 기본 값을 always 블록 시작 부분에 할당할 수도 있다.

```
y = 1'b0;               // can also use y = 1'bx for don't care
case (s)
```

```
        2'b00 : y = 1'b1;
        2'b10 : y = 1'b0;
        2'b11 : y = 1'b1;
    endcase
```

3.7.2 가이드라인

always 블록은 유연하고 강력한 언어 구조이다. 그러나 정확하고 효율적인 회선을 유도하고 합성과 시뮬레이션 간에 불일치가 발생하지 않도록 주의해서 사용해야 한다. 다음은 조합 회로의 기술을 위한 코딩 지침이다.

- 하나의 always 블록에만 변수를 할당하라.
- 조합 회로에는 블로킹 문을 사용하라.
- 모든 입력을 민감도 목록에 자동으로 포함 시키려면 @*를 사용하라.
- if 및 case 문의 모든 분기가 포함되어 있는지 확인하라.
- 출력이 모든 분기에서 지정되었는지 확인하라.
- 앞의 두 지침을 충족시키는 한 가지 방법은 always 블록 시작 부분의 출력에 기본 값을 할당하는 것이다.
- 소프트웨어 지시문이나 속성을 사용하는 대신 코드에 원하는 full case및 parallel case를 기술하라.
- 다양한 제어 구성에 의해 유추되는 라우팅 네트워크의 유형을 알고 있어야 한다.
- C 코드가 아닌 하드웨어를 생각하라.

3.8 파라미터와 상수

3.8.1 상수

HDL 코드는 표현식과 배열 경계에서 상수 값을 자주 사용한다. 이 값은 모듈 내에서 고정되어 있으며 수정할 수 없다. 훌륭한 설계 방법 중 하나는 "하드 리터럴"을 심볼릭 상수로 대체하는 것이며, 이를 통해 코드가 명확하게 작성 가능하고 향후 유지 관리 및 수정에 도움이 된다. Verilog에서 상수는 **localparam**("local parameter") 키워드를 사용하여 선언할 수 있다. 예를 들어, 데이터 버스의 너비와 범위를 다음과 같이 선언할 수 있다.

```
localparam DATA_WIDTH = 8,
           DATA_RANGE = 2**DATA_WIDTH -1;
```

또는 심블릭 포트 이름을 정의하는 데에 사용된다.

```
localparam UART_PORT = 4'b0001,
           LCD_PORT = 4'b0010,
           MOUSE_PORT = 4'b0100;
```

2 ** DATA_WIDTH-1과 같은 선언의 표현식은 사전 처리 중에 평가되므로 비 물리적 회로를 유추한다. 이 책에서는 상수에 대문자를 사용한다.

상수의 사용은 가장 좋은 예를 들어 설명할 수 있다. 캐리 아웃 비트를 가진 가산기의 코드를 고려하자. 한 가지 방법은 입력을 수동으로 1 비트씩 확장하고 일반 추가를 수행한 다음 합계의 **MSB**를 carry-out 비트로 추출하는 것이다. 코드는 코드 3.9에 이를 구현하였다.

코드 3.9 하드 리터럴을 사용한 가산기

```
module adder_carry_hard_lit
  (
   input wire [3:0] a, b,
   output wire [3:0] sum,
   output wire cout   // carry-out
  );

   // signal declaration
   wire [4:0] sum_ext;

   // body
   assign sum_ext = {1'b0, a} + {1'b0, b};
   assign sum = sum_ext[3:0];
   assign cout = sum_ext[4];

endmodule
```

이 코드는 4 비트 가산기용이다. 3과 4와 같은 하드 리터럴은 **wire** [4:0] 및 sum_ext [3:0]에서와 같이 범위에 사용되며 **MSB**는 sum_ext[4]와 같이 사용된다. 8 비트 가산기에 대한 코드를 수정하려면 이러한 리터럴을 수동으로 수정해야 한다. 이러한 방법은 코드가 복잡하고 많은 부분에서 리터럴이 참조되면 지루하고 오류가 발생하기 쉽다.

가독성을 높이기 위해, 덧셈기의 비트 수를 나타내기 위해 심볼릭 상수 N을 사용할 수 있다. 수정된 코드 3.10은 다음과 같다.

코드 3.10 상수를 사용한 가산기

```
module adder_carry_local_par
  (
   input wire [3:0] a, b,
   output wire [3:0] sum,
   output wire cout   // carry-out
  );

   // constant declaration
   localparam N = 4,
     N1 = N - 1;

   // signal declaration
   wire[N:0] sum_ext;

   // body
   assign sum_ext = {1'b0, a} + {1'b0, b};
   assign sum = sum_ext[N1:0];
   assign cout = sum_ext[N];

endmodule
```

상수는 코드를 이해하고 유지 보수하기 쉽게 만든다.

3.8.2 파라미터

Verilog 모듈은 1.6 절에서 논의된 것처럼 컴포넌트로 인스턴스화되고 더 큰 디자인의 일부가 될 수 있다. Verilog는 모듈로 정보를 전달하기 위한 매개 변수로 알려진 구조를 제공한다. 이 메커니즘은 모듈을 다양하고 재사용할 수 있게 한다. 매개 변수는 모듈 내부에서 수정될 수 없으므로 상수처럼 작동한다.

Verilog-2001에서는 매개 변수 선언 섹션을 포트 선언 전에 헤더에 추가할 수 있다. 간단한 구문은 다음과 같다.

```
module [module_name]
   #(
    parameter [parameter_name] = [default_value],
              . . .
              [parameter_name] = [default_value];
   )
   (
```

```
    . . . // I/O port declaration
    );
```

예를 들어 "이전 가산기 코드는 매개 변수"로 가산기 너비를 사용하도록 수정할 수 있다(코드 3.11 참조).

코드 3.11 파라미터를 사용한 가산기

```
module adder_carry_para
   # (parameter N=4)
   (
    input wire [N-1:0] a, b,
    output wire [N-1:0] sum,
    output wire cout           // carry-out
   );

   // constant declaration
   localparam N1 = N - 1;
   // signal declaration
   wire [N:0] sum_ext;

   // body
   assign sum_ext = {1'b0, a} + {1'b0, b};
   assign sum = sum_ext[N1:0];
   assign cout = sum_ext[N];

endmodule
```

매개 변수 N은 기본값 4로 선언된다. N이 선언된 후 상수와 마찬가지로 포트 선언 및 모듈 본문에 사용할 수 있다.

가산기가 나중에 다른 코드의 구성 요소로 사용되면 구성 요소 인스턴스화 중에 매개 변수에 원하는 값을 할당하고 기본값을 무시할 수 있다. 1.6절에서 설명한 포트 연결과 마찬가지로 매개 변수 할당은 이름 또는 순서쌍으로 수행할 수 있다. 순서쌍 체계의 잠재적인 문제는 1.6절에서 논의되었고 이 책에서 항상 이름을 이용한 체계를 사용한다. 매개 변수 지정이 생략되면 기본 값이 사용된다. 파라미터의 컴포넌트 인스턴스화에서 매개 변수를 사용하는 것은 코드 3.12에 나와 있다.

코드 3.12 가산기 인스턴트화 예제

```
module adder_insta
  (
    input wire [3:0] a4, b4,
    output wire [3:0] sum4,
    output wire c4,
    input wire [7:0] a8, b8,
    output wire [7:0] sum8,
    output wire c8
  );

// instantiate 8-bit adder
adder_carry_para #(.N(8)) unit1
  (.a(a8), .b(b8), .sum(sum8), .cout(c8));

// instantiate 4-bit adder
adder_carry_para unit2
  (.a(a4), .b(b4), .sum(sum4), .cout(c4));

endmodule
```

매개 변수는 회로의 "폭"이 특정 필요를 충족시키기 위해 조정될 수 있는 확장 가능한 코드를 생성하는 메커니즘을 제공한다. 따라서 코드를 더 이식성 있게 만들고 설계 재사용을 용이하게 한다.

3.8.3 Verilog-1995에서의 파라미터 사용

앞에서 설명한 **localparam** 키워드, 헤더 선언 및 할당은 모두 새로운 Verilog-2001의 기능이다. Verilog-1995에서는 매개 변수가 헤더 다음에 선언되며 순서쌍 구조나 **defparam** 문을 사용하여 다시 정의할 수 있다.

또한 상수는 재정의 하면 안 되고 매개 변수로 선언해야 한다. Verilog-1995 구문의 이전 가산기 코드는 코드 3.13과 같다.

코드 3.13 Verolog-1995의 파라미터 사용법

```
module adder_carry_95 (a, b, sum, cout);
   parameter N=4;              // parameter declared before the port
   parameter N1 = N-1;         // no localparam in Verilog - 1995
   input wire [N1:0] a, b;
```

```
    output wire [N1:0] sum,
    output wire cout;

    // signal declaration
    wire[N:0] sum_ext;

    // body
    assign sum_ext = {1'b0, a} + {1'b0, b};
    assign sum = sum_ext[N1:0];
    assign cout = sum_ext[N];

endmodule
```

구성요소가 인스턴스화되면 매개 변수는 다음과 같이 순서쌍 체계를 사용하여만 재정의 될 수 있다.

```
adder_carry_95  #(8, 7) unit1
   (.a(a8), .b(b8), .sum(sum8), .cut(c8)) ;
```

또는 **defparam** 문을 사용하여,

```
defparam uint1.N=8;
defparam uint1.N1=7;
adder_carry_95 uint1
  (.a(a8), .b(b8), .sum(sum8), .cout(c8));
```

Verilog-1995 체계는 더 지루하고 미묘한 오류를 유발할 수 있으며 이 책에서는 사용하지 않는다.

3.9 설계 예제

3.9.1 16 진수 입력 7 세그먼트 LED 디코더

7 세그먼트 LED 디스플레이의 스케치는 그림 3.6(a)에 나와 있다. 7개의 LED 막대와 단일 원형 LED 소수점으로 구성된다. 프로토타입 보드에서 7 세그먼트 LED는 active low로 구성된다. 즉, 해당 제어 신호가 0이면 LED 세그먼트가 켜진다.

16 진수 입력 7 세그먼트 LED 디코더는 4 비트 입력을 16 진수로 취급하고 그림 3.6(b)와 같이 적절한 LED 패턴을 생성한다. 완전성을 위해 소수점 LED에 직접 연결된 1 비트 입력 dp가 있다고 가정한다. LED 제어 신호 dp, a, b, c, d, e, f 및 g는 단일 8 비트 신호 sseg로 함께 그룹화된다. 코드는 코드 3.14와 같다. 하나의 case 문을 사용하여 sseg 신호의 7개 LSB에 대한 모든 원하는 패턴을 나열한다. MSB는 dp에 연결된다.

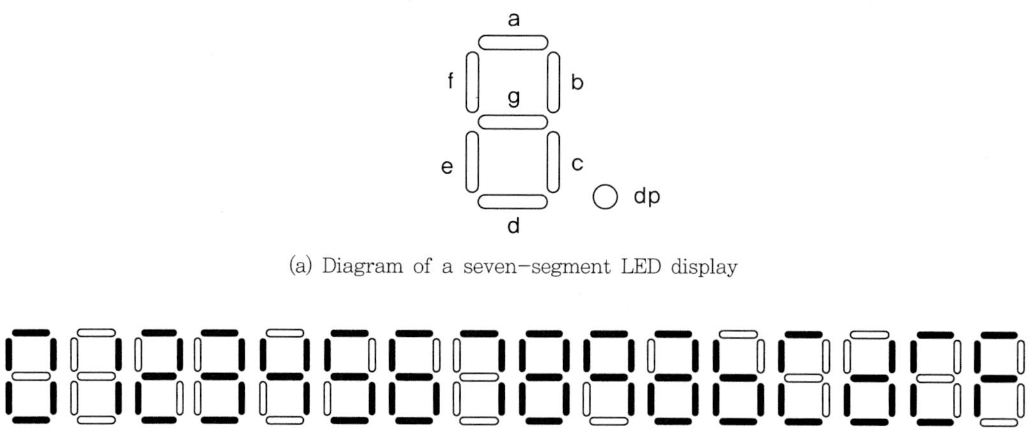

(a) Diagram of a seven-segment LED display

(b) Hexadecimal digit patterns

그림 3.6 7 세그먼트 LED 디스플레이 및 16 진수 패턴

코드 3.14 16진수 기반 7 세그먼트 LED 디코더

```
module hex_to_sseg
   (
    input wire [3:0] hex,
    input wire dp,
    output reg [7:0] sseg // output active low
   );
always @*
  begin
```

```
      case (hex)
        4'h0: sseg[6:0] = 7'b0000001;
        4'h1: sseg[6:0] = 7'b1001111;
        4'h2: sseg[6:0] = 7'b0010010;
        4'h3: sseg[6:0] = 7'b0000110;
        4'h4: sseg[6:0] = 7'b1001100;
        4'h5: sseg[6:0] = 7'b0100100;
        4'h6: sseg[6:0] = 7'b0100000;
        4'h7: sseg[6:0] = 7'b0001111;
        4'h8: sseg[6:0] = 7'b0000000;
        4'h9: sseg[6:0] = 7'b0000100;
        4'ha: sseg[6:0] = 7'b0001000;
        4'hb: sseg[6:0] = 7'b1100000;
        4'hc: sseg[6:0] = 7'b0110001;
        4'hd: sseg [6:0] = 7'b1000010;
        4'he: sseg [6:0] = 7'b0110000;
        default: sseg [6:0] = 7'b0111000; //4 'hf
      endcase
      sseg [7] = dp;
    end

endmodule
```

프로토타이핑 보드에는 4개의 7 세그먼트 LED 디스플레이가 있다. FPGA 칩의 I/O 핀 수를 줄이기 위해 시간 다중화 방식이 사용된다. 시간 다중화 모듈인 disp_mux의 블록 다이어그램이 그림 3.7(a)에 나와 있다. 입력은 4개의 8 비트 7 세그먼트 LED 패턴에 해당하는 in0, in1, in2 및 in3이며 출력은 4개 디스플레이를 개별적으로 활성화하는 4비트 신호인 an 및 8개의 LED 세그먼트를 제어하는 공유 8 비트 신호 sseg이다.

이 회로는 적절히 타이밍이 설정된 활성화 신호를 생성하고 네 개의 입력 패턴을 출력으로 번갈아 라우팅한다. 이 모듈의 디자인은 4 장에서 논의된다. 지금은 4개의 7 세그먼트 LED 패턴을 취하여 코드에서 인스턴스화 하는 블랙박스로 취급한다.

테스트 회로 우리는 간단한 8 비트 증분 회로를 사용하여 디코더의 작동을 확인한다. 스케치는 그림 3.7(b)에 나와 있다. sw 입력은 프로토타이핑 보드의 8 비트 스위치이다. sw + 1을 얻기 위해 증분기에 공급된다. 원래 및 증가된 sw 신호는 4개의 디코더로 전달되어 7개 세그먼트 LED 디스플레이에 4개의 16 진수를 표시한다. 코드는 코드 3.15와 같다.

코드 3.15 16진수-LED 디코더 테스트 회로

```
module hex_to_sseg_test
   (
    input wire clk,
    input wire [7:0] sw,
    output wire [3:0] an,
    output wire [7:0] sseg
   );

  // signal declaration
  wire [7:0] inc;
  wire [7:0] led0, led1, led2, led3;

  // increment input
  assign inc = sw + 1;

  // instantiate four instances of hex decoders
  // instance for 4 LSBs of input
  hex_to_sseg sseg_unit_0
    (.hex(sw[3:0]), .dp(1'b0), .sseg(led0));
  // instance for 4 MSBs of input
  hex_to_sseg sseg_unit_1
    (.hex(sw[7:4]), .dp(1'b0), .sseg(led1));
  // instance for 4 LSBs of incrermented value
  hex_to_sseg sseg_unit_2
    (.hex(inc[3:0]), .dp(1'b0), .sseg(led2));
  // instance for 4 MSBs of incrermented value
  hex_to_sseg sseg_unit_3
    (.hex(inc[7:4]), .dp(1'b0), .sseg(led3));

  // instantiate 7-seg LED display time-multiplexing module
  disp_mux disp_unit
  (.clk(clk), .reset(1'b0), .in0(led0), .in1(led1), .in2(led2), .in3(led3),
   .an(an), .sseg(sseg));

endmodule
```

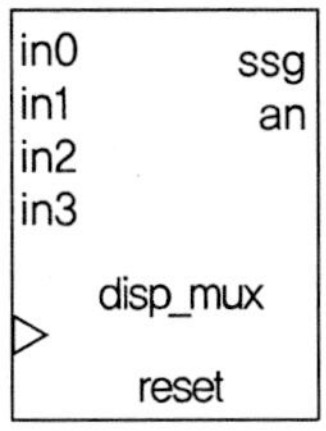

(a) Block diagram of an LED time multiplexing module

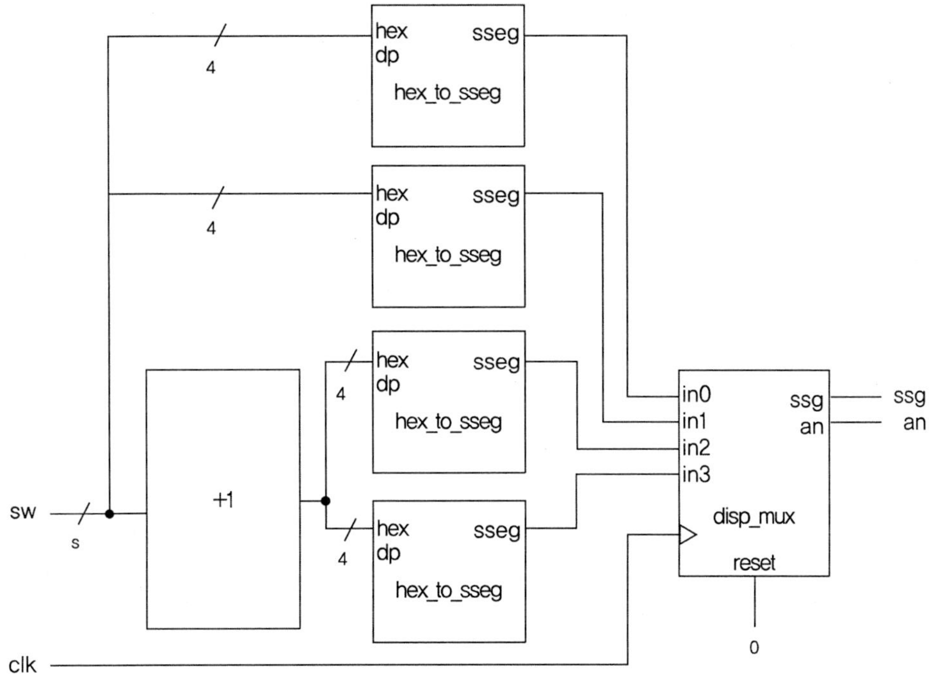

(b) Block diagram of a decoder testing circuit

그림 3.7 LED 시간 다중화 모듈 및 디코더 테스트 회로

2 장의 절차에 따라 프로토 타이핑보드에서 회로를 합성하고 구현할 수 있다. 시간 다중화 모듈에 대한 코드를 포함하고 있는 disp_mux.v 파일과 ucf 제약 파일은 합성 중에 Xilinx ISE 프로젝트에 포함되어야 한다.

3.9.2 부호와 절대값 가산기

정수는 MSB가 부호이고 나머지 비트가 크기를 나타내는 부호 크기 형식으로 나타낼 수 있다. 예를 들어, 3 및 -3은 4 비트 부호 크기 형식에서 “0011” 및 “1011”이 된다.

부호와 절대값 가산기는 이 형식으로 가산 연산을 수행한다. 작업은 다음과 같이 요약할 수 있다.

- 두 피연산자가 같은 부호를 갖는다면, 크기를 더하고 부호를 유지함.
- 두 피연산자의 부호가 다르면 큰 절대값에서 작은 절대값을 뺀 다음 큰 절대값이 있는 부호를 유지함.

하나의 가능한 구현은 회로를 두 단계로 나누는 것이다. 첫 번째 단계는 두 입력 숫자를 크기에 따라 정렬하고 최대 및 최소 신호로 라우팅한다. 두 번째 단계에서는 부호를 검사하고 그에 따라 가감을 더하거나 뺀다. 두 개의 숫자가 정렬되었으므로 max의 크기는 항상 min의 크기보다 크며 최종 부호는 max의 부호이다.

코드는 코드 3.16과 같이 2 단계 구현 체계로 구현하였다. 명확하게 하기 위해 입력 번호를 내부적으로 분리하고 별도의 부호 및 크기 신호를 사용한다. 매개 변수 N은 가산기의 폭을 나타내기 위해 사용된다.

코드 3.16 부호와 절대값 가산기

```
module sign_mag_add
   #(
    parameter N = 4
   )
   (
    input wire [N-1:0] a, b,
    output reg [N-1:0] sum
   );

  // signal declaration
  reg [N-2:0] mag_a, mag_b, mag_sum, max, min;
  reg sign_a, sign_b, sign_sum;

  // body
  alway @*
  begin
    //  separate magnitude and sign
    mag_a = a[N-2:0];
    mag_b = b[N-2:0];
    sign_a = a[N-1];
    sign_b = b[N-1];

    // sort according to magnitude
    if (mag_a > mag_b)
      begin
```

```
         max = mag_a;
         min = mag_b ;
         sign_sum = sign_a;
      end
    else
      begin
         max = mag_b;
         min = mag_a;
         sign_sum = sign_b;
      end
      // add/sub magnitude
      if (sign_a == sign_b)
         mag_sum  = max + min;
      else
         mag_sum = max - min;
    // form output
    sum  =  {sign_sum, mag_sum};
  end
endmodule
```

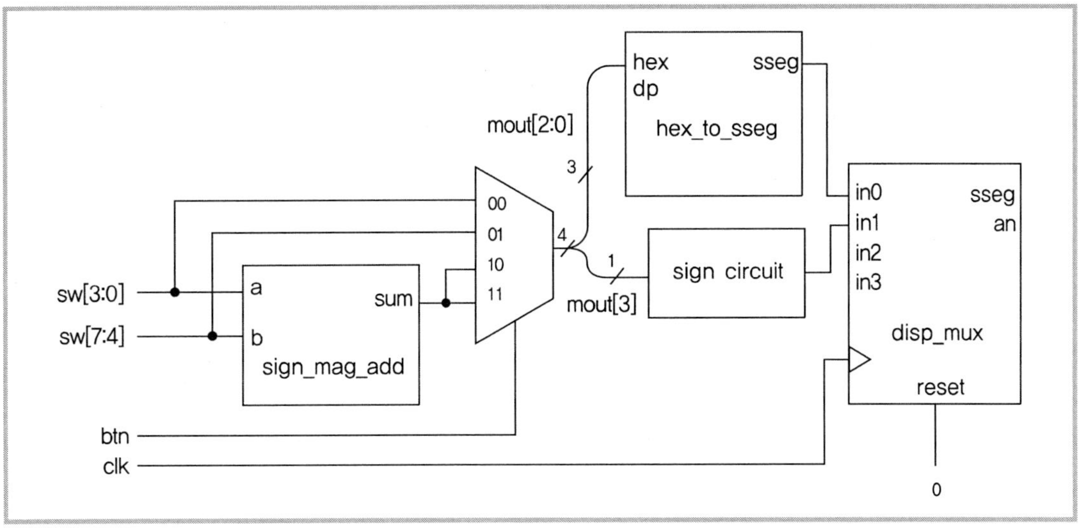

그림 3.8 부호와 절대값 가산기 테스트 회로

테스트 회로 우리는 회로 동작을 검증하기 위해 4 비트 부호와 절대값 가산기를 사용한다. 테스트 회로의 스케치가 그림 3.8에 나와 있다. 두 개의 입력 번호는 8비트 스위치에 연결되며 부호와 절대값은 두 개의 7 세그먼트 LED 디스플레이에 표시된다. 오퍼랜드 또는 합계를 디스플레이 회로로 라우팅하기 위해 멀티플렉서의 선택 신호로 2개의 푸시 버튼이 사용된다. 가장 오른쪽의 짝수 세그먼트 LED는 3비트 크기를 보여주며, 앞에 0이 추가되고 16진수 입력 7 세그먼트 LED 디코더에 공급된다. 다음 LED는 부호 비트를 표시한다. 기호 비트는 더하기 기호의 경우 비어 있고 빼기 기호의 중간 LED 세그먼트가 있는 기호이다. 두 개의 LED 패턴은 3.9.1절에서 설명한대로 시간 다중화 모듈로 보내진다. 코드는 코드 3.17과 같다.

코드 3.17 부호와 절대값 가산기 테스트 회로

```
module sm_add_test
   (
    input wire clk,
    input wire [1:0] btn,
    input wire [7:0] sw,
    output wire [3:0] an,
    output wire [7:0] sseg
   );

  // signal declaration
  wire [3:0] sum, mout, oct;
  wire [7:0] led3, led2, led1, led0;

  // instantiate adder
  sign_mag_add #(.N(4)) sm_adder_unit
    (.a(sw[3:0]), .b(sw[7:4]), .sum(sum));

  // magnitude displayed on rightmost 7-seg LED
  assign mout = (btn==2'b00) ? sw[3:0] :
                (btn==2'b01)? sw[7:4] :
                 sum;
  assign oct = {1'b0, mout[2:0]};
  // instantiate hex decoder
  hex_to_sseg sseg_unit
     (.hex(oct), .dp(1'b0), .sseg(led0));

  // sign displayed on 2nd 7-seg LED
  // middle LED bar on for negative number
  assign led1 = mout[3] ? 8'b11111110 : 8'b11111111;
  // blank two other LEDs
  assign led2 = 8'b11111111;
  assign led3 = 8'b11111111;
```

```
   // instantiate 7-seg LED display time-multiplexing module
   disp_mux disp_unit
     (.clk(clk), .reset(1'b0), .in0(led0), .in1(led1),
      .in2(led2), .in3(led3), .an(an), .sseg(sseg));

endmodule
```

3.9.3 배럴 시프터

Verilog에는 시프트 기능이 내장되어 있지만 회전 연산은 없다. 이 하위 섹션에서는 임의 비트 수를 오른쪽으로 회전시키는 8 비트 배럴 시프터를 살펴 본다. 회로는 회전할 양을 지정하는 8비트 데이터 입력, a 및 3 비트 제어 신호, amt를 포함한다. 첫 번째 디자인은 case 문을 사용하여 amt 신호와 해당 회전 결과의 모든 조합을 철저히 나열한다. 코드 3.18과 같다.

코드 3.18 case 문을 사용한 배럴 시프터

```
module barrel_shifter_case
   (
    input wire [7:0] a,
    input wire [2:0] amt,
    output reg [7:0] y
   );

   // body
   always @*
    case (amt)
      3'o0 : y = a;
      3'o1 : y = {a[0], a[7:1]};
      3'o2 : y = {a[1:0], a[7:2]};
      3'o3 : y = {a[2:0], a[7:3]};
      3'o4 : y = {a[3:0], a[7:4]};
      3'o5 : y = {a[4:0], a[7:5]};
      3'o6 : y = {a[5:0], a[7:6]};
      default : y = {a[6:0], a[7]};
    endcase

endmodule
```

코드는 간단하지만 데이터 비트 수가 증가하면 성가신 일이 된다. 또한 case 문에 있는 많은

수의 항목은 넓은 멀티플렉서를 의미하기 때문에 합성이 어려워지고 전파 지연이 커진다. 대안으로는, 단계별로 회로를 구성할 수 있다. n번째 단계에서 입력 신호는 직접 출력으로 전달되거나 2^n만큼 오른쪽으로 회전한다. n번째 단계는 amt 신호의 n번째 비트에 의해 제어된다. 3 비트의 amt는 $m_2 m_1 m_0$라고 가정한다. 전체 3단계 후의 회전량은 원하는 회전량인 $m_2 2^2 + m_1 2^1 + m_0 2^0$가 된다. 이 구조의 코드는 코드 3.19와 같다.

코드 3.19 다단계 시프트를 사용한 배럴 시프터

```
module barrel_shifter_stage
   (
    input wire [7:0] a,
    input wire [2:0] amt,
    output reg [7:0] y
   );

  // signal declaration
  wire [7:0] s0, s1;

  // body
  // state 0, shift 0 or 1 bit
  assign s0 = amt[0] ? {a[0], a[7:1]} : a;
  // state 1, shift 0 or 2 bit
  assign s1 = amt[1] ? {s0[1:0], s0[7:2]} : s0;
  // state 2, shift 0 or 4 bit
  assign y = amt[2] ? {s1[3:0], s1[7:4]} : s1;

endmodule
```

테스트 회로 회로를 테스트하기 위해 신호용 8 비트 스위치, amt 신호용 3개의 푸시 버튼 스위치 및 출력용 8개의 개별 LED를 사용할 수 있다. 핀 할당을 위한 새로운 구속 조건 파일을 유도하는 대신 배럴 시프터 회로를 래핑하고 프로토타이핑 보드의 신호에 해당 신호를 매핑하는 새로운 HDL 파일을 생성한다. 코드 3.20과 같다.

코드 3.20 배럴 시프터 테스트 회로

```
module barrel_test
   (
    input wire [2:0] btn,
    input wire [7:0] sw,
```

```
    output reg [7:0] led
   );

   // instantiate shifter
   barrel_shifter_stage shift_unit
     (.a(sw), .amt(btn), .y(led));

endmodule
```

3.9.4 간략화된 부동 소수점 가산기

부동 소수점은 숫자를 나타내는 또 다른 형식이다. 동일한 비트 수를 사용하면 부동 소수점 형식의 범위가 부호 있는 정수 형식의 범위보다 훨씬 크다. VHDL에 내장된 부동 소수점 데이터 유형이 있지만 자동으로 합성하기에는 너무 복잡하다.

부동 소수점 표현에 대한 자세한 설명은 이 책의 범위를 벗어난다. 이 예제에서는 단순화된 13 비트 형식을 사용하고 반올림 오류는 무시한다. 부동소수점은 숫자의 부호(음수의 경우 1)를 나타내는 부호 비트 s와 지수를 나타내는 4 비트 지수부 e, 그리고 가수부 또는 분수를 나타내는 8 비트 유효 필드, f로 표현된다. 이 형식에서 부동 소수점 값은 $(-1)^s * .f * 2^e$이다. $.f * 2^e$는 숫자의 크기이고 (-1)s는 "s가 1이면 음수를 의미한다"라는 형식적인 방법이다. 부호 비트는 나머지 숫자와 분리되어 있기 때문에 부동 소수점 표현은 부호와 절대값 형식의 변형으로 간주될 수 있다.

우리는 또한 다음과 같은 가정을 하였다.

- 지수 및 가수부 필드는 모두 부호 없는 형식이다.
- 표현은 정규화 되거나 0이어야 한다. 정규화된 표현은 가수부 필드의 MSB가 1이어야 함을 의미한다. 계산 결과는 가장 작게 정규화된 0이 아닌 크기인 $0.10000000 * 2^{0000}$보다 작으면 0으로 변환해야 한다.

이러한 가정 하에서, 0이 아닌 가장 큰 값과 가장 작은 값은 각각 $0.11111111 * 2^{1111}$과 $0.10000000 * 2^{0000}$이고, 범위는 대략 2^{16}이다(i.e. $\frac{0.11111111 * 2^{1111}}{0.10000000 * 2^{0000}}$).

우리의 부동 소수점 가산기 설계는 숫자를 과학 표기법으로 수동으로 추가하는 과정을 거친다. 이 프로세스는 예제를 통해 가장 잘 설명할 수 있다. 지수부와 가수부의 너비는 각각 2 자리와 1 자리라고 가정한다. 10 진수 형식은 명확성을 위해 사용된다. 몇 가지 대표적인 예제의 계산이 그림 3.9에 나와 있다. 계산은 네 가지 주요 단계로 수행된다.

		sort	align	add/sub	normalize
eg.1	+0.54E3 −0.87E4	−0.87E4 +0.54E3	−0.87E4 +0.05E4	−0.87E4 +0.05E4 −0.82E4	−0.87E4 +0.05E4 −0.82E4
eg.2	+0.54E3 −0.55E3	−0.55E3 +0.54E3	−0.55E3 +0.54E3	−0.55E3 +0.54E3 −0.01E3	−0.55E3 +0.54E3 −0.10E2
eg.3	+0.54E0 −0.55E0	−0.55E0 −0.54E0	−0.55E0 −0.54E0	−0.55E0 −0.54E0 −0.01E0	−0.55E0 −0.54E0 −0.00E0
eg.4	+0.56E3 +0.52E3	+0.56E3 +0.52E3	+0.56E3 +0.52E3	+0.56E3 +0.52E3 +1.07E3	+0.56E3 +0.52E3 +0.10E4

그림 3.9 부동 소수점 덧셈의 예

1. *Sorting*: 더 큰 크기의 숫자는 맨 위에 표시하고 작은 숫자는 더 낮은 숫자를 하단에 표시한다(정렬된 숫자를 "큰 숫자" 및 "작은 숫자"라고 부름).
2. *Alignment*: 두 지수가 같은 지수가 되도록 정렬한다. 이는 큰 수의 지수와 일치하도록 작은 수의 지수를 조정하여 수행할 수 있다. 작은 수의 유효 수는 지수의 차이에 따라 오른쪽으로 이동해야 한다.
3. *Addition/subtraction*: 두 개의 정렬된 수의 가수부를 더하거나 뺀다.
4. *Normalization*: 결과를 정규화된 형식으로 조정한다. 다음 세 가지 유형의 정상화 절차가 필요할 수 있다.
   - 뺄셈 후의 결과는 예제 2에서와 같이 앞에 0을 포함할 수 있다
   - 뺄셈 후에는 결과가 너무 작아 정규화될 수 없는 경우에는 예제 3에서와 같이 0으로 변환해야 한다.
   - 덧셈 후의 결과는 예제 4에서와 같이 carry-out 비트를 생성할 수 있다

이진 부동 소수점 가산기 설계는 이와 비슷한 알고리즘을 사용한다. 구현을 단순화하기 위해 반올림을 무시한다. alignment과 normalization 중에, 유효 숫자의 하위 비트는 범위에서 벗어나면 버려질 수 있다. 디자인은 4 단계로 나누어져 있는데, 각각은 전술한 알고리즘의 하나의 단계(step)에 대응한다. 접미사 'b', 's', 'a', 'r' 및 신호 이름에 사용되는 'n'은 각각 개발된 코드의 "큰 숫자", "작은 숫자", "정렬된 숫자", "더하기 / 빼기 결과" 및 "정규화된 숫자"에 사용되었다. 이 단계들에 따르는 코드를, 코드 3.21에 나타내었다.

코드 3.21 간략화된 부동 소수점 가산기

```
module fp_adder
  (
   input wire sign1, sign2,
   input wire [3:0] exp1, exp2,
   input wire [7:0] frac1, frac2,
   output reg sign_out,
   output reg [3:0] exp_out,
   output reg [7:0] fact_out
  );

  // signal declaration
  // suffix b, s, a, n for
  //           big, small, aligned, normalized number
  reg signb, signs;
  reg [3:0] expb, exps, expn, exp_diff;
  reg [7:0] fracb, fracs, fraca, fracn, sum_norm;
  reg [8:0] sum;
  reg [2:0] lead0;

  // body
  always @*
  begin
    // 1st stage : sort to find the larger number
    if({exp1, frac1} > {exp2, frac2})
      begin
        signb = sign1;
        signs = sign2;
        expb = exp1;
        exps = exp2;
        fracb = frac1;
        fracs = frac2;
      end
    else
      begin
        signb = sign2;
        signs = sign1;
        expb = exp2;
        exps = exp1;
        fracb = frac2;
        fracs = frac1;
      end
```

```
// 2nd stage : align smaller number
exp_diff = expb - exps;
fraca = fracs >> exp_diff;

// 3rd stage : add/subtract
if(signb==signs)
  sum = {1'b0, fracb} + {1'b0, fraca};
else
  sum = {1'b0, fracb} - {1'b0, fraca};

// 4th stage : normalize
// count leading 0s
if(sum[7])
  lead0 = 3'o0;
else if (sum[6])
  lead0 = 3'o1;
else if (sum[5])
  lead0 = 3'o2;
else if (sum[4])
  lead0 = 3'o3;
else if (sum[3])
  lead0 = 3'o4;
else if (sum[2])
  lead0 = 3'o5;
else if (sum[1])
  lead0 = 3'o6;
else
  lead0 = 3'o7;
// shift significand according to leading 0
sum_norm = sum << lead0;
// normalize with special conditions
if(sum[8])
  begin
    expn = expb + 1;
    fracn = sum[8:1];
  else
else if(lead0 > expb)
  begin
    expn = 0;
    fracn = 0;
  end
```

```
        else
           begin
             expn = expb - lead0;
            fracn = sum_norm;
           end

        // form output
        sign_out = signb;
        exp_out = expn;
        frac_out = fracn;
    end

endmodule
```

첫 단계의 회로는 크기를 비교하여 큰 수를 signb, expb 및 fracb 신호로 라우팅하고 작은 수를 signs, exps 및 fracs 신호로 라우팅한다. 비교는 exp1 & frac1과 exp2 & frac2 사이에서 수행된다. 지수가 먼저 비교되고, 동일하면 가수가 비교된다.

두 번째 단계의 회로는 정렬을 수행한다. 먼저 expb-exps인 두 지수의 차이를 계산한 다음 유효량, fracs를 이 양만큼 오른쪽으로 이동한다. 정렬된 유효 값은 fraca로 레이블된다. 세 번째 단계의 회로는 3.9.2 절과 유사한 부호 크기 추가를 수행한다. 피연산자는 carry-out 비트를 수용하기 위해 1 비트만큼 확장된다.

네 번째 단계의 회로는 정규화를 수행하여 결과를 조정하여 최종 출력을 표준화된 형식에 맞춘다. 정규화 회로는 3개의 세그먼트로 구성된다. 첫 번째 세그먼트는 선행 0의 수를 계산한다. 우선 순위 인코더와 다소 비슷하다. 번째 세그먼트는 lead0 카운팅 회로에 의해 지정된 양만큼 가수부를 왼쪽으로 시프트한다. 마지막 세그먼트는 carry-out 및 zero 조건을 확인하고 최종 normalized된 숫자를 생성한다.

테스트 회로 부동 소수점 덧셈기에는 두 개의 13 비트 입력 피연산자가 있다. 프로토타이핑 보드에는 단 하나의 8 비트 스위치와 네 개의 1 비트 푸시 버튼이 있기 때문에 회로를 테스트하기에 충분한 수의 물리적 입력을 제공할 수 없다. 부동 소수점 덧셈기의 26 비트를 수용하려면 테스트 회로를 만들고 상수 또는 복제된 스위치 신호를 덧셈기의 입력 피연산자에 할당해야 한다. 예제는 코드 3.22와 같다. 하나의 피연산자를 상수로 할당하고 다른 피연산자에 대해 중복된 스위치 신호를 사용한다. 가산 결과는 16 진수 디코더와 부호 회로로 전달되며, 7 세그먼트 LED 디스플레이에 표시된다.

코드 3.22 부동 소수점 가산기 테스트 회로

```
module fp_adder_test
   (
    input wire clk,
    input wire [1:0] btn,
    input wire [7:0] sw,
    input wire [3:0] an,
    output wire [7:0] sseg
   );

  // signal declarations
  wire sign1, sign2, sign_out;
  wire exp1, exp2, exp_out;
  wire frac1, frac2, frac_out;
  wire led3, led2, led1, led0;

  // body
  // set up the fp adder input signals
  assign sign1 = 1'b0;
  assign exp1 = 4'b1000;
  assign frac1 = {1'b1, sw[1:0], 5'b10101};
  assign sign2 = sw[7];
  assign exp2 = btn;
  assign frac2 = {1'b1, sw[6:0]};

  // instantiate fp adder
  fp_adder fp_unit
    (.sign1(sign1), .sign2(sign2), .exp1(exp1), .exp2(exp2),
    .frac1(frac1), .frac2(frac2), .sign_out(sign_out),
    .exp_out(exp_out), .frac_out(frac_out));

  // instantiate three instances of hex decoders
  // exponent
  hex_to_sseg sseg_unit_0
    (.hex(exp_out), .dp(1'b0), .sseg(led0));
  // 4 LSBs of fraction
  hex_to_sseg sseg_unit_1
    (.hex(frac_out[3:0]), .dp(1'b1), .sseg(led1));
  // 4 MSBs of fraction
  hex_to_sseg sseg_unit_2
```

```
   (.hex(frac_out[7:4]), .dp(1'b0), .sseg(led2));
  // sign
  assign led3 = (sign_out) ? 8'b11111110 : 8'b11111111;

  // instantiate 7-seg LED display time-multiplexing module
  disp_mux disp_unit
  (.clk(clk), .reset(1'b0), .in0(led0), .in1(led1),
  .in2(led2), .in3(led3), .an(an), .sseg(sseg));

endmodule
```

3.10 참고문헌

S. Palnitkar의 "*Verilog HDL*, 2nd edition"와 M. D'Ciletti의 "*Starter's Guide to Verilog 2001*" Verilog의 문법과 구문을 자세히 설명한다. Sustherland의 "IEEE Verilog 1364-2001 Standard: What's New, and Why You Need It" 기고문에는 새로운 기능이 요약되어 있다.
C. E. Cummings의 기고문인 "full case parallel case, the Evil Twins of Verilog Synthesis"는 full-case 및 parallel-case 지시문에 대한 주의 사항을 검토하고, 또 다른 기고문인 "New Verilog-2001 Techniques for Creating Parameterized Models,"에서는 Verilog-2001의 새로운 매개 변수 전달 방식의 이점에 대해 설명한다.

3.11 제안하는 실험

3.11.1 다기능 배럴 시프터

우회전 또는 좌회전을 수행할 수 있는 8 비트 시프팅 회로를 생각해 보자. 추가 1 비트 제어 신호 `lr`은 원하는 방향을 지정한다.

1. 하나의 오른쪽 회전 회로, 하나의 왼쪽 회전 회로 및 하나의 2-to-1 멀티플렉서를 사용하여 회로를 설계하여 원하는 결과를 선택하라. 코드를 유도하라.
2. 테스트벤치를 파생시키고, 시뮬레이션을 사용하여 코드의 작동을 확인하라.
3. 회로를 합성하고, FPGA를 프로그래밍하고, 동작을 검증하라.
4. 이 회로는 사전 및 사후 반전 회로가 있는 하나의 회전 오른쪽 시프터로 구현할 수도 있다. 반전 회로는 원래의 입력을 통과시키거나 또는 입력을 비트 단위로 반전한다(예를 들어, 8 비트 입력이 $a_7a_6a_5a_4a_3a_2a_1a_0$이면 반전된 결과는 $a_0a_1a_2a_3a_4a_5a_6a_7$가 된다). 2 단

계와 3 단계를 반복하라.

5. 리포트 파일을 확인하고, 두 설계의 논리 셀 수와 전파 지연 수를 비교하라.
6. 16 비트 회로의 코드를 확장하고, 코드를 합성하라. 1-5 단계를 반복하라.
7. 32 비트 회로의 코드를 확장하고, 코드를 합성하라. 1-5 단계를 반복하라.

3.11.2 이중 우선순위 인코더

이중 우선순위 인코더는 최고 또는 두 번째로 높은 우선순위 요청의 코드를 반환한다. 입력은 12 비트 req 신호이며, 출력은 first와 second로 최상위 및 두 번째 우선순위 요청의 4 비트 2진 코드이다.

1. 회로를 설계하고, 코드를 유도하라.
2. 테스트벤치를 파생시키고, 시뮬레이션을 사용하여 코드의 작동을 확인하라.
3. 프로토타이핑 보드의 7 세그먼트 LED 디스플레이에 두 개의 출력 코드를 표시하고, 코드를 파생시키는 테스트 회로를 설계하라.
4. 회로를 합성하고, FPGA를 프로그램하고, 동작을 확인하라.

3.11.3 BCD 증분기

BCD(Binary-coded-decimal) 형식은 4 비트를 사용하여 10 진수를 나타낸다. 예를 들어, 259_{10}은 BCD 형식으로 "0010 0101 1001"로 표시된다. BCD 증분기는 BCD 형식의 숫자에 1을 더한다. 예를 들어, 증분 후 "0010 0101 1001"(즉, 259_{10})은 "0010 0110 0000"(즉, 260_{10})이 된다.

1. 3 자리 12 비트 증분기를 디자인하고 코드를 도출하라.
2. 테스트벤치를 파생시키고, 시뮬레이션을 사용하여 코드의 작동을 확인하라.
3. 7 세그먼트 LED 디스플레이에 3 자리 숫자를 표시하고, 코드를 파생시키는 테스트 회로를 설계하라.
4. 회로를 합성하고, FPGA를 프로그래밍하고, 동작을 검증하라.

3.11.4 부동 소수점 비교 회로

부동 소수점 비교 회로는 두 개의 부동 소수점 수를 비교하여 첫 번째 수가 두 번째 수보다 클 때 gt를 출력한다. 두 숫자가 3.9.4 절에서 논의된 형식으로 표현된다고 가정하자.

1. 회로를 설계하고 코드를 도출하라.
2. 테스트벤치를 도출시키고, 시뮬레이션을 사용하여 코드의 작동을 확인하라.
3. 테스트 회로를 설계하고, 코드를 도출하라.
4. 회로를 합성하고, FPGA를 프로그래밍하고, 동작을 검증하라.

3.11.5 부동 소수점 및 부호 있는 정수 변환 회로

대형 시스템에서는 숫자를 다른 형식으로 변환해야 할 수도 있다. 우리는 부동 소수점 표현을 위해 3.9.4 절의 13 비트 포맷을 사용하고 정수 표현을 위해 8 비트 부호 있는 데이터 타입을 사용한다고 가정한다. 정수-부동 소수점 변환 회로는 8비트 정수 입력을 정규화된 13 비트 부동 소수점 출력으로 변환한다. 부동 소수점-정수 변환 회로는 연산을 반전시킨다. 부동 소수점의 범위가 훨씬 크기 때문에 변환은 언더플로우 조건(즉, 변환 된 숫자의 크기가 "00000001"보다 작음) 또는 오버플로우 조건(즉, 변환된 숫자의 크기는 "01111111"보다 큰)이 될 수도 있다.

1. 정수 - 부동 소수점 변환 회로를 설계하고, 코드를 도출하라.
2. 테스트벤치를 파생시키고, 시뮬레이션을 사용하여 코드의 작동을 확인하라.
3. 테스트 회로를 설계하고, 및 코드를 도출하라.
4. 회로를 합성하고, FPGA를 프로그래밍하고, 동작을 검증하라.
5. 부동 소수점 - 정수 변환 회로를 설계하라. 8 비트 정수 출력 외에도 설계에는 언더플로우 및 오버플로우 조건에 대한 두 개의 상태 신호, uf 및 of가 포함되어야 한다. 코드를 도출하고, 2-4 단계를 반복하라.

3.11.6 향상된 부동 소수점 가산기

3.9.4 절의 부동 소수점 가산기는 하위 비트가 시프트 아웃될 때 무시한다(0으로 반올림 됨). 보다 정확한 방법은 이진 부동 소수점 산술(IEEE Std 754)에 대한 IEEE 표준에서 정의한 대로 가장 가까운 짝수로 반올림하는 것이다. 이 메소드를 구현하려면 가드(guard) 비트, 라운드(round) 비트 및 스티키(sticky) 비트라고 하는 3개의 추가 비트가 필요하다. 이전에 부동 소수점 산술을 배웠다면 3.9.4 절의 부동 소수점 가산기를 수정하여 가장 가까운 짝수로 반올림하도록 방법을 변형하라.

CHAPTER 4

정규 순차 회로

4.1 개요

순차 회로는 메모리가 있는 회로로, 회로의 내부 상태를 형성한다. 출력이 입력만의 함수인 조합 회로와 달리 순차 회로의 출력은 입력과 내부 상태의 함수이다. 동기식 설계 방법론은 순차 회로를 설계할 때 가장 일반적으로 사용되는 방법이다. 이 방법론에서, 모든 저장 소자는 글로벌 클록 신호에 의해 제어되고(즉, 동기화된다), 데이터는 샘플링되어 클럭 신호의 상승 또는 하강 에지에서 저장된다. 설계자는 스토리지 구성 요소를 회로에서 분리하여 개발 프로세스를 크게 단순화할 수 있다. 이 방법론은 크고 복잡한 디지털 시스템을 개발할 때 가장 중요한 원칙이며 대부분의 합성, 검증 및 테스트 알고리즘의 기초이다. 이 책의 모든 디자인은 이 방법론을 따른다.

4.1.1 D 플립플롭과 레지스터

순차 회로의 가장 기본적인 저장소 구성 요소는 D 플립플롭(D FF)이다. 포지티브 에지 트리거 D FF의 심볼 및 기능 표는 그림 4.1(a)에 나와 있다. d 신호의 값은 clk 신호의 상승 에지에서 샘플링되어 FF로 저장된다. D FF에는 FF를 0으로 클리어하기 위한 비동기식 리셋 신호가 포함될 수 있다. 심볼 및 기능 표는 그림 4.1(b)에 나와 있다. 리셋 동작은 클럭 신호와 독립적이다.

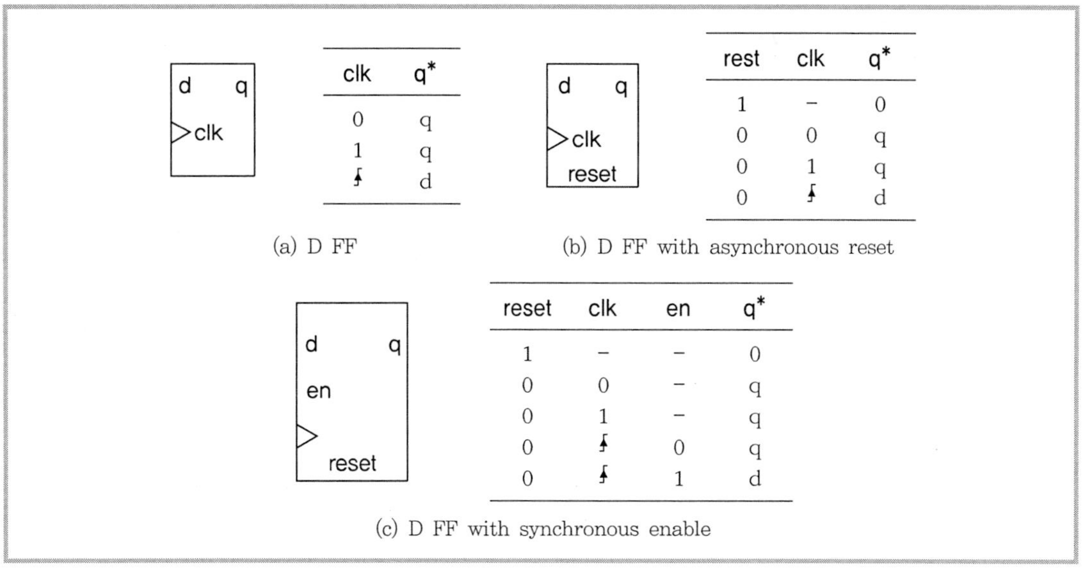

그림 4.1. D FF의 블록 다이어그램 및 기능 테이블

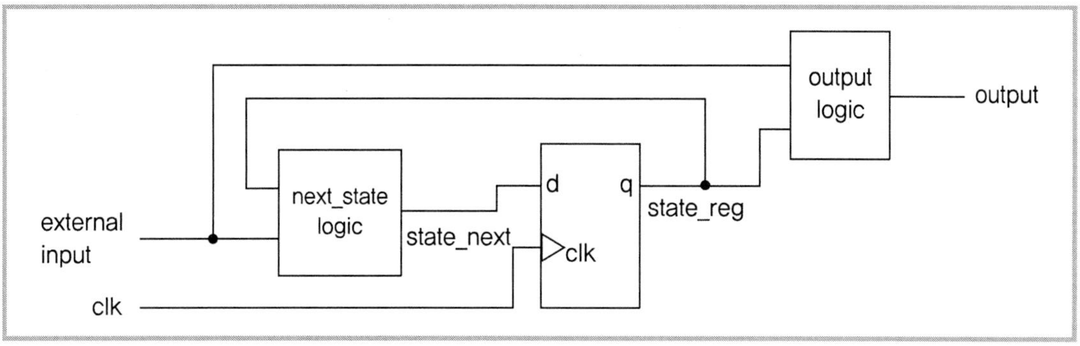

그림 4.2 동기 시스템의 블록 다이어그램

D FF의 세 가지 주요 타이밍 파라미터는 T_{cq}(클록 대 q 지연), T_{setup}(설정 시간) 및 T_{hold}(유지 시간)이다. T_{cq}는 클럭 신호의 상승 에지에서 d의 값을 q로 전달하는 데 필요한 시간이다. d 신호는 샘플링 에지 주변에서 안정해야 한다.

FF 신호가 준안정 상태가 되지 않도록 d 신호는 샘플링 에지 주변에서 안정적이어야 한다. T_{setup} 및 T_{hold}는 샘플링 에지 전후의 시간 간격을 지정한다.

D FF는 1 비트 저장을 제공한다. D FF 모음은 여러 비트를 저장하기 위해 함께 그룹화될 수 있으며 레지스터로 알려져 있다.

4.1.2 동기식 시스템

블록 다이어그램 동기식 시스템의 블록 다이어그램이 그림 4.2에 나와 있다. 다음과 같은 부분으로 구성된다.

- 상태 레지스터: 동일한 클럭 신호로 제어되는 D FF 모음
- 다음 상태 논리: 외부 입력 및 내부 상태(즉, 레지스터의 출력)를 사용하여 레지스터의 새 값을 결정하는 조합 논리
- 출력 로직: 출력 신호를 생성하는 조합 로직

최대 동작 주파수 순차 회로의 가장 어려운 설계 측면 중 하나는 시스템 타이밍이 셋업 및 홀드 시간 제약을 위반하지 않도록 보장하는 것이다. 동기식 시스템에서 그림 4.2와 같이 스토리지 구성 요소는 함께 그룹화되고 단일 레지스터로 처리되므로, 하나의 메모리 구성 요소에서만 타이밍 분석을 수행하면 된다.

순차 회로의 타이밍은 회로가 작동하는 속도를 지정하는 최대 클럭 주파수인 $f_{\max}$로 특징지워진다. $f_{\max}$의 역수는 T_{clock}을 지정한다. 클럭의 두 샘플링 에지 사이의 간격으로 해석 될 수 있는 최소 클럭주기. 올바른 작동을 위해서는 이 간격 내에서 다음 값을 생성하고 안정시켜야 한다. 다음 상태 논리의 최대 전달 지연이 T_{comb}라고 가정하자. 최소 클럭 주기는 그림 4.2의 폐 루프의 전파 지연과 셋업 시간 제약을 추가하여 얻을 수 있다.

$$T_{clock} = T_{cq} + T_{comb} + T_{setup}$$

최대 클럭 속도는 역수이다.

$$f_{\max} = \frac{1}{T_{clock}} = \frac{1}{T_{cq} + T_{comb} + T_{setup}}$$

Xilinx ISE의 타이밍 제약$^{Xilinx\ specific}$ 합성 과정에서 Xilinx 소프트웨어는 합성 회로를 분석하여 $f_{\max}$를 보고서에 표시한다. 또한 원하는 합성 주파수를 합성 제약으로 지정할 수 있으며, 합성 소프트웨어는 이 요구 사항(즉, $f_{\max}$가 원하는 작동 주파수 이상인 회로)을 충족시키는 회로를 얻으려고 시도한다.

예를 들어 프로토타입 보드에서 50 MHz(즉, 20 ns주기) 발진기를 클럭 소스로 사용하는 경우 순차 회로의 $f_{\max}$가 이 주파수를 초과해야 한다(즉, 주기가 20 ns보다 작아야 한다). 다음 행을 제한 조건 파일에 추가할 수 있다.

```
NET "clk" TNM_NET = "clk";
TIMESPEC "TS_clk" = PERIOD "clk" 20 ns HIGH 50%;
```

이는 `clk` 신호가 20 ns(즉, 50 MHz)의 최대주기와 50%의 듀티 사이클을 갖는다는 것을 나타낸다.

합성이 끝나면 ISE의 프로세스 창에서 "View Design Summary process"를 호출하여 관련 타이밍 정보를 확인할 수 있다. 타이밍 제약 조건 섹션은 부과된 제약 조건이 충족되는지 여부를 보여 주며, "Static Timing Report section" 섹션은 보다 자세한 타이밍 정보를 제공한다.

4.1.3 코드 개발

우리의 코드 개발은 그림 4.2의 기본 블록 다이어그램을 따른다. 핵심은 메모리 구성 요소(즉, 레지스터)를 시스템으로부터 분리하는 것이다. 일단 레지스터가 분리되면, 나머지 부분은 순수 조합 회로이며, 이전 장에서 논의된 코딩 및 분석 체계가 이에 따라 적용될 수 있다. 이러한 접근 방식으로 인해 코드가 때때로 복잡해질 수 있지만 회로 구조를 보다 잘 시각화하고 의도하지 않은 메모리와 미묘한 실수를 방지하는 데 도움이 된다.

다음 상태 논리의 특성을 기반으로 순차 회로를 세 가지 범주로 나눈다:

- *정규 순차 회로*: 회로의 상태 천이는 카운터 또는 시프트 레지스터 에서처럼 "규칙적인" 패턴을 나타낸다. 다음 상태 논리는 주로 미리 설계된 "보통" 구성 요소(예: 증분기 또는 시프터)로 구성된다.
- *FSM*: 회로의 상태 천이는 단순하고 반복적인 패턴을 나타내지 않는다. 다음 상태 논리는 "무작위 논리"로 구성되고 처음부터 합성되며, 무작위 순서 회로라고 해야 하지만 일반적으로 FSM(Finite State Machine), 유한 상태 기계라고 한다.
- *FSMD*: 이 회로는 정규 순차 회로와 FSM으로 구성된다. 두 개의 경로가 데이터 경로 및 제어 경로로 알려져 있으며 전체 회로는 FSMD(데이터 경로가 있는 FSM)로 알려져 있다. 이 유형의 회로는 레지스터 전송(RT) 방법론으로 표현되는 알고리즘을 구현하는 데 사용되며 레지스터 간의 전송 및 조작 시퀀스에 의한 시스템 작동을 설명한다.

이 세 가지 유형의 회로는 이 장과 두 개의 후속 장에서 설명한다.

4.2 FF와 레지스터의 HDL 코드

HDL에서 스토리지 구성 요소를 설명하는 것은 미묘한 절차이며, 이를 수행하는 방법은 다양하다. 사실, 새로운 HDL 사용자가 직면한 한 가지 공통적인 문제는 의도하지 않은 래치 및 버퍼의 추론이다. 가능한 모든 형태의 구문 설명을 다루는 대신에. 일반적으로 사용되는 여러 메모리 구성 요소에 대한 코드 템플릿을 소개한다. 개발 프로세스는 레지스터와 조합 회로를 분리하기 때문에 이 구성 요소는 이 책의 모든 디자인에 충분하다. 구성 요소는 다음과 같다.

- D FF
- 레지스터
- 레지스터 파일

모든 코드 템플릿은 always 블록을 사용한다. 3.3.2 절에서 논의되었듯이, 논블로킹 할당은 메모리 요소에 대해 사용되어야 하며, 그 기본 구문은 다음과 같다.

```
[variable_name] <= [expression];
```

이러한 유형의 할당은 잠재적 경쟁 조건을 피하고 시뮬레이션과 합성 간의 불일치를 제거할 수 있다. 이 주제는 7.1 절에서 자세히 설명한다.

4.2.1 D FF

우리는 세 종류의 D FF를 고려한다.

- 비동기 리셋이 없는 D FF
- 비동기 리셋이 있는 D FF
- 동기 인에이블이 있는 D FF

처음 두 개는 가장 기본적인 메모리 구성 요소이며 모든 디바이스 기술 라이브러리에서 찾을 수 있다. 세 번째는 간단한 D FF로 구성할 수 있다. 이 코드는 자주 사용되는 메모리 구성 요소이며 Spartan-3 디바이스의 로직 셀 FF에 매핑될 수 있으므로 코드를 포함한다.

비동기 리셋 기능이 없는 D FF D FF의 기능 테이블은 그림 4.1(a)에 나와 있으며 코드는 목록 4.1에 나와 있다.

코드 4.1 비동기 리셋이 없는 D FF

```
module d_ff
   (
    input wire clk,
    input wire d,
    output reg q
   );

  // body
  always @(posedge clk)
    q <= d;

endmodule
```

상승 에지는 민감도 목록의 **posedge** clk 이벤트로 표현된다. posedge(“**positive edge**”의 경우) 키워드는 clk 신호의 방향을 1로 변하는 방향으로 지정한다. always 블록은 clk 신호의 상승 에지에서만 활성화된다는 것을 나타내며, 에지 트리거 FF의 특성을 반영하는 조건다. d 신호는 민감한 목록에 포함되어 있지 않다. 이는 d 신호가 clk 신호의 상승 에지에서만 샘플링되고 그 값의 변화가 즉각적인 응답을 유발하지 않는다는 사실과 일치한다.

비동기식 리셋이 있는 D FF D FF에는 그림 4.1(b)의 기능 표에 표시된 대로 비동기식 리셋 신호가 포함될 수 있다. 신호는 D FF를 언제든지 0으로 클리어하며 클럭 신호에 의해 제어되지 않는다. 실제로는 정기적으로 샘플링된 입력보다 우선순위가 높다. 비동기식 리셋 신호를 사용하면 동기식 설계 방법론을 위반하므로 정상 작동 시 피해야 한다. 주요 용도는 시스템 초기화를 수행하는 것이다. 예를 들어 짧은 리셋 펄스를 생성하여 전원을 켠 후 시스템을 초기 상태로 강제 설정할 수 있다. 비동기 리셋 기능을 가진 D FF 코드 4.2와 같다.

코드 4.2 비동기식 리셋이 있는 D FF

```
module d_ff_reset
   (
    input wire clk, reset,
    input wire d,
    output reg q
   );

  // body
  always @(posedge clk, posedge reset)
    if(reset)
      q <= 1'b0;
    else
      q <= d;

endmodule
```

posedge reset 이벤트는 민감도 목록에도 포함되어 있으며 그 값은 if 문에서 먼저 확인된다. 만약 reset이 어서트되면 해당 동작이 clk 신호와 독립적으로 q 신호는 0으로 클리어된다.

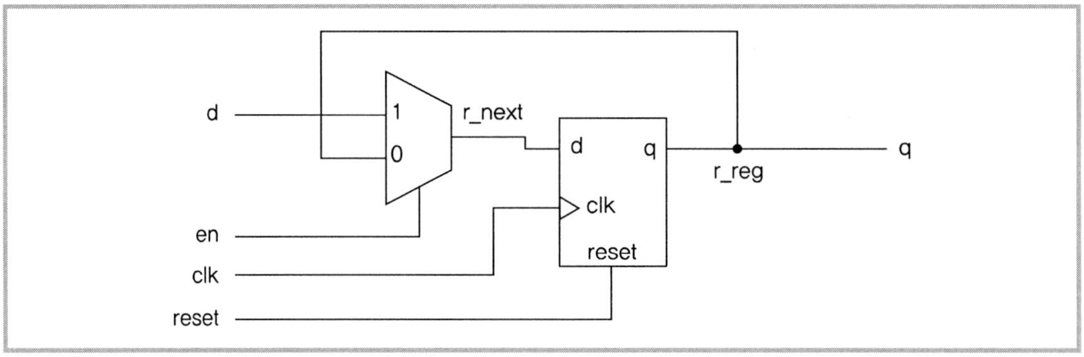

그림 4.3 동기 인에이블이 있는 D FF

동기 인에이블이 있는 D FF D FF는 FF가 입력 값을 샘플링할 수 있도록 추가 제어 신호 en을 포함할 수 있다. 그 기호와 기능 표는 그림 4.1(c)에 나와 있다. en 신호는 클럭의 상승 에지에서만 검사되므로 동기 신호이다. 어서트되어 있지 않으면 FF는 이전 값을 유지한다. 코드는 목록 4.3에 나와 있다.

코드 4.3 동기 인에이블이 있는 D FF의 1 단계 코딩

```
module d_ff_1seg
   (
    input wire clk, reset,
    input wire en,
    input wire d,
    output reg q
   );

  // body
  always @(posedge clk, posedge reset)
    if(reset)
      q <= 1'b0;
    else if(en)
      q <= d;

endmodule
```

두 번째 if 문 다음에 else 분기가 없다는 것에 주의하라. Verilog 정의에 따르면 변수는 할당되지 않은 경우 이전 값을 유지한다. en이 0이면 q는 이전 값을 유지한다. 따라서, else 분기를 생략하면 이 FF의 원하는 동작이 기술된다.

이 D FF의 인에이블 기능은 고속 서브시스템과 저속 서브시스템 간의 동기화를 유지하는

데 유용하다. 예를 들어, 고속 및 저속 서브시스템의 작동 속도가 50 MHz 및 1 MHz라고 가정하자. 느린 서브시스템을 구동하기 위해 파생된 1 MHz 클록을 사용하는 대신 우리는 매 50 클럭 사이클마다 한 클록 사이클이 어서트되는 주기적인 에이블(enable) 틱을 생성할 수 있다. 저속 서브 시스템은 나머지 49 클럭 사이클 동안 디스인에이블(즉, 이전 상태를 유지)한다. 게이 티드 클록 신호를 제거하는 데에도 동일한 방식을 적용할 수 있다.

인에이블 신호는 동기식이기 때문에 이 회로는 일반 D FF와 간단한 다음 상태 논리로 구성할 수 있다. 이 코드는 코드 4.4에 나타나 있으며 블록 다이어그램은 그림 4.3에 나와 있다.

코드 4.4 동기 인에이블이 있는 D FF의 2 단계 코딩

```
module d_ff_en_2seg
   (
    input wire clk, reset,
    input wire en,
    input wire d,
    output reg q
   );
  // signal declarion
  reg r_reg, r_next;

  // body
  // D FF
  always @(posedge clk, posedge reset)
    if(reset)
      r_reg <= 1'b0;
    else
      r_reg <= r_next;

  // next-state logic
  always @*
    if (en)
      r_next <= d;
    else
      r_next <= r_reg;

  // output logic
  always @*
    q = r_reg;

endmodule
```

명확성을 위해 접미어 _next 및 _reg를 사용하여 다음 입력 값과 FF의 레지스터 된 출력을 강조한다. 이들은 D FF의 d 및 q 신호에 연결된다. 코드 4.3의 코드는 보다 명확한 설명을 간략하게 나타낸 것으로 볼 수 있다.

4.2.2 레지스터

레지스터는 동일한 클록 및 리셋 신호로 제어되는 D FF 모음이다. D FF처럼, 레지스터는 선택적 비동기 리셋 신호 및 동기 인에이블 신호를 가질 수 있다. 코드는 관련 입력 및 출력 신호에 필요한 데이터 유형이 다르다는 것을 제외하고는 D FF의 코드와 동일하다. 예를 들어 비동기식 리셋 기능을 가진 8 비트 레지스터가 코드 4.5에 나와 있다.

코드 4.5 레지스터

```
module reg_reset
   (
    input wire clk, reset,
    input wire [7:0] d,
    output reg [7:0] q
   );

  // body
  always @(posedge clk, posedge reset)
    if(reset)
      q <= 0;
    else
      q <= d;

endmodule
```

4.2.3 레지스터 파일

레지스터 파일은 하나의 입력 포트와 하나 이상의 출력 포트가 있는 레지스터 모음이다. 쓰기 주소 신호인 w_addr은 데이터를 저장할 위치를 지정하고 읽기 주소 신호인 r_addr은 데이터를 검색할 위치를 지정한다. 레지스터 파일은 일반적으로 빠른 임시 저장 장치로 사용된다. 매개 변수화된 $2^W-\text{by}-B$ 레지스터 파일의 코드 4.6과 같다. 이 디자인에서는 두 개의 매개 변수가 정의된다. W는 주소 비트 수를 지정한다. 이는 파일에 2^W 워드가 있음을 의미하고 B는 워드의 비트 수를 지정한다.

코드 4.6 파라미터를 이용한 레지스터 파일

```
module reg_file
   #(
    parameter B = 8, // number of bits
              W = 2 // number of address bits
   )
   (
    input wire clk,
    input wire wr_en,
    input wire [W-1:0] w_addr, r_addr,
    input wire [B-1:0] w_data,
    output wire [B-1:0] r_data
   );

  // signal declaration
  reg [B-1:0] array_reg [2**W-1:0];

  // body
  // write operation
  always @(posedge clk)
    if(wr_en)
      array_reg[w_addr] <= w_data;
  // read operation
  assign r_data = array_reg[r_addr];

endmodule
```

이 코드에는 몇 가지 새로운 기능이 포함되어 있다. 먼저, 2 차원 데이터 유형이 다음과 같이 정의된다.

```
reg [B-1:0] array_reg [2**W-1:0];
```

이는 배열 reg 변수가 `[2**W-1:0]` 요소의 배열이고, 각 요소가 `reg [B-1:0]`의 데이터 유형을 가짐을 나타낸다. 둘째, `array_reg [w_addr]`에서처럼 배열의 요소에 액세스하기 위한 색인으로 신호가 사용된다. 설명이 매우 추상적이기는 하지만 Xilinx 소프트웨어는 이 언어 구조를 인식하고 이에 따라 올바른 구현을 도출할 수 있다. `array_reg [...] =...` 그리고 `... = array_reg [...]` 문은 각각 디코딩 및 멀티플렉싱 논리를 추론한다.

일부 응용 프로그램은 동시에 여러 개의 데이터 단어를 검색해야 할 수도 있다. 이것은 추가 읽기 포트를 추가하여 수행할 수 있다.

```
r_data2 = array_reg[r_addr_2] ;
```

4.2.4 Spartan-3 디바이스의 스토리지 구성 요소 *Xilinx specific*

Spartan-3 디바이스에서 각 로직 셀은 비동기 리셋 및 동기 인에이블을 갖는 D FF를 포함한다. 이 D FF는 기본적으로 그림 4.2의 레지스터를 구성한다. 논리 셀에도 4 입력 LUT가 포함되어 있기 때문에 셀을 대용량 저장 장치의 1 비트로 간단하게 사용하면 낭비이다. Spartan-3 디바이스는 또한 분산형 RAM(random access memory) 및 block RAM 모듈을 갖추고 있으며 더 큰 스토리지 요구 사항에 사용될 수 있다. 이러한 모듈은 동기 동작을 위해 구성될 수 있으며, 그 특성은 제한된 버전의 레지스터 파일과 유사하다(이 모듈들의 구성과 추론은 12 장에서 논의된다).

4.3 간단한 디자인 사례

우리는 이 절에서 몇 가지 간단하고 대표적인 순차 회로의 구성을 설명한다.

4.3.1 시프트 레지스터

프리 러닝 시프트 레지스터 프리 러닝(free-running) 시프트 레지스터는 각 클럭 사이클에서 그 내용을 한 위치씩 왼쪽 또는 오른쪽으로 시프트한다. 다른 제어 신호는 없다. N 비트 프리 러닝 Shift-Right 레지스터의 코드는 4.7에 나와 있다.

코드 4.7 프리 러닝 시프트 레지스터

```
module free_run_shift_register
   (
    input wire clk, reset,
    input wire s_in,
    output reg s_out
   );

  // signal declaration
  reg [N-1:0] r_reg;
  wire [N-1:0] r_next;

  // body
  // register
  always @(posedge clk, posedge reset)
```

```
      if(reset)
        r_reg <= 0;
      else
        r_reg <= r_next;

   // next-state logic
   assign r_next = {s_in, r_reg[N-1:1]};
   // output logic
   assign s_out = r_reg[0];

endmodule
```

다음 상태 로직은 1 비트 시프터로서 레지스터를 한 위치만큼 오른쪽으로 시프트하고 직렬 입력을 MSB에 삽입한다. 1비트 시프터는 입력 및 출력 신호의 재연결만 포함하므로 실제 로직이 필요하지 않다. 전파 지연은 가능한 가장 작은 T_{comb}를 나타낸다. 해당 $f_{\max}$는 주어진 장치 기술에 대해 달성할 수 있는 최고 클럭 속도를 나타낸다.

범용 시프트 레지스터 범용 시프트 레지스터는 병렬 데이터를 로드하거나, 내용을 왼쪽 또는 오른쪽으로 시프트하거나, 같은 상태를 유지할 수 있다. 병렬-직렬 연산(첫 번째 병렬 입력 로드 후 시프팅) 또는 직렬-병렬 연산(첫 번째 시프팅 후 병렬 출력)을 수행할 수 있다. 원하는 동작은 2 비트 제어 신호인 ctrl에 의해 지정된다. 이를 코드 4.8에 나타내었다.

코드 4.8 범용 시프트 레지스터

```
module univ_shift_reg
   #(parameter N = 8)
   (
    input wire clk, reset,
    input wire [1:0] ctrl,
    input wire [N-1:0] d,
    output wire [N-1:0] q
   );

   // signal declaration
   reg [N-1:0] r_reg, r_next;

   // body
   // register
   always @(posedge clk, posedge reset)
```

```
      if(reset)
        r_reg <= 0;
      else
        r_reg <= r_next;

    // next-state logic
    always @*
      case(ctrl)
        2'b00 : r_next = r_reg;
        2'b01 : r_next = {r_reg[N-2:0], d[0]};
        2'b10 : r_next = {d[N-1], r_reg[N-1:1]};
        default : r_next = d;
      endcase

    // output logic
    assign q = r_reg;

endmodule
```

next-state 로직은 4 : 1 멀티플렉서를 사용하여 레지스터의 원하는 다음 값을 선택한다. d의 LSB 및 MSB(즉, d [0] 및 d [N-1])는 쉬프트-좌측 및 쉬프트-우측 연산에 대한 직렬 입력으로서 사용된다는 점에 유의한다.

자일링스의 Spartan-3 디바이스에서 로직 셀의 4 입력 LUT는 16 by 1 SRAM에 의해 구현된다. 동일한 SRAM은 또한 16 비트 시프트 레지스터와 유사한 16개의 1 비트 SRAM 자일링스 셀의 캐스케이드 체인으로 구성될 수 있다. 이는 시프트 레지스터에 특정한 특정 형태를 구성하는 데 사용될 수 있고 매우 효율적인 구현을 유도한다.

4.3.2 이진 카운터 및 변형

프리 러닝 이진 카운터 프리 러닝 이진 카운터는 바이너리 시퀀스를 반복적으로 순환한다. 예를 들어, 4 비트 2 진 카운터는 "0000", "0001", ...에서 "1111"까지 카운트하고 랩 어라운드한다. 매개 변수화된 N-비트 자유 실행 바이너리 카운터의 코드 4.9와 같다.

코드 4.9. 프리 러닝 이진 카운터

```
module free_nunning_binary_counter
  #(parameter N = 8)
  (
    input wire clk, reset,
```

```
    output wire max_tick,
    output wire [N-1:0] q
   );

   // signal declaration
   reg [N-1:0] r_reg;
   wire [N-1:0] r_next;

   // body
   // register
   always @(posedge clk, posedge reset)
     if(reset)
       r_reg <= 0;           // {N{1b'0}}
     else
       r_reg <= r_next;

   // next-state logic
   r_next = r_reg + 1;
   // output logic
   assign q = r_reg;
   assign max_tick = (r_reg==2**N-1) ? 1'b1 : 1'b0;
   // can also use (r_reg == {N{1'b1}})

endmodule
```

다음 상태 논리는 레지스터의 현재 값에 1을 더하는 증분기이다. + 연산자의 정의에 따라, r_reg가 "1 .. 1"에 도달한 후에 랩 어라운드된다. 회로는 또한 카운터가 최대값 "1 .. 1"(2^N-1과 동일)에 도달할 때 어서트되는 출력 상태 신호 max_tick으로 구성된다.

표 4.1 범용 이진 카운터의 기능 테이블

syn_clr	load	en	up	q*	Operation
1	–	–	–	00 ••• 00	synchronous clear
0	1	–	–	d	parallel load
0	0	1	1	q+1	count up
0	0	1	0	q−1	count down
0	0	0	–	q	pause

max_tick 신호는 단일 클럭 사이클 동안 어서트되는 특수 유형의 신호를 나타낸다. 이 책

에서는 이 유형의 신호를 틱이라고 부르며, 접미사 _tick을 사용하여 이 속성이 있는 신호를 나타낸다. 다른 순차 회로의 인에이블 신호와 인터페이스하기 위해 일반적으로 사용된다.

범용 이진 카운터 범용 이진 카운터는 보다 다양하다. 위 또는 아래로 카운트하거나, 일시 중지하거나, 특정 값으로 로드하거나, 동기식으로 지울 수 있다. 그 기능은 표 4.1에 요약되어 있다. 리셋신호와 syn_clr 신호의 차이점에 유의하라. 전자는 비동기식이므로 시스템 초기화에만 사용해야 한다. 후자는 클록의 상승 에지에서 샘플링되며 일반적인 동기 설계에 사용될 수 있다. 이 카운터의 코드 4.10과 같다.

코드 4.10. 범용 이진 카운터

```
module univ_binary_counter
  #(parameter N = 8)
  (
   input wire clk, reset,
   input wire syn_clr, load, en, up,
   input wire [N-1:0] d,
   output wire max_tick, min_tick,
   output wire [N-1:0] q
  );

  // signal declaration
  reg [N-1:0] r_reg, r_next;

  // body
  // register
  always @(posedge clk, posedge reset)
   if (reset)
     r_reg <= 0;           //
   else
     r_reg <= r_next;

  // next-state logic
  always @*
   if(syn_clr)
     r_next = 0;
   else if(load)
     r_next = d;
   else if(en & up)
     r_next = r_reg + 1;
```

```
      else if(en & ~up)
        r_next = r_reg - 1;
      else
        r_next = r_reg;

   // output logic
   assign q = r_reg;
   assign max_tick = (r_reg==2**N-1) ? 1'b1 : 1'b0;
   assign min_tick = (r_reg==0) ? 1'b1 : 1'b0;

endmodule
```

next-state 논리는 함수 테이블을 따라 가며 원하는 블록의 우선 순위를 지정하는 if 문을 포함하는 always 블록으로 설명된다.

Mod-*m* 카운터 mod-*m* 카운터는 0에서 *m*-1까지 카운트하고 다시 0부터 카운트한다. 파라미터화된 mod-*m* 카운터는 예제 4.11과 같다. 여기에는 두 가지 매개 변수가 있다. 제한을 지정하는 M과 필요한 비트 수 N을 지정하며, 이 때 N은 $\lceil \log_2 M \rceil$ 과 같아야 한다. 코드 4.11에 나와 있으며, 기본값은 mod-10 카운터이다.

코드 4.11. Mod-m 카운터

```
module mod_m_counter
   #(
      parameter N = 8,            // number of bits in counter
                M = 10            // mod-M
   )
   (
    input wire clk, reset,
    output wire max_tick, min_tick,
    output wire [N-1:0] q
   );

   // signal declaration
   reg [N-1:0] r_reg;
   wire [N-1:0] r_next;

   // body
   // register
   always @(posedge clk, posedge reset)
```

```
    if(reset)
      r_reg <= 0;
    else
      r_reg <= r_next;

  // next-state logic
  assign r_next = (r_reg==(M-1)) ? 0 : r_reg + 1;

  // output logic
  assign q = r_reg;
  assign max_tick = (r_reg==(M-1)) ? 1'b1 : 1'b0;

endmodule
```

다음 상태 논리는 조건부 연산자로 구성된다. 카운터가 M-1에 도달하면 새 값은 0으로 지워진다. 그렇지 않으면 1 씩 증가한다.

코드에서 N 매개 변수를 포함하는 것은 값이 M에 따라 다르므로 다소 중복된다. 보다 우아한 방법은 M에서 N을 자동으로 계산하는 함수를 정의하는 것이다. 이 구조는 7.4 절에서 논의된다.

4.4 순차 회로에 대한 테스트벤치

테스트벤치는 1.7절에서 논의된 것처럼 실제 랩 벤치를 모방한 프로그램이다. 이 섹션에서는 이전 범용 이진 카운터에 대한 간단한 테스트벤치의 구성을 설명한다. 다른 순차 회로의 템플릿 역할을 할 수 있다. 더 정교한 테스트벤치의 개발은 7.5 절에서 논의된다. 코드 4.12는 간단한 테스트벤치의 코드이다

코드 4.12 범용 이진 카운터의 테스트벤치

```
'timescale 1 ns/10 ps
// The 'timescale directive specifies that
// the simulation time unit is 1ns and
// the simulation timestep is 10 ps

module bin_counter_tb();
(
  // declaration
  localparam T=20; // clock period
```

```
  reg clk, reset;
  reg syn_clr, load, en, up;
  reg [2:0] d;
  wire max_tick, min_tick;
  wire [2:0] q;

  // uut instantiation
  unit_bin_counter #(.N(3)) uut
    (.clk(clk), .reset(reset), .syn_clr(syn_clr),
     .load(load), .en(en), .up(up), .d(d),
     .max_tick(max_tick), .min_tick(min_tick), .q(q));

// clock
// 20 ns clock running forever
always
begin
  clk = 1'b1;
  #(T/2);
  clk = 1'b0;
  #(T/2);
end

// reset for the first half cycle
initial
begin
  reset = 1'b1;
  #(T/2);
  reset = 1'b0;
end

initial
begin
  // ==== initial input ====
  syn_clr = 1'b0;
  load = 1'b0;
  en = 1'b0;
  up = 1'b1;                // count up
  d = 3'b000;

  @(negedge reset); // wait reset to deassert
  @(negedge clk);   // wait for one clock
```

```
   // ==== test load ====
   load = 1'b1;
   d = 3'b011;
   @(negedge clk);              // wait for one clock
   load = 1'b0;
   repeat(2) @(negedge clk);
   // ==== test syn_clear ====
   syn_clr => 1'b1;             // assert clear
   @(negedge clk);
   syn_clr => 1'b0;
   // ==== test up counter and pause ====
   en = 1'b1;                   // count
   up = 1'b1;
   repeat(10) @(negedge clk);
   en = 1'b0;                   // pause
   repeat(2) @(negedge clk);
   en = 1'b1;
   repeat(2) @(negedge clk);
   // ==== test down counter ====
   up = 1'b0;
   repeat(10) @(negedge clk);
   // ==== wait statement ====
   // continue until q=2
   wait(q==2);
   @(negedge clk);
   up = 1'b1;
   // continue until min_tick becomes 1
   @(negedge clk);
   wait(min_tick);
   @(negedge clk);
   up = 1'b0;
   // ==== absolute delay ====
   #(4*T);   // wait for 80 ns
   en = 1'b0;        // pause
   #(4*T);   // wait for 80 ns
   // ==== stop simulation ====
   // return to interactive simulation mode
   $stop;
end
endmodule
```

이 코드는 3비트 카운터의 인스턴스를 만드는 구성 요소 인스턴스화 문과 클럭, 재설정 및 일반 입력에 대한 자극을 생성하는 세 개의 세그먼트로 구성된다.

클럭 생성은 always 블록에 의해 지정된다.

```
always
begin
  clk = 1'b1;
  #(T/2);
  clk = 1'b0;
  #(T/2);
end
```

T 항은 클럭주기의 시간 단위 수를 나타내는 상수이며, 다음과 같이 정의된다.

```
localparam T=20; // clock period
```

always 블록에는 민감도 목록이 없고 영원히 반복된다. clk 신호는 0과 1 사이에서 교대로 할당되며, 각 값은 반주기 동안 지속된다.

reset 입력은 초기 블록에 의해 지정된다.

```
initial
begin
  reset = 1'b1;
  #(T/2);
  reset = 1'b0;
end
```

초기 블록은 시뮬레이션 시작 시 한 번 실행된다. 이는 리셋 신호가 처음에 1로 설정되고 반주기 후에 0으로 변경되었음을 나타낸다. 이 블록은 시스템이 초기 상태로 클리어하기 위해 리셋 신호가 일시적으로 어서트되는 "파워 온" 상태를 나타낸다. 기본적으로 0이 아닌 x 값(알 수 없음)은 변수에 할당된다. 짧은 리셋 펄스를 사용하는 것이 시스템 초기화를 수행하는 좋은 방법이다.

두 번째 초기 블록은 다른 입력 신호에 대한 자극을 생성한다. 우리는 먼저 로드 및 클리어 연산을 테스트한 다음 양방향으로 계산을 수행한다. 마지막 $stop 함수는 시뮬레이터가 시뮬레이션을 중지하도록 한다.

포지티브 에지 트리거 FF가 있는 동기식 시스템의 경우, 입력 신호는 셋업 및 홀드 시간 제약 조건을 충족시키기 위해 클럭 신호의 상승 에지 주변에서 안정해야 한다. 이것을 쉽게 수행하는 한 가지 방법은 clk 신호의 1에서 0으로의 전환 동안 입력 신호의 값을 변경하는 것이다. 우리는 이러한 전환점을 기다리는 데 다음과 같은 문을 사용할 수 있다.

```
@(negedge clk);
```

negedge `clk` 이벤트는 `clk` 신호가 0으로 변경되는 조건(즉, 음의 에지)을 지정한다. 각 명령문은 하나의 클럭 사이클의 발전에 해당하는 새로운 하강 에지를 나타낸다. 템플릿에서 우리는 일반적으로 이 문장을 사용하여 시간 경과를 지정한다. 여러 클럭 사이클 동안, 다음과 같이 repeat 문을 사용할 수 있다.

```
repeat(10) @(negedge clk); // repeat 10 times
```

몇 가지 추가 타이밍 제어 구성이 초기 블록의 끝에 표시된다. "q가 2일 때"와 같은 특별한 조건이 나올 때까지 기다릴 수 있다.

```
wait(q==2);
```

또는 신호가 변할 때까지 기다린다.

```
wait(min_tick);
```

또는 다음과 같이 절대 시간을 기다릴 수 있다.

```
#(4*T);                 // wait for 4T
```

이 문장들 후에 입력 신호가 수정되면 입력 변화가 클럭의 상승 에지에서 발생하지 않도록 해야 한다.

```
@(negedge clk);
```

필요한 경우 추가 구문을 추가해야 한다.

우리는 코드를 컴파일하고 시뮬레이션을 수행할 수 있다. 시뮬레이션된 파형의 일부가 그림 4.4에 나와 있다.

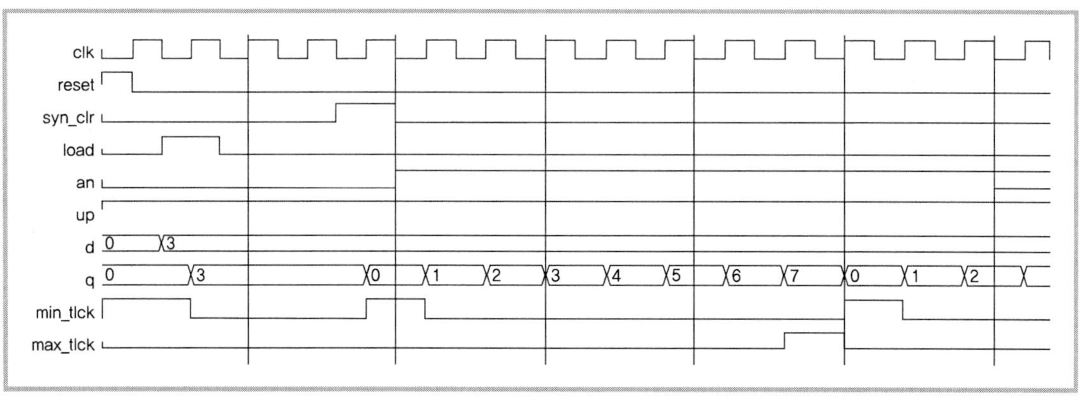

그림 4.4 테스트벤치 웨이브폼

4.5 사례 연구

몇 가지 간단한 회로를 검토한 후에, 이 섹션에서 더 복잡한 예제의 설계에 대해 논의한다.

4.5.1 LED 시간 다중화 회로

S3 보드에는 4개의 7 세그먼트 LED 디스플레이가 있으며 각각 7개의 막대와 1개의 작은 둥근 점이 있다. FPGA의 I/O 핀 사용을 줄이기 위해 S3 보드는 시간 다중화 공유 방식을 사용한다. 이 방식에서, 4개의 디스플레이는 개별 인에이블 신호를 가지지만, 세그먼트를 밝게 하기 위해 8개의 공통 신호를 공유한다. 모든 신호는 액티브 로우이다(즉, 신호가 0일 때 인에이블됨). 가장 오른쪽 LED에 "3"을 표시하는 개략도가 그림 4.5에 나와 있다. 인에이블 신호(즉, an)는 "1110"이다. 이 구성을 사용하면 한 번에 하나의 디스플레이만 사용할 수 있다. 그림 4.6의 단순화된 타이밍 다이어그램과 같이 네 개의 디스플레이를 차례대로 활성화하여 네 개의 LED 패턴을 시간 다중화할 수 있다. 인에이블 신호의 갱신 주기가 충분히 빠르면, 인간의 눈은 LED의 온 및 오프 간격을 구별할 수 없으며 4개의 디스플레이가 동시에 켜지는 것처럼 감지한다. 이러한 방식은 I/O 핀의 수를 32개에서 12개(즉, 8개의 LED 세그먼트와 4개의 인에이블 신호) 감소시키지만 시간 다중화 회로를 필요로 한다. 회로의 두 가지 변형이 다음 하위 섹션에서 논의된다.

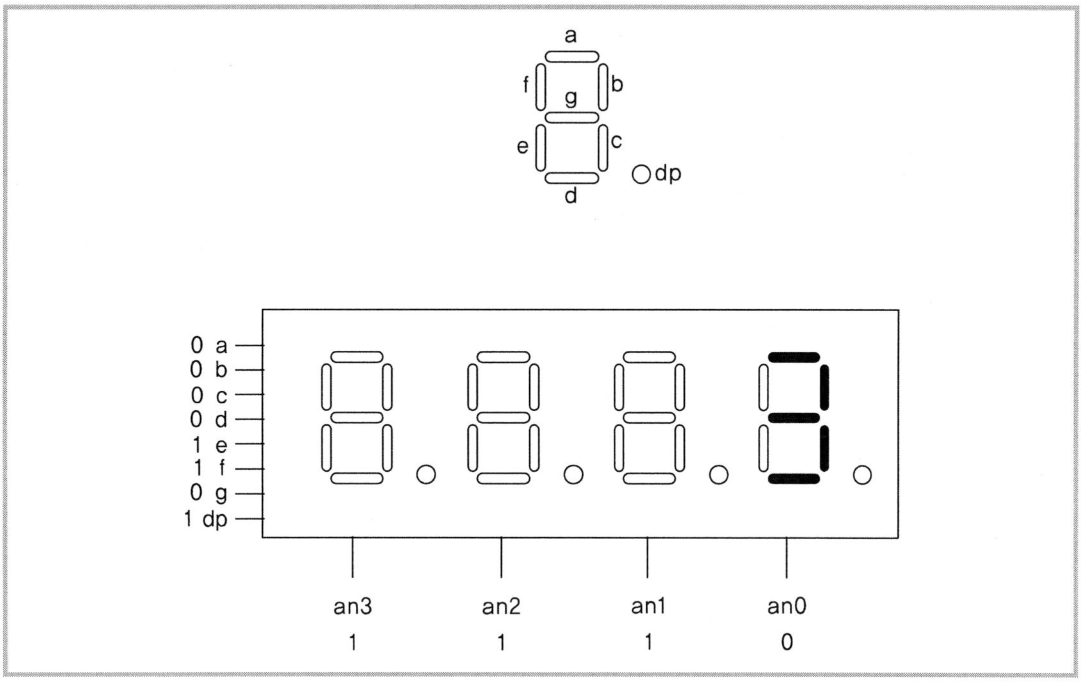

그림 4.5 시간 다중화된 7 세그먼트 LED 디스플레이

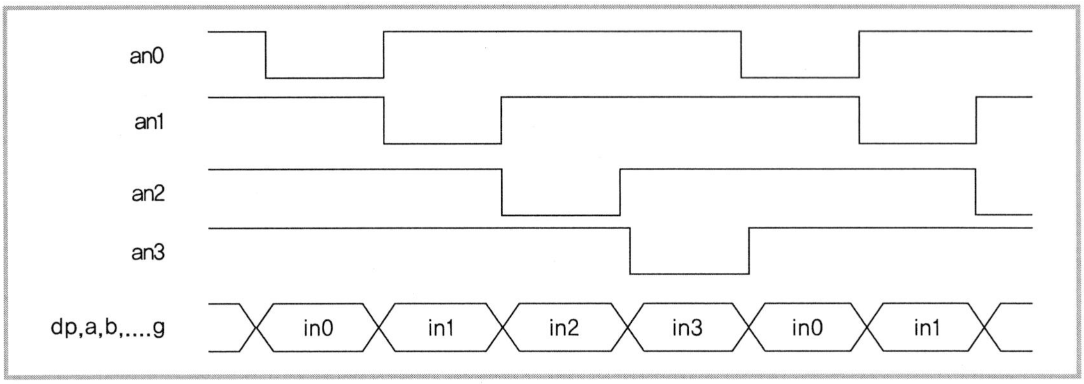

그림 4.6 시간 다중화된 7 세그먼트 LED 디스플레이의 타이밍 다이어그램

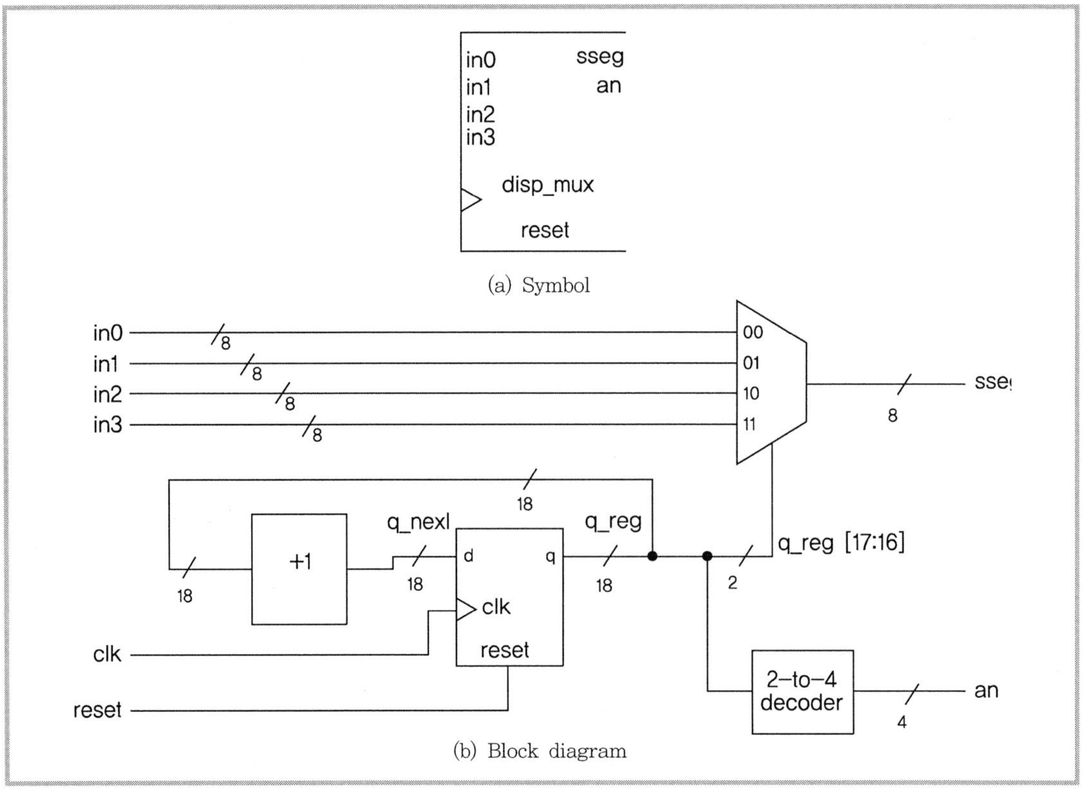

그림 4.7 시간 다중 회로의 기호 및 블록 다이어그램

LED 패턴으로 시간 멀티플렉싱 시간 다중화 회로의 심볼 및 블록 다이어그램이 그림 4.7에 나와 있다. 인에이블 신호에 따라 4개의 7 세그먼트 LED 패턴(in3, in2, in1 및 in0)을 출력 sseg로 전달한다.

인에이블 신호의 갱신률은 눈을 속일 정도로 빠르지만 LED가 완전히 켜지거나 꺼질 수 있을 만큼 충분히 느려야 한다. 1000 Hz 범위의 속도가 제대로 작동해야 한다. 우리의 설계에서는 이 목적으로 18 비트 이진 카운터를 사용한다. 두 MSB는 디코딩되어 인에이블 신호를 생성하고 다중화를 위한 선택 신호로 사용된다. an[0]와 같은 개별 비트의 새로고침 속도는 약 800 Hz인 $\frac{50M}{2^{16}}$ Hz가 된다.

코드 4.13 LED 패턴이 있는 LED 시간 다중화 회로

```
module disp_mux
  (
   input wire clk, reset,
   input [7:0] in3, in2, in1, in0,
   output reg [3:0] an,        // enable, 1-out-of-4 asserted low
   output wire [7:0] sseg    // led segments
  );

  // constant declaration
  // refreshing rate around 800 Hz (50 MHz/2^16)
  localparam N = 18;

  // signal declaration
  reg [N-1:0] q_reg;
  wire [N-1:0] q_next;

  // N-bit counter
  // register
  always @(posedge clk, posedge reset)
    if (reset)
      q_reg <= 0;
    else
      q_reg <= q_next;

  // next-state logic
  assign q_next = q_reg + 1;

  // 2 MSBs of counter to control 4-to-1 multiplexing
  // and to generate active-low enable signal
  always @*
    case (q_reg[N-1:N-2])
```

```
        2'b00:
          begin
            an = 4'b1110;
            sseg = in0;
          end
        2'b01:
          begin
            an = 4'b1101;
            sseg = in1;
          end
        2'b10:
          begin
            an = 4'b1011;
            sseg = in2;
          end
        2'b11:
          begin
            an = 4'b0111;
            sseg = in3;
          end
        endcase

endmodule
```

그림 4.8의 테스트 회로를 사용하여 LED 시간 멀티플렉싱 회로의 작동을 확인한다. LED 패턴을 저장하기 위해 4개의 8 비트 레지스터를 사용한다. 레지스터는 입력과 동일한 8 비트 스위치를 사용하지만 개별 활성화 신호로 제어된다. 푸시 버튼을 누르면 해당 레지스터가 활성화되고 스위치 패턴이 해당 레지스터에 로드된다. 이는 코드 4.14와 같다.

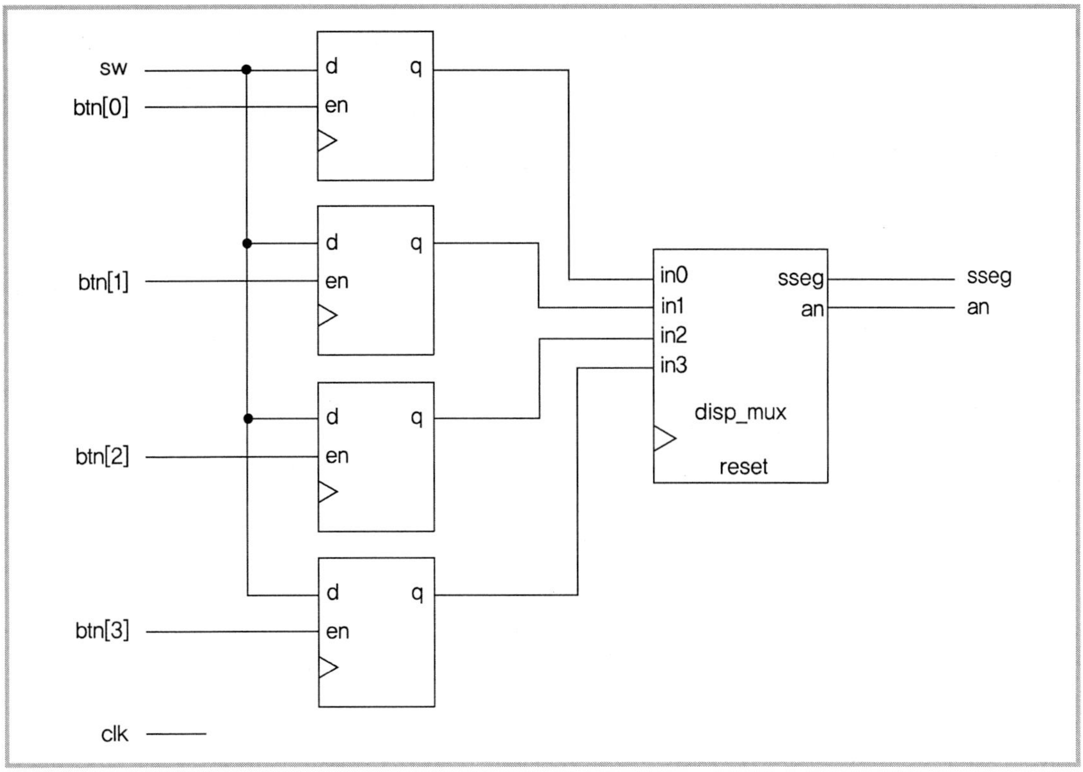

그림 4.8 LED 시간 다중화 테스트 회로

코드 4.14 LED 패턴으로 시간 다중화를 위한 테스트 회로

```
module disp_mux_test
  (
    input wire clk,
    input wire [3:0] btn,
    input wire [7:0] sw,
    output wire [3:0] an,
    output wire [7:0] sseg
  );
  // signal declaration
  reg [7:0] d3_reg, d2_reg, d1_reg, d0_reg;

  // instantiate 7-seg LED display time-multiplexing module
  disp_mux disp_unit
    (.clk(clk), .reset(1'b0), .in0(d0_reg), .in1(d1_reg),
    .in2(d2_reg), .in3(d3_reg), .an(an), .sseg(sseg));

  // registers for 4 led patterns
```

```
    always @(posedge clk)
    begin
      if (btn[3])
        d3_reg <= sw;
      if (btn[2])
        d3_reg <= sw;
      if (btn[1])
        d3_reg <= sw;
      if (btn[0])
        d3_reg <= sw;
    end

endmodule
```

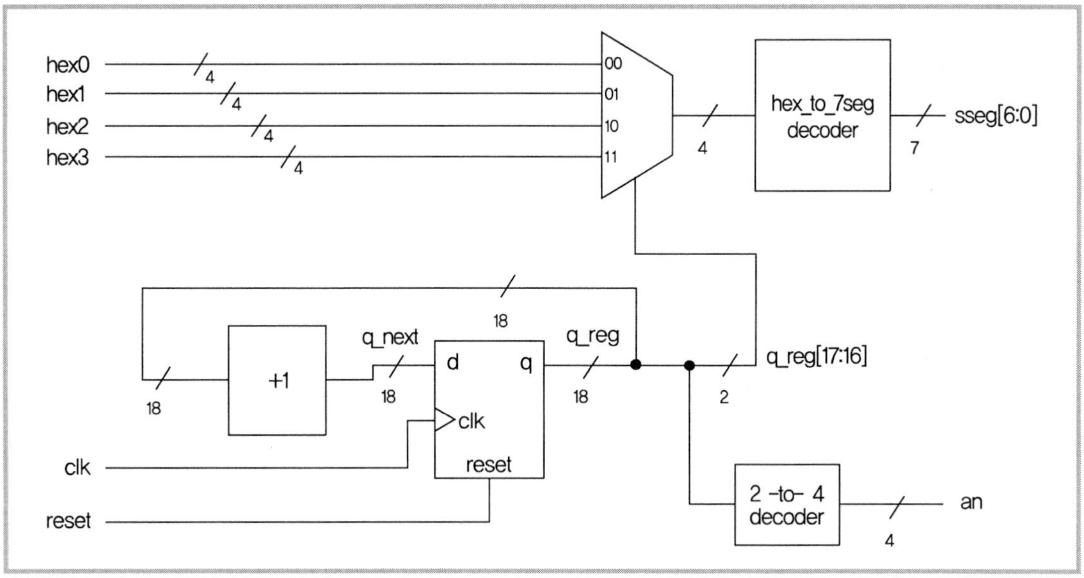

그림 4.9 16진 시분할 회로의 블록 다이어그램

16 진수로 시간 멀티플렉싱 7 세그먼트 LED의 가장 일반적인 적용은 16 진수를 표시하는 것이다. 디코딩 회로는 3.9.1 절에서 논의된다. 이전의 시간 다중화 회로에 4개의 16 진수를 표시하려면 4개의 디코딩 회로가 필요하다.

더 나은 대안은 먼저 그림 4.9와 같이 16 진수를 다중화한 다음 결과를 디코딩하는 것이다. 이 방식은 단 하나의 디코딩 회로를 필요로 하고 4 : 1 멀티플렉서의 폭을 8 비트에서 5 비트로 감소시킨다(즉, 16 진수의 경우 4 비트, 소수점의 경우 1 비트). 이는 코드 4.15와 같다.
클럭 및 리셋 외에도 입력은 네 개의 4 비트 16 진수(hex3, hex2, hex1 및 hex0)와 네 개의 소수점(하나의 신호 dp_in으로 그룹화됨)으로 구성된다.

코드 4.15 16 진수의 LED 시간 다중화 회로

```
module disp_hex_mux
  (
   input wire clk, reset,
   input wire [3:0] hex3, hex2, hex1, hex0,  // hex digits
   input wire [3:0] dp_in,                   // 4 decimal points
   output reg [3:0] an,                      // enable 1-out-of-4 asserted low
   output reg [7:0] sseg                     // led segments
  );

  // constant declaration
  // refreshing rate around 800 Hz (50 MHz/2^16)
  localparam N = 18;
  // internal signal declaration
  reg [N-1:0] q_reg;
  wire [N-1:0] q_next;
  reg [3:0] hex_in;
  reg dp;

  // N-bit counter
  // register
  always @(posedge clk, posedge reset)
   if(reset)
     q_reg <= 0;
   else
     q_reg <= q_next;

  // next-state logic
  assign q_next = q_reg + 1;

  // 2 MSBs of counter to control 4-to-1 multiplexing
  // and to generate active-low enable signal
  always@*
   case (q_reg[N-1:N-2])
     2'b00:
       begin
         an = 4'b1110;
         hex_in = hex0;
         dp = dp_in[0];
       end
     2'b01:
       begin
```

```
            an = 4'b1101;
            hex_in = hex1;
            dp = dp_in[1];
         end
      2'b10:
         begin
            an = 4'b1011;
            hex_in = hex2;
            dp = dp_in[2];
         end
      default:
         begin
            an = 4'b0111;
            hex_in = hex3;
            dp = dp_in[3];
         end

// hex to seven-segment led display
always @*
begin
   case(hex_in)
      4'h0 : sseg[6:0] = 7'b0000001;
      4'h1 : sseg[6:0] = 7'b1001111;
      4'h2 : sseg[6:0] = 7'b0010010;
      4'h3 : sseg[6:0] = 7'b0000110;
      4'h4 : sseg[6:0] = 7'b1001100;
      4'h5 : sseg[6:0] = 7'b0100100;
      4'h6 : sseg[6:0] = 7'b0100000;
      4'h7 : sseg[6:0] = 7'b0001111;
      4'h8 : sseg[6:0] = 7'b0000000;
      4'h9 : sseg[6:0] = 7'b0000100;
      4'ha : sseg[6:0] = 7'b0001000;
      4'hb : sseg[6:0] = 7'b1100000;
      4'hc : sseg[6:0] = 7'b0110001;
      4'hd : sseg[6:0] = 7'b1000010;
      4'he : sseg[6:0] = 7'b0110000;
     default : sseg[6:0] = 7'b0111000;   // 4'hf
   endcase
   sseg[7] = dp;
end

endmodule
```

이 회로의 작동을 확인하기 위해 8 비트 스위치를 두 개의 4 비트 부호 없는 숫자로 정의하고 두 개의 숫자를 더한 다음 4 자리 7 세그먼트 LED 디스플레이에 두 개의 숫자와 그 합을 표시한다. 코드 4.16과 같다.

코드 4.16 16 진수로 시간 다중화하는 테스트 회로

```
module hex_mux_test
  (
    input wire clk,
    input wire [7:0] sw,
    output wire [3:0] an,
    output wire [7:0] sseg
  );

  // signal declaration
  wire [3:0] a, b;
  wire [7:0] sum;

  // internal 7-seg LED display module
  disp_hex_mux disp_unit
    (.clk(clk), .reset(1'b0),
     .hex3(sum[7:4]), .hex2(sum[3:0]), .hex1(b), .hex0(a),
     .dp_in(4'b1011), .an(an), .sseg(sseg));

  // adder
  assign a = sw[3:0];
  assign b = sw[7:4];
  assign sum = {4'b0, a} + {4'b0, b};

endmodule
```

시뮬레이션 고려 사항 이 책의 많은 순차 회로 예제는 LED 시간 멀티플렉싱 회로의 인에이블 펄스처럼 상대적으로 느린 속도로 작동한다. 이것은 카운터에서 단일 클럭 인에이블 틱을 생성하여 수행할 수 있다. 이 회로에는 18 비트 카운터가 사용된다.

```
localparam N = 18;
reg [N-1:0] q_reg;
wire [N-1:0] q_next;
. . .
assign q_next = q_reg + 1;
```

카운터의 크기 때문에, 이러한 유형의 회로를 시뮬레이팅하는 것은 상당량의 계산 시간(즉, 1 반복에 대해 2^{18} 클록 사이클)을 소비한다. 우리의 주요 관심사는 코드의 다중화 부분에 있기 때문에 대부분의 시뮬레이션 시간이 낭비된다. 시뮬레이션에서 더 작은 카운터를 사용하는 것이 더 효율적이다. 우리는 상수 구문을 수정함으로써 이를 할 수 있다.

```
localparam N = 4;
```

테스트벤치를 구성할 때 한 번의 반복 작업으로 2^4 클럭 사이클 만 필요하므로 핵심 작업을 더 잘 연습하고 관찰할 수 있다.

시뮬레이션과 합성 사이에서 상수 및 수정 코드를 사용하는 대신, N을 매개 변수로 정의 할 수 있다. 인스턴스 생성 중에 시뮬레이션과 합성에 다른 값을 할당할 수 있다.

4.5.2 스톱워치

우리는 이 하위 섹션에서 스톱워치의 디자인을 고려한다. 시계는 세 자리 10 진수로 시간을 표시하고 00.0에서 99.9 초까지 카운트하고 랩 어라운드한다. 카운트를 00.0으로 반환하는 동기식 클리어 신호 clr과 카운팅을 활성화하고 일시 중단하는 인에이블 신호 go를 포함한다. 이 디자인은 기본적으로 BCD 형식으로 계산되는 BCD(binary-coded decimal) 카운터이다. 이 형식에서 십진수는 일련의 4 비트 BCD 숫자로 표시된다. 예를 들어, 139_{10}은 "0001 0011 1001"로 표시되고, 그 다음 번호는 140_{10}이며 "0001 0100 0000"으로 표시된다.

S3 보드에는 50 MHz 클럭이 있기 때문에 먼저 0.1 초마다 1 클록주기 틱을 생성하는 500만 카운터의 모듈이 필요하다. 그런 다음 틱을를 사용하여 세 자리 BCD 카운터를 계산할 수 있다.

디자인 I BCD 카운터의 첫 번째 설계는 각각 0.1, 1 및 10초의 카운트를 나타내는 3개의 십진(즉, mod-10) 카운터의 케스케이딩 구조를 사용한다.
십진 카운터는 활성화 신호를 가지며 9에 도달하면 1 클록 사이클 틱을 생성한다. 이 신호를 사용하여 3개의 카운터를 "후크"할 수 있다. 예를 들어, 10초 카운터는 mod-5,000,000 카운터의 인에이블 틱이 표명되고 0.1초 카운터와 1초 카운터가 모두 9일 때만 활성화된다. 코드 4.17과 같다.

코드 4.17 스톱워치 모드에 대한 케스케이딩 기술

```
module stop_watch_cascade
  (
    input wire clk,
    input wire go, clr,
```

```
  output wire [3:0] d2, d1, d0
);

// declaration
localparam DVSR = 5000000;
reg [22:0] ms_reg;
wire [22:0] ms_next;
reg [3:0] d2_reg, d1_reg, d0_reg;
wire [3:0] d2_next, d1_next, d0_next;
wire d2_en, d1_en, d0_en;
wire ms_tick, d0_tick, t1_tick;

// body
// register
always @(posedge clk)
begin
  ms_reg <= ms_next;
  d2_reg <= d2_next;
  d1_reg <= d1_next;
  d0_reg <= d0_next;
end

// next-state logic
// 0.1 sec tick generator : mod-5000000
assign ms_next = (clr || (ms_reg == DVSR && go)) ? 4'b0 :
                 (go) ? ms_reg + 1 :
                        ms_reg;
assign ms_tick = (ms_reg == DVSR) ? 1'b1 : 1'b0;
// 0.1 sec counter
assign d0_en = ms_tick;
assign d0_next = (clr || (d0_en && d0_reg == 9)) ? 4'b0 :
                 (d0_en) ? d0_reg + 1 :
                           d0_reg;
assign d0_tick = (d0_reg == 9) ? 1'b1 : 1'b0;
// 1 sec counter
assign d1_en = ms_tick & d0_tick;
assign d1_next = (clr || (d1_en && d1_reg == 9)) ? 4'b0 :
                 (d1_en) ? d1_reg + 1 :
                           d1_reg;
assign d1_tick = (d1_reg == 9) ? 1'b1 : 1'b0;
```

```
   // 10 sec counter
   assign d2_en = ms_tick & d0_tick & d1_tick;
   assign d2_next = (clr || (d2_en && d2_reg == 9)) ? 4'b0 :
                    (d2_en) ? d2_reg + 1 :
                              d2_reg;

   // output logic
   assign d0 = d0_reg;
   assign d1 = d1_reg;
   assign d2 = d2_reg;

endmodule
```

모든 레지스터는 동일한 클록 신호로 제어된다는 점에 유의하라. 이 예제는 동기화를 유지하기 위해 1 클럭 사이클 사용 틱을 사용하는 방법을 보여준다. 좋지 않은 방법은 하위 단계의 출력을 다음 단계의 클럭 신호로 사용하는 것이다. 비록 더 간단해 보일지는 모르지만 동기식 설계 원칙에 위배되며 매우 좋지 않은 방식이다.

디자인 II 세 자리 BCD 카운터의 대안은 중첩된 if 문에서 전체 구조를 설명하는 것이다. 중첩된 조건은 카운터가 .9, 9.9 및 99.9초에 도달함을 나타낸다. 코드 4.18과 같다.

코드 4.18 스톱워치의 중첩 된 if 문 기술

```
module stop_watch_if
   (
    input wire clk,
    input wire go, clr,
    output wire [3:0] d2, d1, d0,
   );

   // declaration
   localparam DVSR = 5000000;
   reg [22:0] ms_reg;
   wire [22:0] ms_next;
   reg [3:0] d2_reg, d1_reg, d0_reg;
   wire [3:0] d2_next, d1_next, d0_next;
   wire d2_en, d1_en, d0_en;
   wire ms_tick;

   // body
```

```
// register
always @(posedge clk)
begin
  ms_reg <= ms_next;
  d2_reg <= d2_next;
  d1_reg <= d1_next;
  d0_reg <= d0_next;
end

// next-state logic
// 0.1 sec tick generator : mod-5000000
assign ms_next = (clr || (ms_reg == DVSR && go)) ? 4'b0 :
                 (go) ? ms_reg + 1 :
                        ms_reg;
assign ms_tick = (ms_reg == DVSR) ? 1'b1 : 1'b0;
// 3-digit bcd counter
always @*
begin
  // default : keep the previous value
  d0_next = d0_reg;
  d1_next = d1_reg;
  d2_next = d2_reg;
  if (clr)
    begin
      d0_next = 4'b0;
      d1_next = 4'b0;
      d2_next = 4'b0;
    end
  else if (ms_tick)
    if (d0_reg != 9)
      d0_next = d0_reg + 1;
    else                     // reach XX9
      begin
         d0_next =4'b0;
         if (d1_reg != 9)
          d1_next = d1_reg + 1;
        else                 // reach X99
          begin
             d1_next = 4'b0;
             if (d2_reg != 9)
               d2_next = d2_reg + 1;
            else             // reach 999
              d2_next= 4'b0;
```

```
            end
         end
      end

      // output logic
      assign d0 = d0_reg;
      assign d1 = d1_reg;
      assign d2 = d2_reg;

   endmodule
```

검증 회로 스톱워치의 작동을 확인하기 위해 이전의 16 진수 LED 시간 멀티플렉싱 회로와 결합하여 시계의 출력을 표시할 수 있다. 코드 4.19와 같다. LED의 첫 번째 자리는 0으로 지정되고 go 및 clr 신호는 S3 보드의 두 개의 푸시 버튼에 매핑된다.

코드 4.19 스톱워치 테스트 회로

```
module hex_mux_test
   (
    input wire clk,
    input wire [1:0] btn,
    output reg [3:0] an,
    output reg [7:0] sseg
   );

   // signal declaration
   wire [3:0] d2, d1, d0;

   // instantiate 7-seg LED display module
   disp_hex_mux disp_unit
     (.clk(clk), .reset(1'b0),
      .hex3(4'b0), .hex2(d2), .hex1(d1), .hex0(d0),
      .dp_in(4'b1101), .an(an), .sseg(sseg));

   // instantiate stopwatch
   stop_watch_if counter_unit
      (.clk(clk), .go(btn[1]), .clr(btn[0]),
       .d2(d2), .d1(d1), .d0(d0));

endmodule
```

4.5.3 FIFO 버퍼

FIFO(선입 선출) 버퍼는 그림 4.10의 개념도와 같이 두 개의 하위 시스템 사이의 "탄력적인"저장 공간이다. 쓰기 및 읽기 작업을 위해 두 개의 제어 신호 wr 및 rd가 있다. wr이 선언되면 입력 데이터가 버퍼에 기록된다. 읽기 작업은 오해의 소지가 있다. FIFO 버퍼의 헤드는 항상 사용 가능하므로 언제든지 읽을 수 있다. rd 신호는 실제로 "신호 제거"와 같은 역할을 한다. 그것이 어서트될 때, FIFO 버퍼의 첫 번째 항목(즉, 헤드)이 제거되고 다음 항목을 이용할 수 있다.

FIFO 버퍼는 많은 애플리케이션에서 중요한 구성 요소이며 최적화된 구현은 매우 복잡할 수 있다. 이 하위 섹션에서는 간단한 순환 큐(Circular queue) 기반 설계를 소개한다. 자일링스의 문헌에서보다 효율적인 장치 별 구현을 찾을 수 있다.

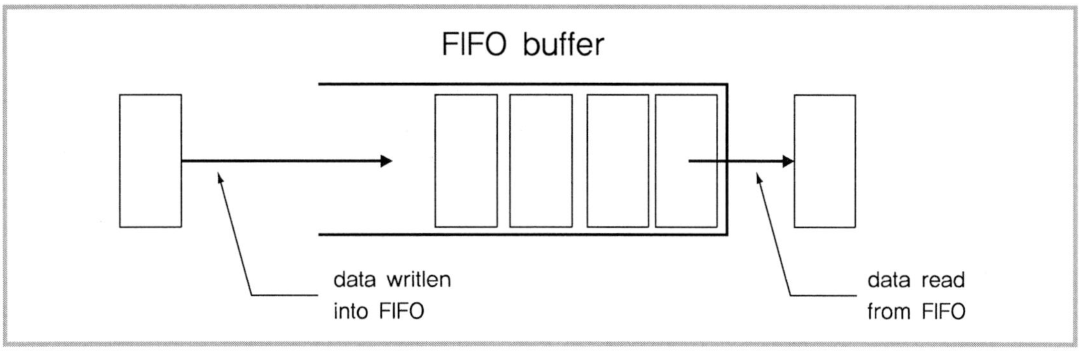

그림 4.10 FIFO 버퍼의 개념 다이어그램

환형 큐 기반 구현 FIFO 버퍼를 구현하는 한 가지 방법은 제어 회로를 레지스터 파일에 추가하는 것이다. 레지스터 파일의 레지스터는 두 개의 포인터가 있는 환형 대기열로 구성된다. *writepointer*는 큐의 선두를 가리키고, *readpointer*는 큐의 말미를 가리킨다. 포인터는 쓰기 또는 읽기 조작마다 한 위치씩 전진한다. 8 워드 원형 큐의 동작은 그림 4.11과 같다.

FIFO 버퍼는 일반적으로 FIFO가 가득차거나(즉, 기록 될 수 없으며), 비어 있음(즉, 판독 할 수 없음)을 나타내는 두 개의 상태 신호, 즉 full 및 empty를 포함한다. 두 조건 중 하나는 그림 4.1(a), (f) 및 (i)에서와 같이 읽기 포인터가 쓰기 포인터와 같을 때 발생한다. 제어기의 가장 어려운 설계 작업은 두 조건을 구분하는 메커니즘을 유도하는 것이다. 한 가지 방법은 두 개의 FF를 사용하여 빈 상태와 전체 상태를 추적하는 것이다. FF는 시스템 초기화 중에 1과 0으로 설정되고 wr 및 rd 신호의 값에 따라 각 클럭 사이클에서 수정된다. 코드 4.20과 같다.

코드 4.20. FIFO 버퍼

```
module fifo
  # (
    parameter B=8, // number of bits in a word
              W=4 // number of address bits
  )
  (
    input wire clk, reset,
    input wire rd, wr,
    input wire [B-1:0] w_data,
    output wire empty, full,
    output wire [B-1:0] r_data
  );

  // signal declaration
  reg [B-1:0] array_reg [2**W-1:0]; // register array
  reg [W-1:0] w_ptr_reg, w_ptr_next, w_ptr_succ;
  reg [W-1:0] r_ptr_reg, r_ptr_next, r_ptr_succ;
  reg full_reg, empty_reg, full_next, empty_next;

  wire wr_en;

  // body
  // register file write operation
  always @(posedge clk)
    if (wr_en)
      array_reg[w_ptr_reg] <= w_data;
    // register file read operation
    assign r_data = array_reg[r_ptr_reg];
    // write enabled only when FIFO is not full
    assign wr_en = wr & ~full_reg;

  // fifo control logic
  // register for read and write pointers
  always @(posedge clk, posedge reset)
    if (reset)
      begin
        w_ptr_reg <= 0;
        r_ptr_reg <= 0;
        full_reg <= 1'b0;
        empty_reg <= 1'b1;
      end
```

```
  else
    begin
      w_ptr_reg <= w_ptr_next;
      r_ptr_reg <= r_ptr_next;
      full_reg <= full_next;
      empty_reg <= empty_next;
  end

// next-state logic for read and write pointers
always @*
begin
   // successive pointer values
   w_ptr_succ = w_ptr_reg + 1;
   r_ptr_succ = r_ptr_reg + 1;
   // default : keep old values
   w_ptr_next = w_ptr_reg;
   r_ptr_next = r_ptr_reg;
   full_next = full_reg;
   empty_next = empty_reg;
   case ({wr, rd})
      // 2'b00: no op
      2'b01: // read
          if (~empty_reg) // not empty
            begin
              r_ptr_next = r_ptr_succ;
              full_next = 1'b0;
              if (r_ptr_succ==w_ptr_reg)
                empty_next = 1'b1;
            end
      2'b10: // write
          if (~full_reg) // not full
            begin
              w_ptr_next = w_ptr_succ;
              empty_next = 1'b0;
              if (w_ptr_succ==r_ptr_reg)
                full_next = 1'b1;
            end
      2'b11: // write and read
          begin
            w_ptr_next = w_ptr_succ;
            r_ptr_next = r_ptr_succ;
```

```
            end
        endcase
    end

    // output
    assign full = full_reg;
    assign empty = empty_reg;

endmodule
```

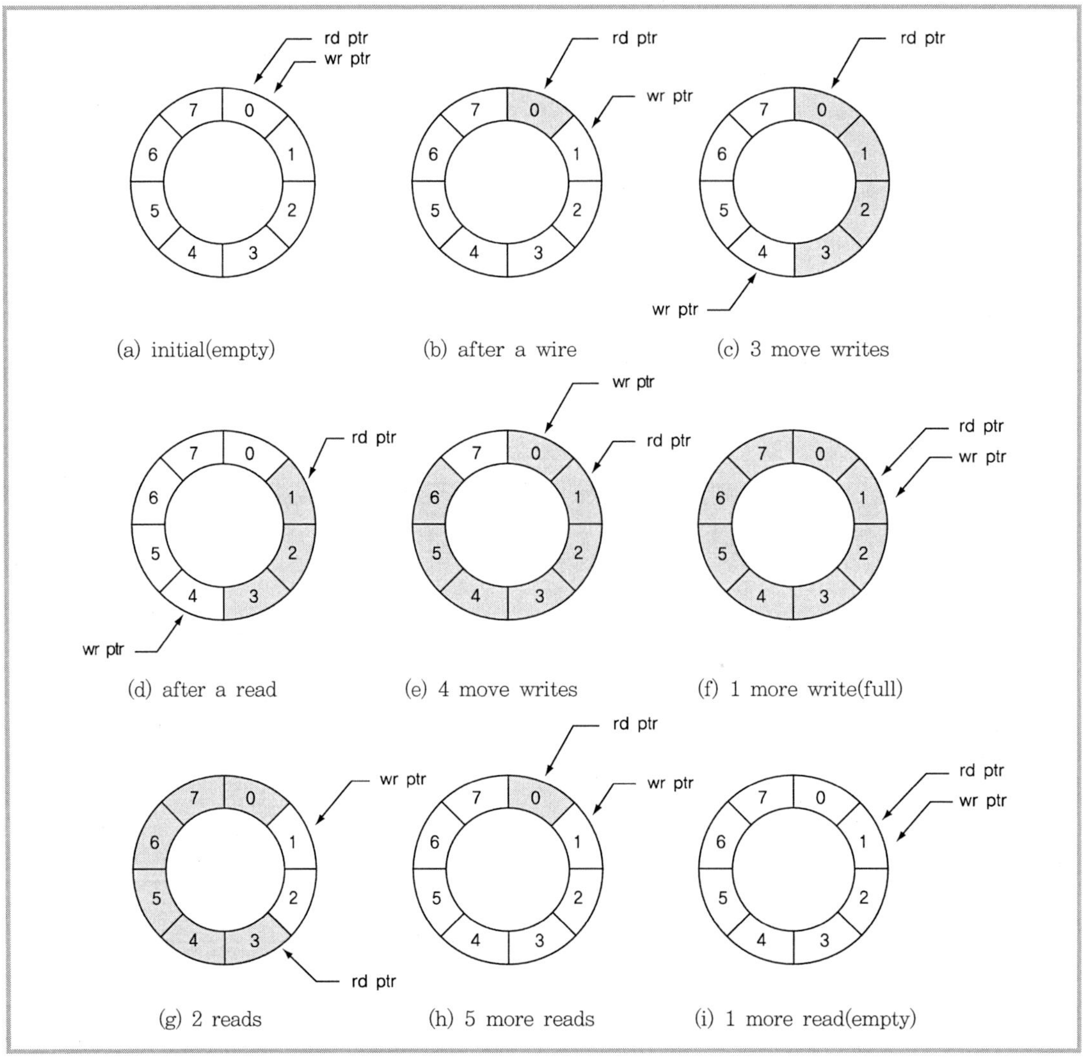

그림 4.11 FIFO 버퍼 기반 환형 큐

이 코드는 레지스터 파일과 FIFO 컨트롤러로 구분된다. 컨트롤러는 두 개의 포인터와 두 개의 상태 FF로 구성된다. 그 다음 상태 로직은 wr 및 rd 신호를 검사하고 이에 따라 조치를 취한다. 예를 들어 "10"의 경우를 생각해 보자. 이것은 쓰기 작업 만 발생한다는 것을 의미한다. FF 상태가 먼저 검사되어 버퍼가 가득 차지 않았는지 확인한다. 이 조건이 충족되면 쓰기 포인터를 한 위치 앞으로 이동시키고 빈 상태 FF를 지 운다. 하나의 추가 단어를 버퍼에 저장하면 full 상태가 될 수 있다. 이것은 새로운 쓰기 포인터가 w_ptr_succ == r_ptr_reg 표현식으로 표현되는 읽기 포인터를 "포착"하는 경우 발생한다.

검증 회로 검증 회로는 2^4-by-3 FIFO 버퍼의 작동을 검사한다. 3개의 스위치를 사용하여 입력 데이터를 생성하고 wr 및 rd 신호에 대해 두 개의 버튼을 사용한다. 3 비트 판독 값 및 full 및 빈 empty 신호는 5개의 개별 LED에 표시된다. 기계적 접점이 튀어서 깨끗한 1 클록 사이클 틱을 생성하려면 디바운싱 회로가 필요하다. debounce라는 이름의 디바운싱 모듈은 6.2 절에서 논의된다. 지금은 미리 디자인된 모듈로 취급될 수 있다. 원래 버튼 입력은 btn [0]과 btn [1]이고 디바운스된 신호는 db_btn[0]과 db_btn[1]이다. 코드 4.21과 같다.

코드 4.21 FIFO 버퍼 테스트 회로

```
module fifo_test
  (
    input wire clk, reset,
    input wire [1:0] btn,
    input wire [2:0] sw,
    output wire [7:0] led
  );

  // signal declaration
  wire [1:0] db_btn;
  // debounce circuit for btn[0]
  debounce btn_db_unit0
    (.clk(clk), .reset(reset), .sw(btn[0]),
    .db_level( ), .db_tick(db_btn[0]));
  // debounce circuit for btn[1]
  debounce btn_db_unit1
    (.clk(clk), .reset(reset), .sw(btn[1]),
    .db_level( ), .db_tick(db_btn[1]));
  // instantiate a 2^2-by-3 fifo
  fifo #(.B(3), .W(2)) fifo_unit
    (.clk(clk), .reset(reset),
```

```
      .rd(db_btn[0]), .wr(db_btn[1]), .w_data(sw),
      .r_data (led[2:0]), .full(led[7]), .empty(led[6]));
   // disable unused leds
   assign led[5:3] = 3'b000;

endmodule
```

4.6 참고문헌

이 장의 참고문헌은 3 장의 참고문헌과 유사하다.

4.7 제안하는 실험

4.7.1 프로그램 가능한 구형파 발생기

프로그램 가능한 구형파 발생기는 가변 온(즉, 논리 1) 및 오프(즉, 논리 0) 간격을 갖는 구형파를 생성할 수 있는 회로이다. 간격의 지속 시간은 부호 없는 정수로 해석되는 두 개의 4 비트 제어 신호 m 및 n에 의해 지정된다. 온 및 오프 간격은 각각 m * 100 ns 및 n * 100 ns이다(S3 온보드 발진기의 주기는 20 ns이다). 프로그래밍 가능한 사각파 발생기 회로를 설계하라. 회로는 완전히 동기되어야 한다. 로직 애널라이저나 오실로스코프가 필요하다.

4.7.2 PWM 및 LED 조광기

구형파의 듀티 사이클은 한 주기에서 온 구간(즉, 논리 1)의 백분율로서 정의된다. PWM(펄스 폭 변조) 회로는 가변 듀티 사이클을 갖는 출력을 생성할 수 있다. 4 비트 분해능의 PWM의 경우 4 비트 제어 신호 w가 듀티 사이클을 지정한다. w 신호는 1을 부호없는 정수로 해석하고 듀티 사이클은 $\frac{w}{16}$이다.

1. 4 비트 분해능의 PWM 회로를 설계하고 로직 분석기 또는 오실로스코프를 사용하여 작동을 검증하시오.
2. LED 시간 다중화 회로를 수정하여 신호용 PWM 회로를 포함시켜라. PWM 회로는 LED 디스플레이가 켜져 있는 시간의 백분율을 지정한다. 듀티 사이클을 변경하여 감지된 밝기를 제어할 수 있다. 논리 분석기 또는 오실로스코프의 1 비트를 관찰하여 회로의 작동을 확인하라.

3. 목록 4.19의 LED 시간 멀티플렉싱 회로를 새로운 디자인으로 대체하고 8 비트 스위치의 하위 4 비트를 사용하여 듀티 사이클을 제어한다. 회로의 작동을 확인하라. Dimming 효과를 보려면 어두운 영역으로 이동해야 할 수도 있다.

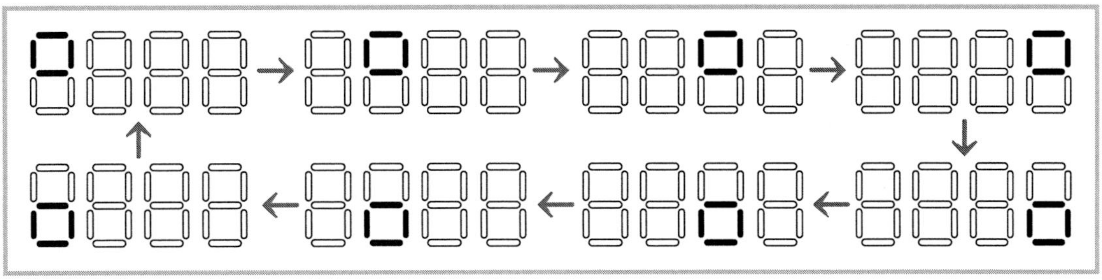

그림 4.12 실험 4.7.3을 위한 패턴

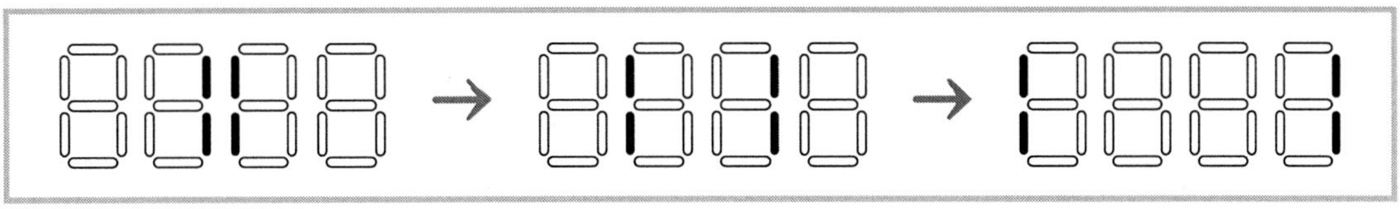

그림 4.13 실험 4.7.4를 위한 패턴

4.7.3 회전 정사각형 회로

7 세그먼트 LED 디스플레이에서 a, b, f 및 g 세그먼트 또는 c, d, e 및 g 세그먼트를 활성화하여 정사각형 패턴을 생성할 수 있다. 우리는 4자리 7 세그먼트 LED 디스플레이에서 사각형 패턴을 순환시키는 회로를 설계하려고 한다. 시계 방향 순환 패턴은 그림 4.12에 나와 있다. 회로는 순환을 가능하게 하거나 일시 정지시키는 입력 en과 순환의 방향(시계 방향 또는 반 시계 방향)을 지정하는 입력 cw를 가져야 한다.

회로를 설계하고 프로토타이핑 보드에서 작동을 확인하라. 순환 속도가 눈으로 보일 정도로 충분히 느린지 확인하라.

4.7.4 하트 비트 회로

우리는 프로토타이핑 보드를 위한 "하트 비트"를 만들고 싶다. 그림 4.13과 같이 4자리 7 세그먼트 디스플레이의 간단한 패턴을 72 Hz의 속도로 반복한다. 회로를 설계하고 프로토타이핑 보드에서 작동을 확인하라.

4.7.5 회전 LED 배너 회로

프로토타이핑 보드에는 4 자리 7 세그먼트 LED 디스플레이가 있어 한 번에 4개의 심볼만 표시할 수 있다. 데이터가 지속적으로 이동되고 이동되면 더 많은 정보를 보여줄 수 있다. 예를 들어, 메시지가 10 숫자(즉, "0123456789")라고 가정한다. 디스플레이에 메시지가 "0123", "1234", "2345", ..., "6789", "7890", ..., "0123"으로 표시될 수 있다. 회로에는 회전을 활성화 또는 일시 중지하는 입력 `en`과 방향을 지정하는 입력 `dir`이 있어야 한다(즉, 왼쪽 또는 오른쪽으로 회전).

회로를 설계하고 프로토타이핑 보드에서 작동을 확인하라. 육안 검사를 위해 회전 속도가 충분히 느려지게 하여 확인하라.

4.7.6 향상된 스톱워치

다음의 사항을 포함하도록 스톱워치를 수정하라:

- 카운팅 방향을 제어하기 위해 위로 신호를 추가한다. 스톱워치는 업 신호가 어서트될 때 카운트 업되고 그렇지 않으면 카운트 다운된다.
- 디스플레이에 "분" 수를 추가하라. LED 표시 형식은 `M.SS.D`와 같아야 한다. 여기서 `D`는 0.1초를 나타내고 범위는 0-9이다. `SS`는 초를 나타내고, 범위는 00-59이며, `M`은 분을 나타내며, 범위는 0과 9이다.

새 스톱워치를 설계하고 테스트 회로로 작동을 확인하라.

4.7.7 스택

스택은 최후에 저장된 데이터가 먼저 검색되는 Last In First Out 버퍼이다. 데이터 워드를 스택에 저장하는 것을 푸시(*push*) 연산이라고 하며, 스택에서 데이터 워드를 검색하는 것을 팝(*pop*) 연산이라고 한다. 스택의 I/O 신호는 일반적으로 `wr` 및 `rd` 신호 대신에 `push` 및 `pop` 신호를 사용한다는 점을 제외하면 FIFO 버퍼의 I/O 신호와 유사하다. 레지스터 파일을 사용하여 스택을 설계하고 코드 4.21과 비슷한 테스트 회로로 연산을 검증하라.

CHAPTER 5

FSM 유한상태 기계

5.1 개요

FSM(Finite State Machine)은 한정된 수의 내부 상태(state)로 이동하는 시스템을 모델링하는 데 사용된다. 전환은 현재 상태 및 외부 입력에 따라 다르다. 정규 순차 회로와 달리 FSM의 상태 전이는 단순하고 반복적인 패턴을 나타내지 않는다. 그 다음 상태 논리는 일반적으로 처음부터 생성되며 때로는 "임의" 논리라고 한다. 이는 증분기(incrementor) 및 사프터(shifter)와 같은 "구조화된" 구성 요소로 주로 구성된 일반 순차 회로의 다음 상태 논리와 다르다.

이 장에서는 FSM의 기본 특성과 표현에 대한 개요를 제공하고 HDL 코드의 파생에 대해 논의한다. 실제로, FSM의 주요 응용 프로그램은 대용량 디지털 시스템의 컨트롤러로 작동하며, 외부 명령과 상태를 검사하고 보통의 순차 구성 요소로 구성된 데이터 경로의 작동을 제어하는 적절한 제어 신호를 활성화한다. 이것은 FSMD(데이터 경로가 있는 유한 상태 머신)로 알려져 있으며 6 장에서 논의된다.

5.1.1 밀리 및 무어 출력

FSM의 기본 블록 다이어그램은 일반 순차 회로의 기본 블록 다이어그램과 동일하며 그림 5.1에서 반복된다. 상태 레지스터, 다음 상태 논리 및 출력 논리로 구성된다. FSM은 출력이 상태의 함수일 경우 *무어(Moore) 기계*로 알려져 있으며, 출력이 상태 및 외부 입력의 함수인 경우 *밀리(Mealy) 기계*로 알려져 있다. 두 가지 유형의 출력은 복합 FSM에 존재할 수 있으며 단순히 무어 출력과 밀리 출력을 포함하는 것으로 간주한다. 무어 및 밀리 출력은 유사하지만 동일하지 않다. 그들의 미묘한 차이점을 이해하는 것이 컨트롤러 설계의 열쇠이다. 5.3.1 절의 예는 두 가지 출력 유형의 동작 및 구조를 보여준다.

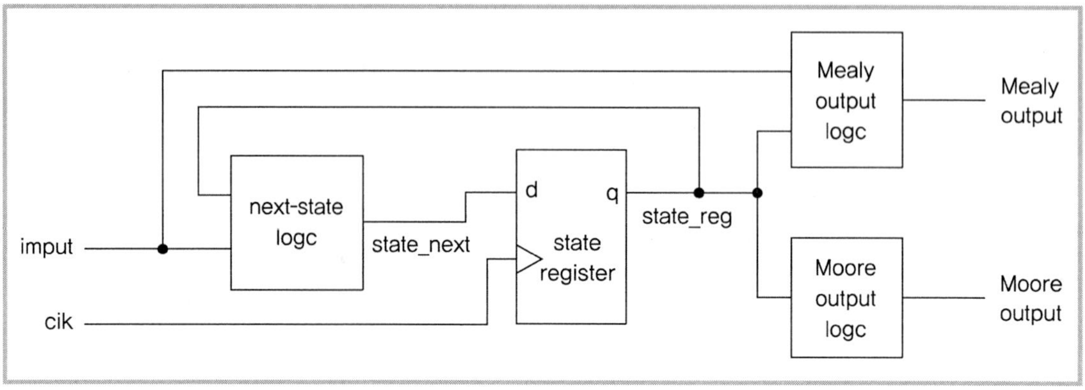

그림 5.1 동기식 FSM의 블록 다이어그램

5.1.2 FSM 표현

FSM은 대개 추상적 상태 다이어그램 또는 ASM 차트(알고리즘 상태 머신 차트)에 의해 지정되며 FSM의 입력, 출력, 상태 및 전환을 그래픽으로 포착한다. 두 표현은 동일한 정보를 제공한다. FSM 표현은 단순한 응용 프로그램에 비해 더 작고 더 좋다. ASM 차트 표현은 다소 순서도와 비슷하며 복잡한 전환 조건과 동작이 있는 응용 프로그램을 보다 잘 설명한다.

상태 다이어그램 상태 다이어그램은 상태를 나타내고 원으로 그려지며 주석 전환 원호를 나타내는 노드로 구성된다. 그림 5.2(a)에는 단일 노드와 해당 전환 호가 표시된다. 입력 신호로 표현된 논리 표현식은 각 전환 호와 연관되어 있으며 특정 조건을 나타낸다. 해당 식이 true를 계산할 때 호가 수행된다.

무어 출력 값은 현재 상태에 따라 달라지므로 원 안에 배치된다. 밀리 출력 값은 현재 상태 및 외부 입력에 따라 달라지므로 전환 호의 조건과 연결된다. 다이어그램에서 혼란을 줄이기 위해 어서트된 출력 값만 나열된다. 출력 신호는 기본값(즉, 어서트되지 않은) 값을 사용한다.

대표적인 상태 다이어그램은 그림 5.3(a)에 나와 있다. FSM은 세 가지 상태, 두 개의 외부 입력 신호(예: a와 b), 하나의 무어 출력 신호(즉, y1), 그리고 하나의 밀리 출력 신호(예: y0)가 있다. y1 신호는 FSM이 s0 또는 s1 상태일 때 어서트된다. y0 신호는 FSM이 s0 상태에 있고, a와 b 신호가 "11"인 경우 어서트된다.

ASM 차트 ASM 차트는 ASM 블록의 네트워크로 구성된다. ASM 블록은 하나의 *상태 상자(state box)*와 *의사 결정 상자(decision box)*와 *조건부 출력 상자(conditional output box)*의 선택적인 네트워크로 구성된다. 대표적인 ASM 블록은 그림 5.2(b)에 표시되어 있다.

상태 상자는 FSM의 상태를 나타내며, 어서트된 무어 출력 값은 상자 내에 나열된다. 단 하나의 종료 경로만 있음에 유의하라. 결정 상자는 입력 조건을 테스트하고 수행할 종료 경로를 결정한다. 이는 T와 F라는 두 개의 종료 경로를 가지며 조건의 true 및 false 값에 해당한다. 조건부 출력 상자에는 어서트된 출력 값이 나열되며 일반적으로 결정 상자 다음에 놓인다. 이는 나열된 출력 신호가 결정 상자에서 해당 조건이 충족될 때만 활성화될 수 있음을 나타낸다.

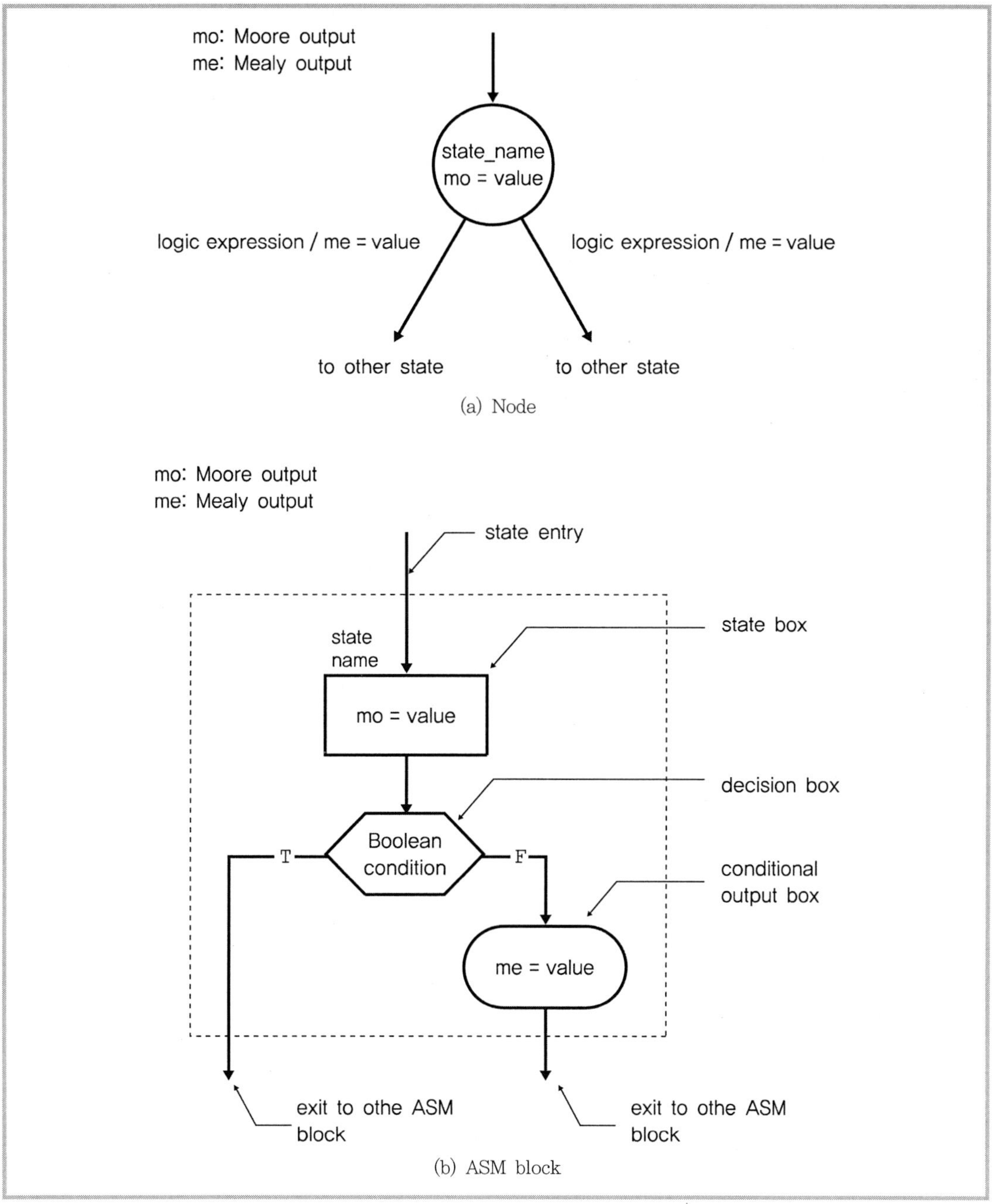

그림 5.2 상태 기호

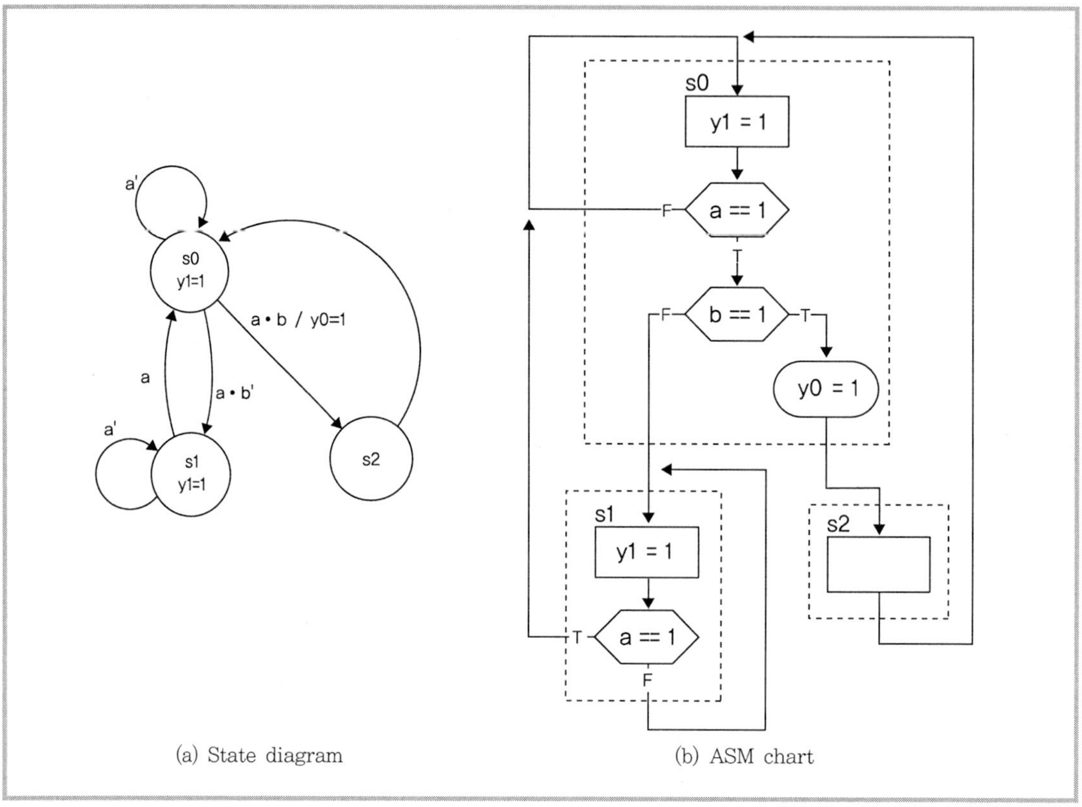

그림 5.3 FSM의 예

상태 다이어그램은 ASM 차트로 쉽게 변환할 수 있으며 그 반대의 경우도 마찬가지이다. 이전 FSM 상태 다이어그램의 해당하는 ASM 차트는 그림 5.3(b)에 나와 있다.

5.2 FSM 코드 개발

FSM을 위한 코드를 개발하는 절차는 정규 순차 회로의 코드와 유사하다. 먼저 상태 레지스터를 분리한 다음 조합형 다음 상태 논리 및 출력 논리에 대한 코드를 유도한다. 주요 차이점은 다음 상태 논리이다. FSM의 경우 다음 상태 논리에 대한 코드는 상태 다이어그램 또는 ASM 차트의 흐름을 따른다.

명확성과 유연성을 위해 기호 상수를 사용하여 FSM 상태를 나타낸다. 예를 들어 그림 5.3의 세 가지 상태는 다음과 같이 정의할 수 있다.

```
localparam [1:0] s0 = 2'b00,
                 s1 = 2'b01,
                 s2 = 2'b10;
```

합성 과정에서, 소프트웨어는 통상적으로 FSM 구조를 인식할 수 있고, 이들 심볼 상수를 상이한 바이너리 표현(예를 들어, 단일 핫 코드), 즉 상태 할당으로 알려진 프로세스에 매핑할 수 있다.

전체 FSM은 코드 5.1과 같다. 상태 레지스터, 다음 상태 논리, 무어 출력 논리 및 밀리 출력 논리에 대한 세그먼트로 구성된다.

코드 5.1 FSM 예제

```
module fsm_eg_mult_seg
  (
    input wire clk, reset,
    input wire a, b,
    output wire y0, y1
  );

  // symbolic state declaration
  localparam [1:0] s0 = 2'b00,
                   s1 = 2'b01,
                   s2 = 2'b10;

  // signal declaration
  reg [1:0] state_reg, state_next;

  // state register
  always @(posedge clk, posedge reset)
    if (reset)
      state_reg <= s0;
    else
      state_reg <= state_next;

  // next-state logic
  always @*
    case (state_reg)
      s0 : if (a)
             if (b)
               state_next = s2;
             else
               state_next = s1;
           else
             state_next = s0;
```

```
      s1 : if (a)
             state_next = s0;
           else
             state_next = s1;
      s2 : state_next = s0;
      default : state_next = s0;
    endcase

  // Moore output logic
  assign y1 = (state_reg = s0) || (state_reg = s1);
  // Mealy output logic
  assign y0 = (state_reg = s0) & a & b;

endmodule
```

핵심 부분은 다음 상태 논리이다. 선택 식으로 state_reg 신호와 함께 case 문을 사용한다. 다음 상태(즉, state_next 신호)는 현재 상태(즉, state_reg) 및 외부 입력에 의해 결정된다. 각 상태에 대한 코드는 기본적으로 그림 5.3(b)의 각 ASM 블록 내부의 활동을 따른다.

대안 코드는 다음 상태 논리와 출력 논리를 단일 조합 블록으로 병합하는 것이다(코드 5.2 참조).

코드 5.2 조합 논리를 병합한 FSM

```
module fsm_eg_2_seg
  (
    input wire clk, reset,
    input wire a, b,
    output wire y0, y1
  );

  // symbolic state declaration
  localparam [1:0] s0 = 2'b00,
                   s1 = 2'b01,
                   s2 = 2'b10;

  // signal declaration
  reg [1:0] state_reg, state_next;

  // state register
  always @(posedge clk, posedge reset)
```

```
    if (reset)
      state_reg <= s0;
    else
      state_reg <= state_next;

  // next-state logic and output logic
  always @*
  begin
    state_next = state_reg;              // default next state : the same
    y1 = 1'b0;                           // default output : 0
    y0 = 1'b0;                           // default output : 0
    case (state_reg)
      s0 : begin
             y1 = 1'b1;
             if (a)
               if (b)
                 state_next = s2;
                 y0 = 1'b1;
               else
                 state_next = s1;
           end
      s1 : begin
             y1 = 1'b1;
             if (a)
               state_next = s0;
           end
      s2 : state_next = s0;
      default : state_next = s0;
    endcase

  end
endmodule
```

기본 출력 값은 코드 시작 부분에 나열되어 있다.

다음 상태 로직 및 출력 로직에 대한 코드는 ASM 차트를 면밀히 따른다. 상세한 상태 다이어그램 또는 ASM 차트가 파생되면 FSM을 HDL 코드로 변환하는 것이 거의 기계적인 절차이다. 코드 5.1과 5.2는 이 목적을 위한 템플릿 역할을 할 수 있다.

자일링스 ISE에는 사용자가 그래픽 형식으로 자일링스 상태도를 그릴 수 있는 *StateCAD*라는 유틸리티 프로그램이 포함되어 있다. 그런 다음 상태 다이어그램을 HDL 특정 코드로 변환한다. 몇 가지 간단한 예제를 사용하여 먼저 시도하여 생성된 코드 및 그 스타일은 특히 출력 신호에 대해 만족스러운 수준이다.

5.3 디자인 예제

5.3.1 상승 에지 검출기

상승 에지 검출기는 입력 신호가 0에서 1로 변할 때 짧은 1 클럭 사이클 틱을 생성하는 회로이다. 일반적으로 느린 시간에 따라 변하는 입력 신호의 시작을 나타내는 데 사용된다. 우리는 무어와 밀리 기계를 모두 사용하여 회로를 설계하고 그 차이를 비교한다.

무어 기반 디자인 무어 머신 기반 에지 검출기의 상태도 및 ASM 차트가 그림 5.4에 나와 있다. 0과 1 상태는 잠시 동안 입력 신호가 0과 1 이었음을 나타낸다. 상승 에지는 입력이 제로 상태에서 1로 변경될 때 발생한다. FSM은 에지 상태로 이동하고 출력(`tick`)은 이 상태에서 어서트된다. 그림 5.5의 중간에 대표적인 타이밍 다이어그램이 나와 있다. 이를 코드 5.3에 나타내었다.

코드 5.3 무어 기계 기반 에지 검출기

```
module edge_detect_moore
  (
    input wire clk, reset,
    input wire level,
    output reg tick
  ) ;

  // symbolic state declaration
  localparam [1:0]
    zero = 2'b00,
    edg = 2'b01,
    one = 2'b10;

  // signal declaration
  reg [1:0] state_reg, state_next;

  // state register
  always @(posedge clk, posedge reset)
    if(reset)
      state_reg <= zero;
    else
      state_reg <= state_next;
```

```
  // next-state logic and output logic
  always @*
    begin
      state_next = state_reg;          // default state : the same
      tick = 1'b0;                     // default output : 0
      case  (state_reg)
        zero:
          if (level)
            state_next = edg;
        edg :
          begin
            tick = 1'b1;
            if (level)
              state_next = one;
            else
              state_next = zero;
          end
        one:
          if (~level)
              state_next = zero;
        default : state_next = zero;
    endcase
  end
endmodule
```

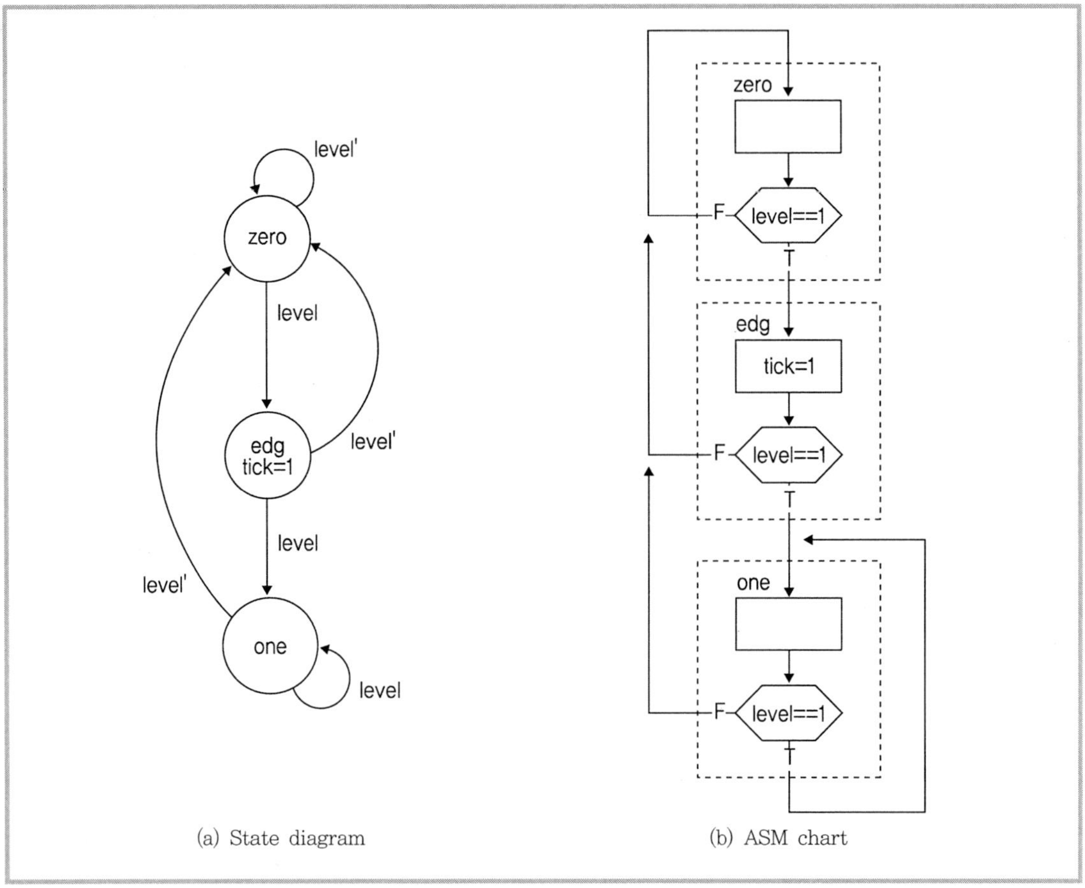

그림 5.4 무어(Moore) 머신을 기반으로 한 에지 검출기

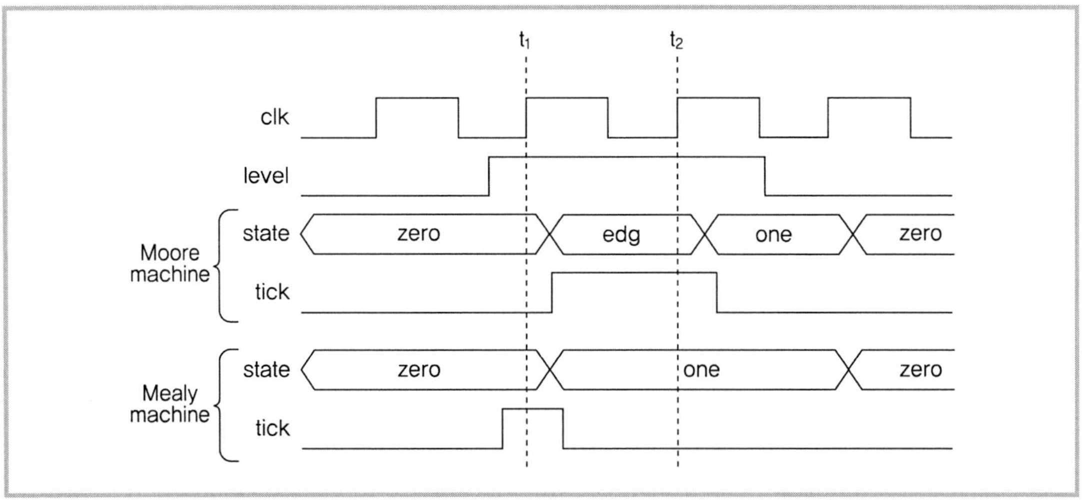

그림 5.5 두 에지 검출기의 타이밍 다이어그램

밀리 기반 설계 밀리 머신 기반 에지 검출기의 상태 다이어그램과 ASM 차트가 그림 5.6에 나와 있다. 0과 1의 상태는 비슷한 의미를 가진다. FSM이 0 상태이고 입력이 1로 변경되면 출력이 즉시 어서트된다. FSM은 다음 클럭의 상승 에지에서 한 상태로 이동하고 출력이 해제된다. 그림 5.5의 하단에 대표적인 타이밍 다이어그램이 나와 있다. 전달 지연 때문에, 출력 신호는 다음 클록의 상승 에지(즉, t_1)에서 여전히 어서트된다는 것을 유의해야 한다. 이를 코드 5.4에 나타내었다.

코드 5.4 밀리 기계 기반 에지 검출기

```
module edge_detect_mealy
  (
    input wire clk, reset,
    input wire level,
    output reg tick
  ) ;

  // symbolic state declaration
  localparam [1:0]
    zero = 2'b0,
    one = 2'b1;
  // signal declaration
  reg state_reg, state_next;

  // state register
  always @(posedge clk, posedge reset)
    if(reset)
      state_reg <= zero;
    else
      state_reg <= state_next;

  // next-state logic and output logic
  always @*
    begin
      state_next = state_reg;          // default state : the same
      tick = 1'b0;                     // default output : 0
      case  (state_reg)
        zero:
          if (level)
            begin
```

```
            tick = 1'b1;
            state_next = one;
          end
        one :
          if (~level)
          begin
            state_next = zero;
          end
        default : state_next = zero;
    endcase
  end

endmodule
```

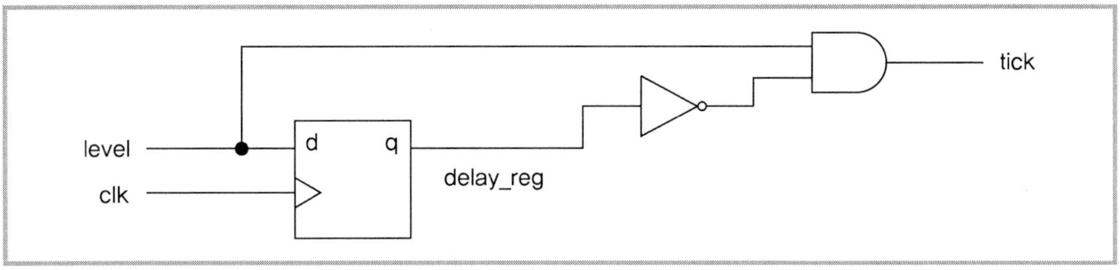

그림 5.7 에지 검출기의 게이트 수준 구현

직접 구현 에지 검출기 회로의 천이는 매우 단순하기 때문에 FSM을 사용하지 않고 구현할 수 있다. 비교 목적으로 이 구현을 포함한다. 회로도는 그림 5.7과 같다. 현재 입력 값이 1이고 레지스터에 저장되어 있는 이전 입력 값이 0일 때만 출력이 어서트된다고 해석할 수 있다. 이를 코드 5.5에 나타내었다.

코드 5.5

```
module edge_detect_gate
  (
    input wire clk, reset,
    input wire level,
    output reg tick
  ) ;

  // signal declaration
  reg delay_reg;
```

```
   // delay register
   always @(posedge clk, posedge reset)
     if (reset)
       delay_reg <= 1'b0;
     else
       delay_reg <= level;

   // decoding logic
   assign tick = ~delay_reg & level;

endmodule
```

목록 5.4와 5.5의 설명은 매우 다르지만 동일한 회로를 설명한다. 회로도는 0과 1을 0과 1 상태에 할당하면 FSM에서 파생될 수 있다.

비교 무어 머신과 밀리 머신 기반 디자인 모두 입력 신호의 상승 에지에서 짧은 틱을 생성할 수 있지만 몇 가지 미묘한 차이가 있다. 밀리 머신 기반 설계는 더 적은 상태를 필요로 하고 더 빠르게 응답하지만, 출력의 너비가 다를 수 있으며 입력 글리치가 출력으로 전달될 수 있다.

두 설계 간의 선택은 출력 신호를 사용하는 서브시스템에 달려 있다. 대부분의 경우 서브시스템은 동일한 클럭 신호를 공유하는 동기식 시스템이다. FSM의 출력은 클록의 상승 에지에서만 샘플링되므로 출력 신호가 에지 주변에서 안정적이면 폭 및 글리치는 중요하지 않다. 밀리 출력 신호는 t_1에서 샘플링할 수 있으며, t_2에서 사용할 수 있는 무어 출력보다 1 클럭 사이클 빠르다. 따라서 밀리 머신 기반 회로가 이러한 유형의 애플리케이션에 적합하다.

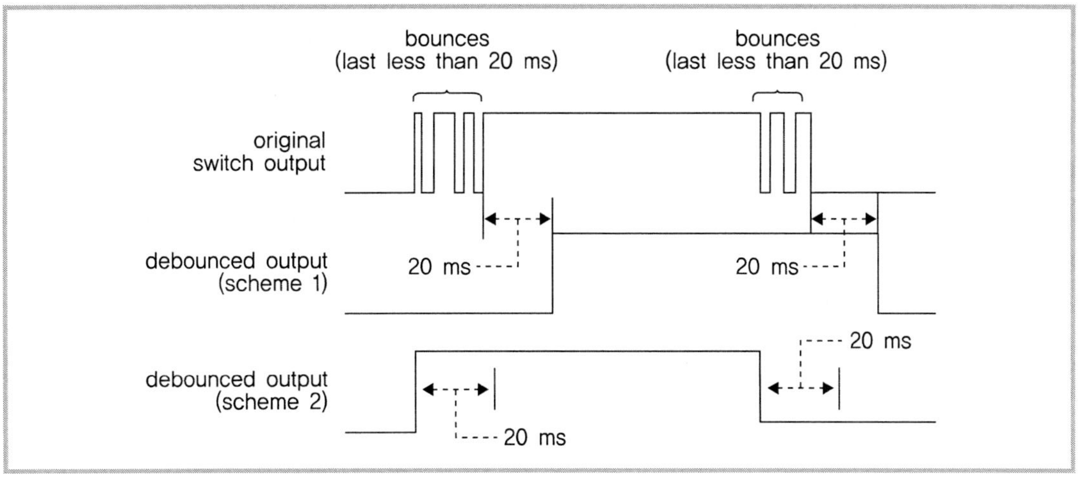

그림 5.8 원래 파형 및 디바운싱 된 파형

5.3.2 디바운싱 회로

프로토타이핑 보드의 슬라이드 및 푸시 버튼 스위치는 기계 장치이다. 스위치를 누르면 스위치가 몇 번 앞뒤로 튀어 나와 안정된다. 그림 5.8의 상단에 표시된 것처럼 튀어 오름은 신호의 글리치를 유발한다. 반동은 대개 20 ms 이내에 완료된다. 디바운싱 회로의 목적은 스위치 전환과 관련된 글리치를 필터링하는 것이다. 두 개의 FSM 기반 설계 방식의 디바운싱된 출력 신호는 그림 5.8의 두 하단에 표시된다. 첫 번째 설계 스킴은 이 서브 섹션에서 논의되고 두 번째 스킴은 실험 5.5.2에서 연습으로 남겨둔다. 더 나은 대체 FSMD 기반 체계는 6.2.1 절에서 논의된다.

FSM 기반 설계는 자유 실행 10 ms 타이머와 FSM을 사용한다. 타이머는 모든 정보를 생성하여 입력 값이 안정화되었는지 여부를 추적한다. 첫 번째 설계 스킴에서 FSM은 짧은 바운스를 무시하고 입력이 20 ms 동안 안정화된 후에만 디바운싱 출력의 값을 변경한다. 출력 타이밍 다이어그램은 그림 5.8의 중간에 나와 있다. 이 FSM의 상태 다이어그램이 그림 5.9에 나와 있다. zero 및 one 상태는 스위치 입력 신호 sw가 0 및 1 값으로 안정화되었음을 나타낸다. FSM

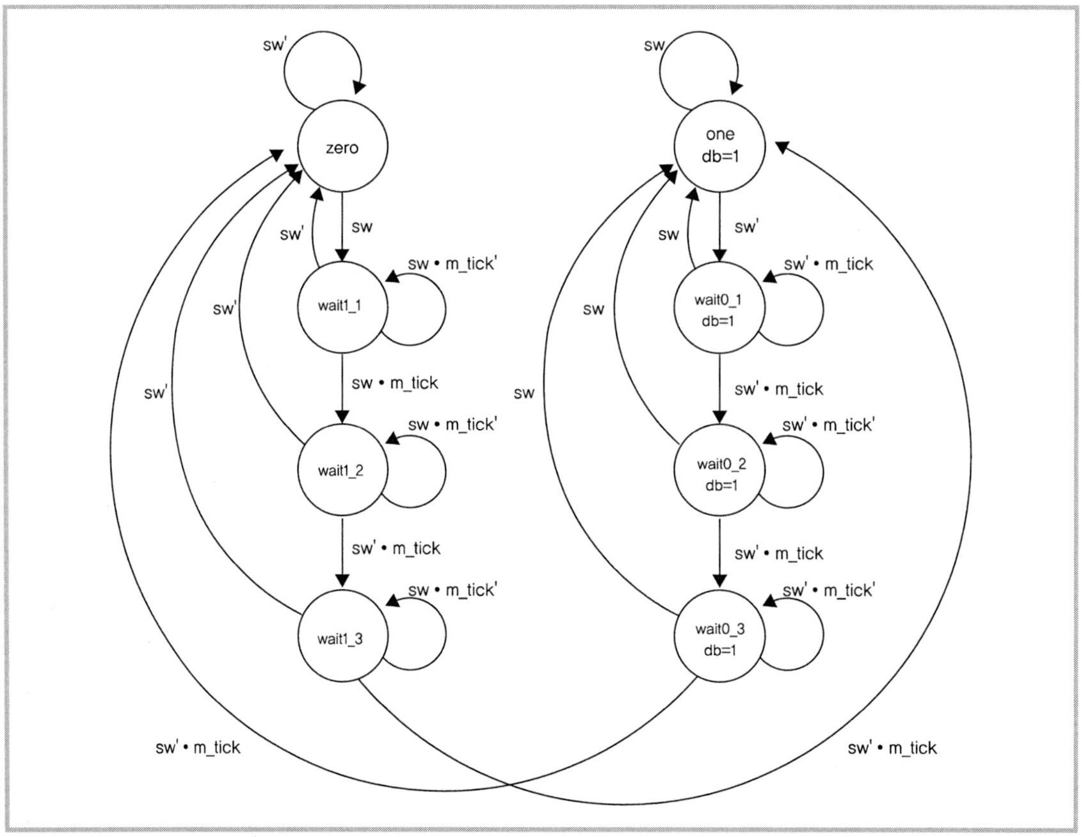

그림 5.9 디바운싱 회로의 상태 다이어그램

이 초기에 0 상태에 있다고 가정하자. sw가 1로 바뀔 때 wait1_1 상태로 이동한다. wait1_1 상태에서 FSM은 m_tick의 어서트를 기다린다. 이 상태에서 sw가 0이 되면 1 값의 너비가 충분히 길지 않고 FSM이 0 상태로 돌아간다. 이 작업은 wait1_2 및 wait1_3 상태에 대해 두 번 더 반복된다. 하나의 상태에서의 연산은 sw 신호가 0이어야 한다는 점을 제외하면 비슷하다.

10 ms 타이머가 자유롭게 작동하면서 m_tick 틱이 언제든지 어서트될 수 있기 때문에 FSM은 어서트를 세 번 검사하여 sw 신호가 최소 20 ms 동안 안정화되도록 한다(실제로는 20~30 ms 사이이다). 이를 코드 5.6에 나타내었다. 여기에는 10 ms 타이머와 FSM이 포함된다.

코드 5.6 디바운싱 회로의 FSM 구현

```
module db_fsm
  (
    input wire clk, reset,
    input wire sw,
    output reg db
  );
  // symbolic state declaration
  localparam [2:0]
             zero = 3'b000,
             wait1_1 = 3'b001,
             wait1_2 = 3'b010,
             wait1_3 = 3'b011,
             state_next = 3'b100,
             wait0_1 = 3'b101,
             wait0_2 = 3'b110,
             wait0_3 = 3'b111;
  // number of counter bits (2^N * 20 ns = 10 ms tick)
  localparam N = 19;

  // signal declaration
  reg [N-1:0] q_reg;
  wire [N-1:0] q_next;
  wire m_tick;
  reg [2:0] state_reg, state_next;

  // body

  // ==============================================
  //  counter to generate 10 ms tick
  // ==============================================
```

```
always @(posedge clk)
   q_reg <= q_next;
// next-state logic
assign q_next = q_reg + 1;
// output tick
assign m_tick = (q_reg==0) ? 1'b1 : 1'b0;

// ===============================================
// debouncing FSM
// ===============================================
// state register
always @( posedge clk, posedge reset )
  if (reset)
    state_reg <= zero;
  else
    state_reg <= state_next;

// next-state logic and output logic
always @*
begin
  state_next = state_reg;           // default state : the same
  db = 1'b0;                        // default output : 0
  case (state_reg)
    zero :
      if (sw)
        state_next = wait1_1;
    wait1_1:
      if (~sw)
        state_next = zero;
      else
        if (m_tick)
          state_next = wait1_2;
    wait1_2:
      if (~sw)
        state_next = zero;
      else
        if (m_tick)
          state_next = wait1_3;
     wait1_3 :
       if (~sw)
         state_next = zero;
```

```
        else
          if (m_tick)
            state_next = one;
    one :
      begin
        db = 1'b1;
        if (~sw)
          state_next = wait0_1;
        end
    wait0_1 :
      begin
        db = 1'b1;
        if (sw)
          state_next = one;
        else
          if (m_tick)
            state_next = wait0_2;
          end
    wait0_2 :
      begin
      db = 1'b1;
      if (sw)
        state_next  = one;
      else
        if (m_tick)
          state_next = wait0_3;
        end
    wait0_3 :
      begin
      db = 1'b1;
      if (sw)
        state_next = one;
      else
        if (m_tick)
          state_next = zero;
        end
    default : state_next = zero;
  endcase
end

endmodule
```

5.3.3 테스트 회로

우리는 바운스 카운팅 회로를 사용하여 상승 에지 검출기와 디바운싱 회로의 작동을 검증한다. 블록 다이어그램은 그림 5.10과 같다. 확인 회로의 입력은 푸시 버튼 스위치에서 온 것이다. 하단에서 신호는 먼저 디바운싱 회로에 공급된 다음 상승 에지 감지기에 공급된다. 따라서 버튼을 눌렀다 놓을 때마다 1 클록주기 틱이 생성된다. 틱은 8 비트 카운터의 인에이블 입력을 제어한다. 이 카운터의 내용은 LED 시간 멀티플렉싱 회로로 전달되고 프로토타이핑 보드의 7 세그먼트 LED 디스플레이의 왼쪽 두 자리에 표시된다. 단 패널에서 입력 신호는 디바운싱 회로 없이 에지 감지기로 직접 공급되며 프로토타이핑 보드의 7 세그먼트 LED 디스플레이의 오른쪽 두 자리에 숫자가 표시된다. 따라서 하단 카운터는 바운스뿐만 아니라 원하는 0-to-1 천이를 카운트한다.

이를 코드 5.7에 나타내었다. 기본적으로 컴포넌트 인스턴스화를 사용하여 블록 다이어그램을 구현한다.

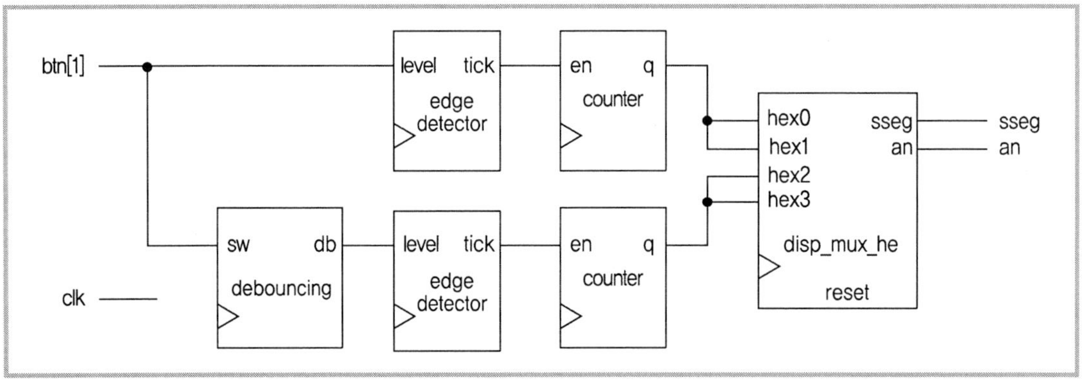

그림 5.10 디바운싱 테스트 회로

코드 5.7 디바운싱 회로 및 상승 에지 검출기의 검증 회로

```
module debounce_test
  (
  input wire clk, reset,
  input wire [1:0] btn,
  output wire [3:0] an,
  output wire [7:0] sseg
  );

  // signal declaration
  reg [7:0] b_reg, d_reg;
```

```
    wire [7:0] b_next, d_next;
    reg btn_reg, db_reg;
    wire db_level, db_tick, btn_tick, clr;

    // instantiate 7-seg LED display time-multiplexing module
    disp_hex_mux disp_unit
       (.clk(clk), .reset(reset),
        .hex3(b_reg[7:4]), .hex2 (b_reg[3:0]),
        .hex1(d_reg[7:4]), .hex0(d_reg[3:0]),
        .dp_in(4'b1011), .an(an), .sseg(sseg));

    // instantiate debouncing circuit
    db_fsm db_unit
      (.clk(clk), .reset(reset), .sw(btn[1]), .db(db_level));

    // edge detection circuits
    always @(posedge clk)
      begin
        btn_reg <= btn[1];
        db_reg <= db_level;
      end
    assign btn_tick = ~btn_reg & btn[1];
    assign db_tick = ~db_reg & db_level;

    // two counters
    assign clr = btn[0];
    always @(posedge clk)
      begin
        b_reg <= b_next;
        d_reg <= d_next;
      end
    assign b_next = (clr)        ? 8'b0:
                    (btn_tick)   ? b_reg + 1 : b_reg;
    assign d_next = (clr)        ? 8'b0:
                    (db_tick)    ? d_reg + 1 : d_reg;

endmodule
```

7 세그먼트 디스플레이는 바운스되고 디바운스되는 스위치 입력의 0에서 1로의 에지가 누적된 수를 보여준다. 푸시 버튼 스위치를 여러 번 눌렀다가 놓은 후에는 각 전환에 대한 평균 바운싱 수를 결정할 수 있다.

5.4 참고문헌

C. E. Cummings의 기고문 "Coding and Scripting Techniques for FSM Designs with Synthesis-Optimized, Glitch-Free Outputs"은 FSM의 다양한 코딩 스타일에 대한 자세한 설명을 제공한다.

5.5 제안하는 실험

5.5.1 듀얼 에지 검출기

듀얼 에지 검출기는 입력이 0에서 1(즉, 상승 에지) 및 1에서 0(즉, 하강 에지)으로 변할 때 출력이 1 클록 사이클 동안 어서트되는 것을 제외하고는 상승 에지 검출기와 유사하다.

1. 무어 머신을 기반으로 회로를 설계하고 상태 다이어그램과 ASM 차트를 그리라.
2. ASM 차트의 상태 다이어그램을 기반으로 HDL 코드를 도출하라.
3. 테스트벤치를 도출하고 시뮬레이션을 사용하여 코드의 작동을 확인하라.
4. 섹션 5.3.3의 상승 에지 검출기를 이중 에지 감지기로 교체하고 작동을 확인하라.
5. 밀리 머신 기반 디자인에 대해 1 - 4 단계를 반복하라.

5.5.2 디바운싱 대체 회로

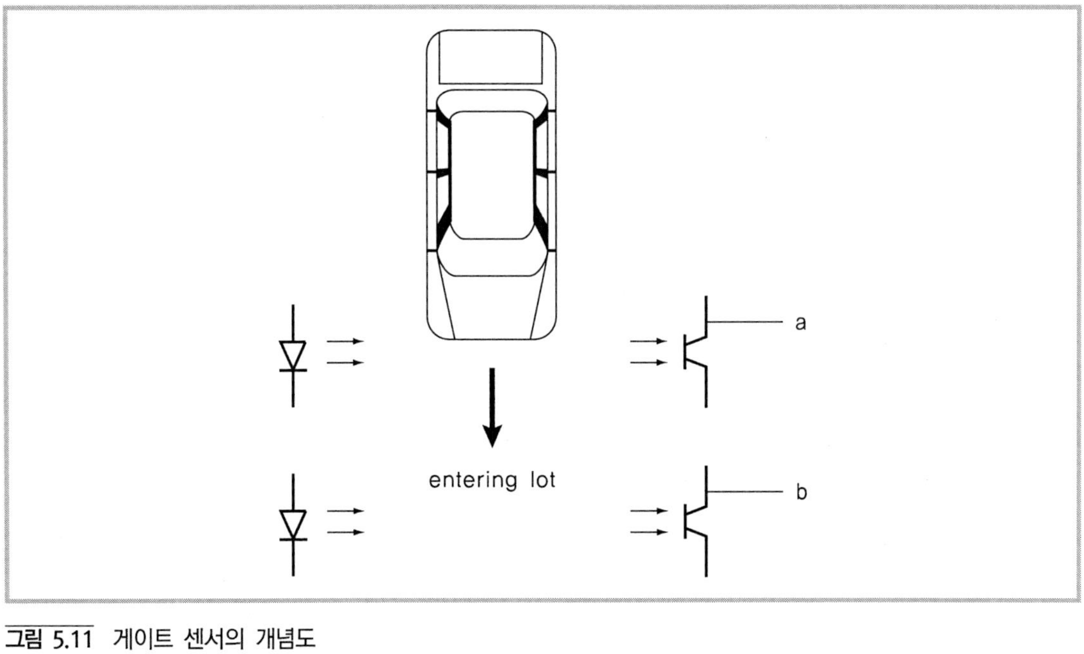

그림 5.11 게이트 센서의 개념도

5.3.2 절의 설계의 디바운스(debouncing)에 대한 한 가지 문제점은 스위치 전환의 온 세트의 지연된 응답이다. 대안은 전환에서 첫 번째 에지에 반응한 다음 입력 신호가 안정화되도록 최소 시간(최소 20 ms) 동안 대기하는 것이다. 출력 타이밍 다이어그램은 그림 5.8의 하단에 나와 있다. 입력이 0에서 1로 변경되면 FSM이 즉시 응답한다. 그런 다음 FSM은 글리치를 피하기 위해 약 20 ms 동안 입력을 무시한다. 이 시간이 지나면 FSM은 입력 하강 에지를 확인하기 시작한다. 5.3.2 절의 설계 절차에 따라 대체 회로를 설계하라.

1. 회로의 상태 다이어그램과 ASM 차트를 그리라.
2. HDL 코드를 도출하라.
3. 상태 다이어그램과 ASM 차트를 기반으로 HDL 코드를 도출하라.
4. 테스트벤치를 파생시키고 시뮬레이션을 사용하여 코드의 작동을 확인하라.
5. 5.3.3 절의 디바운싱 회로를 대체 설계로 교체하고 작동을 확인하라.

5.5.3 주차장 점유 카운터

입구와 출구가 하나인 주차장을 고려하라. 그림 5.11에서 볼 수 있듯이 두 쌍의 사진 센서를 사용하여 자동차의 활동을 모니터링한다. 물체가 포토 트랜스미터와 포토 리시버 사이에 있으면 빛이 차단되고 해당 출력이 1에 어서트된다. 두 센서의 이벤트를 모니터링하여 자동차가 출입하는지 또는 보행자가 출퇴근 중인지를 결정할 수 있다. 예를 들어, 다음 시퀀스는 자동차가 주차장에 들어감을 나타낸다.

- 처음에는 두 센서가 모두 차단 해제되었음(즉, a 및 b 신호는 "00"임).
- 센서 a가 차단되었음(즉, a 및 b 신호는 "10"임).
- 두 센서가 모두 차단되었음(즉, a 및 b 신호는 "11"임).
- 센서 a는 차단되지 않았음(즉, a 및 b 신호는 "01"임).
- 두 센서는 모두 차단이 해제되었음(즉, a 및 b 신호는 "00"임).

주차장 점유 카운터를 다음과 같이 설계하라 :

1. 두 개의 입력 신호인 a와 b, 두 개의 출력 신호 인 enter와 exit로 FSM을 설계하라. 진입 및 이탈 신호는 자동차가 진입할 때 1 클럭 사이클을, 자동차가 로트를 빠져 나올 때 1 클럭 사이클을 각각 어서트시킨다.
2. FSM에 대한 HDL 코드를 도출하라.
3. 두 개의 제어 신호인 inc 및 dec이 있는 카운터를 설계하시오. 이 신호는 어서트될 때 카운터를 증가 및 감소시킨다. HDL 코드를 도출하라.
4. 카운터와 FSM 및 LED 다중화 회로를 결합하라. 두 개의 디바운스 푸시 버튼을 사용하여 두 개의 센서 출력의 작동을 모방하라. 점유 카운터의 작동을 확인하라.

CHAPTER 6

FSMD (데이터 경로가 있는 FSM)

6.1 개요

FSMD(데이터 경로가 있는 FSM)는 FSM과 정규 순차 회로를 결합한다. 제어 경로라고도 하는 FSM은 외부 명령 및 상태를 검사하고 집합적으로 데이터 경로라고 하는 일반 순차 회로의 작동을 지정하는 제어 신호를 생성한다. FSMD는 RT(레지스터 전송)방법으로 설명된 시스템을 구현하는 데 사용되며, 이 작업에서는 데이터 조작 및 레지스터 모음 간의 전송으로 작업이 지정된다.

6.1.1 단일 RT 작업

RT 작업은 단일 대상 레지스터에 대한 데이터 조작 및 전송을 지정한다.
다음의 표기법으로 표현된다.

$$r_{dest} \leftarrow f(r_{src1}, r_{src2}, \ldots, r_{srcn})$$

여기서 r_{dest}는 대상 레지스터이고, r_{src1}, r_{src2} 및 r_{srcn}은 소스 레지스터이며, $f(\cdot)$는 수행할 작업을 지정한다. 표기법은 소스 레지스터의 내용이 조합 회로에 의해 구현되는 $f(\cdot)$ 함수에 공급되고 그 결과가 대상 레지스터의 입력으로 전달되고 클럭의 다음 상승에지에 대상 레지스터에 저장된다는 것을 나타낸다. 다음은 몇 가지 대표적인 RT 작업이다.

- r1 ← 0. 상수 0은 r1 레지스터에 저장됨.
- r1 ← r1. r1 레지스터의 내용이 다시 자신에게 기록됨.
- r2 ← r2 >> 3. r2 레지스터는 세 위치만큼 오른쪽으로 시프트된 다음 다시 자신에게 기록됨.
- r2 ← r1. r1 레지스터의 내용이 r2 레지스터로 전송됨.
- i ← i + 1. i 레지스터의 내용이 1씩 증가하고 결과가 다시 기록됨.
- d ← s1 + s2 + s3. s1, s2 및 s3 레지스터의 합계가 d 레지스터에 기록됨.
- y ← a*a. a의 제곱은 y 레지스터에 기록됨.

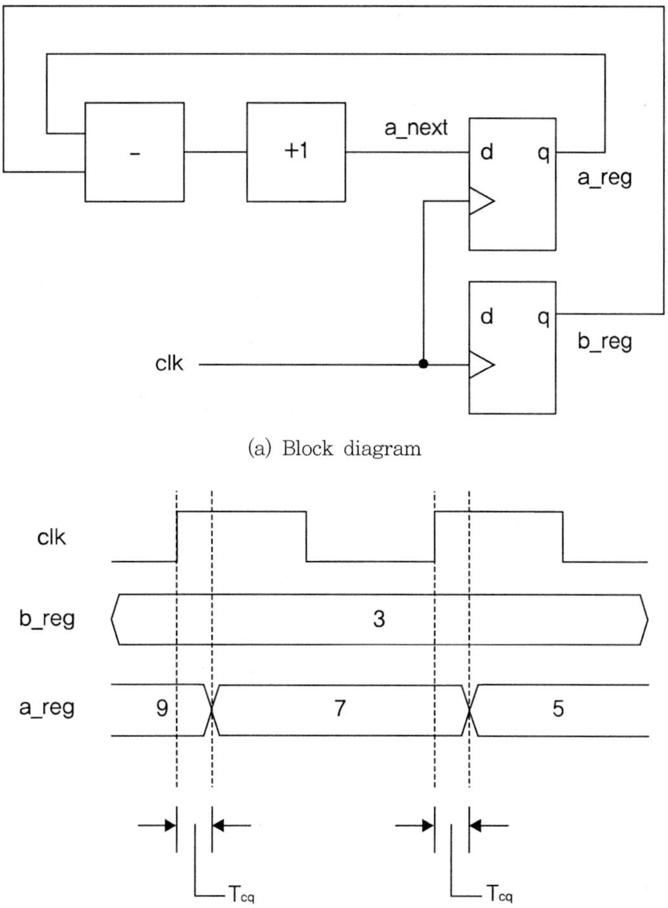

(a) Block diagram

(b) Timing diagram

그림 6.1 RT 동작의 블록 및 타이밍 다이어그램

단일 RT 연산은 $f(\cdot)$ 함수에 대한 조합 회로를 구성하고 레지스터의 입력과 출력을 연결하여 구현할 수 있다. 예를 들어, a ← a - b + 1 연산을 고려하자. $f(\cdot)$ 함수는 감산기와 증분기를 포함한다. 블록 다이어그램은 그림 6.1(a)에 나와 있다. 명확성을 위해 _reg 및 _next 접미사를 사용하여 레지스터의 입력 및 출력을 낸다. RT 동작은 내장된 클럭에 의해 동기화됨에 유의하라. $f(\cdot)$ 함수의 결과는 클럭의 다음 상승 에지까지 대상 레지스터에 저장되지 않는다. 이전 RT 동작의 타이밍 다이어그램은 그림 6.1(b)에 나와 있다.

6.1.2 ASMD 차트

RT 방법론에 기반한 회로는 각 단계에서 실행되어야 하는 RT 작업을 지정한다. RT 동작은 클럭 단위로 수행되기 때문에, 그 타이밍은 FSM의 상태 천이와 유사하다. 따라서 FSM은 RT 알고리즘의 순서를 지정하는 자연스러운 선택이다. RT 작업을 통합하고 ASMD(데이터 경로가 있는 ASM) 차트라고 부르는 ASM 차트를 확장한다. RT 작업은 다른 유형의 활동으로 처리되며 출력 신호가 사용되는 위치에 배치될 수 있다.

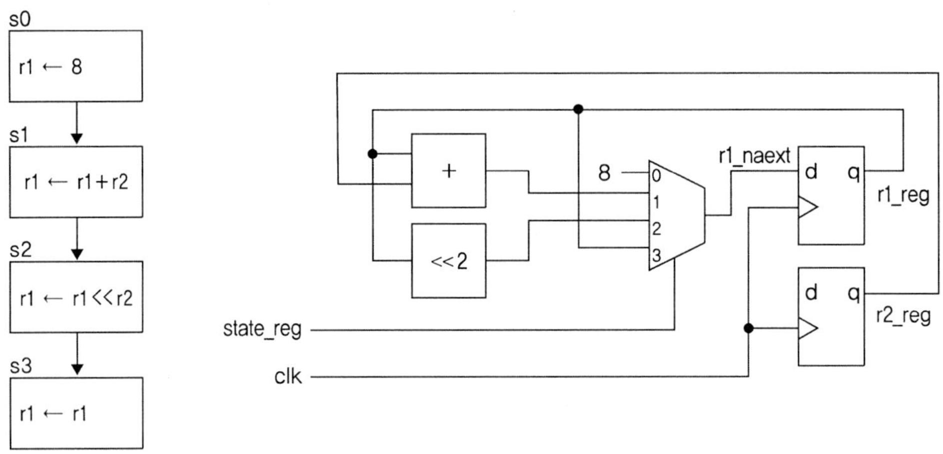

(a) ASMD segment (b) Block diagram

그림 6.2 ASMD 세그먼트의 구현

ASMD 차트의 세그먼트는 그림 6.2(a)에 나와 있다. 이 레지스터에는 하나의 대상 레지스터인 r1이 들어 있으며 r1은 8로 초기화되고 r2 레지스터의 내용이 추가된 다음 왼쪽 두 위치로 이동한다. 각 상태에서 r1 레지스터를 지정해야 한다. r1이 변경되지 않으면 r1 ← r1 연산을 사용하여 s3 상태에서와 같이 현재 내용을 유지해야 한다. 앞으로의 논의에서 r ← r은 r 레지스터의 기본 RT 연산이며 ASMD 차트에는 포함시키지 않는다고 가정한다. ASMD 차트의 RT 연산을 구현하려면 원하는 다음 값을 대상 레지스터로 라우팅하는 멀티플렉싱 회로가 필요하다. 예를 들어, 이전 세그먼트는 그림 6.2(b)와 같이 4-to-1 멀티플렉서로 구현될 수 있다. FSM의 현재 상태(즉, 상태 레지스터의 출력)는 멀티플렉서의 선택 신호를 제어하여 원하는 RT 동작의 결과를 선택한다.

RT 연산은 그림 6.3(a)에 나와 있는 r2 레지스터처럼 조건부 출력 박스에 지정할 수도 있다. a > b 조건에 따라 FSMD는 r2 ← r2 + a 또는 r2 ← r2 + b 중 하나를 수행한다. 모든 작업은 ASMD 블록 내에서 병렬로 수행된다. a > b, r2 + a 및 r2 + b 연산을 실현하고 멀티플렉서를 사용하여 원하는 값을 r2로 라우트해야 한다. 블록 다이어그램은 그림 6.3(b)에 나와 있다.

6.1.3 레지스터가 있는 결정 박스

ASMD 차트의 모양은 일반적인 순서도의 모양과 유사하다. 주된 차이점은 ASMD 차트의 RT 동작이 내장된 클록 신호에 의해 제어되고 *FSMD*가 현재 *ASMD 블록*을 종료할 때 대상 레지스터가 업데이트되지만 블록 내에서는 업데이트되지 않는다는 것이다. `r ← r-1` 연산은 실제로 다음을 의미한다.

- `r_next = r reg - 1;`
- `r_reg <=  r_next` 클럭의 상승 에지에서(즉, FSMD가 현재 블록을 종료할 때).

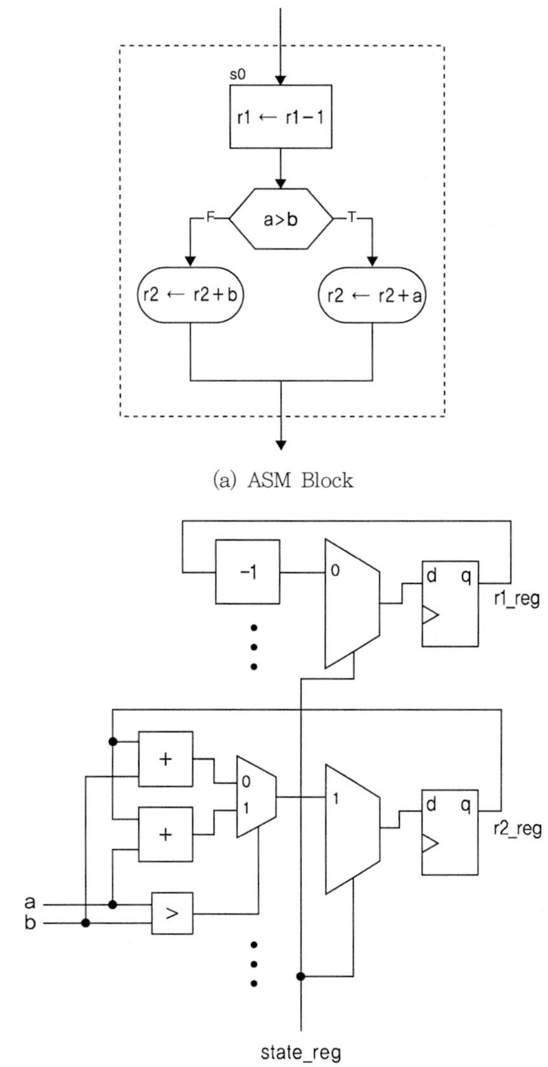

(a) ASM Block

(b) Block diagram

그림 6.3 조건부 출력 박스에서 RT 연산의 구현

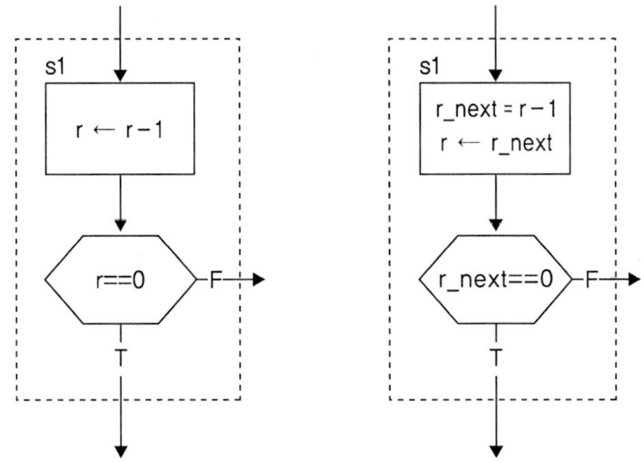

(a) Use old value of r (b) Use new value of r

그림 6.4 지연된 저장소의 영향을 받는 ASM 블록

이 "지연된 저장소"는 레지스터가 결정 상자에서 사용될 때 미묘한 오류를 유발할 수 있다. 그림 6.4(a)의 FSMD 세그먼트를 고려하자. r 레지스터는 상태 상자에서 감소되고 결정 상자에서 사용된다. r 레지스터는 FSMD가 블록을 빠져 나올 때까지 업데이트되지 않으므로, r의 이전 내용은 결정 상자에서 비교를 위해 사용된다. r의 새로운 값을 원하면, 그림 6.4(b)와 같이 결정 상자에서 조합 논리의 출력(즉, r_next)을 사용해야 한다(즉, r == 0 표현식을 r_next == 0로 대체해야 한다).

FSMD의 블록 다이어그램 FSMD의 개념적 블록 다이어그램은 그림 6.5와 같이 데이터 경로와 제어 경로로 구분된다. 데이터 경로는 필요한 RT 작업을 수행한다. 구성은 다음과 같다.

- *데이터 레지스터*: 중간 계산 결과 저장
- *기능 단위*: RT 작업에 지정된 기능 수행
- *라우팅 네트워크*: 스토리지 레지스터와 기능 장치간에 데이터 라우팅 데이터 경로는 제어 신호를 따라 원하는 RT 작업을 수행하고 내부 상태 신호를 생성한다.

제어 경로는 FSM이다. 일반적인 FSM으로 상태 레지스터, 다음 상태 논리 및 출력 논리를 포함한다. 외부 명령 신호 및 데이터 경로의 상태 신호를 입력으로 사용하고 제어 신호를 생성하여 데이터 경로 작동을 제어한다. 또한 FSM은 외부 상태 신호를 생성하여 FSMD 작업의 상태를 나타낸다.

FSMD가 두 가지 유형의 순차 회로로 구성되어 있지만 두 회로 모두 동일한 클록으로 제어되므로 FSMD는 동기식 시스템이다.

6.2 FSMD의 코드 개발

개선된 디바운싱(debouncing) 회로를 사용하여 FSMD 코드를 유도한다. 5.3.2 절의 디바운싱 회로는 FSM과 타이머(정규 순차 회로)를 사용하지만 두 단위가 독립적으로 실행되고 FSM이 타이머를 제어하지 않기 때문에 RT 방법론을 기반으로 하지 않는다. 10 ms 인에이블 틱은 언제든지 어서트될 수 있기 때문에 FSM은 `wait1_1` 또는 `wait0_1` 상태에서 첫 번째 틱이 탐지되었을 때 얼마나 많은 시간이 경과했는지 알지 못한다. 따라서 이 설계의 대기 기간은 20~30 ms이지만 정확한 간격은 아니다. 이러한 결점은 RT 방법론을 적용함으로써 극복될 수 있다. 이 섹션에서는 향상된 디바운싱 회로를 사용하여 FSMD 코드 개발을 설명한다.

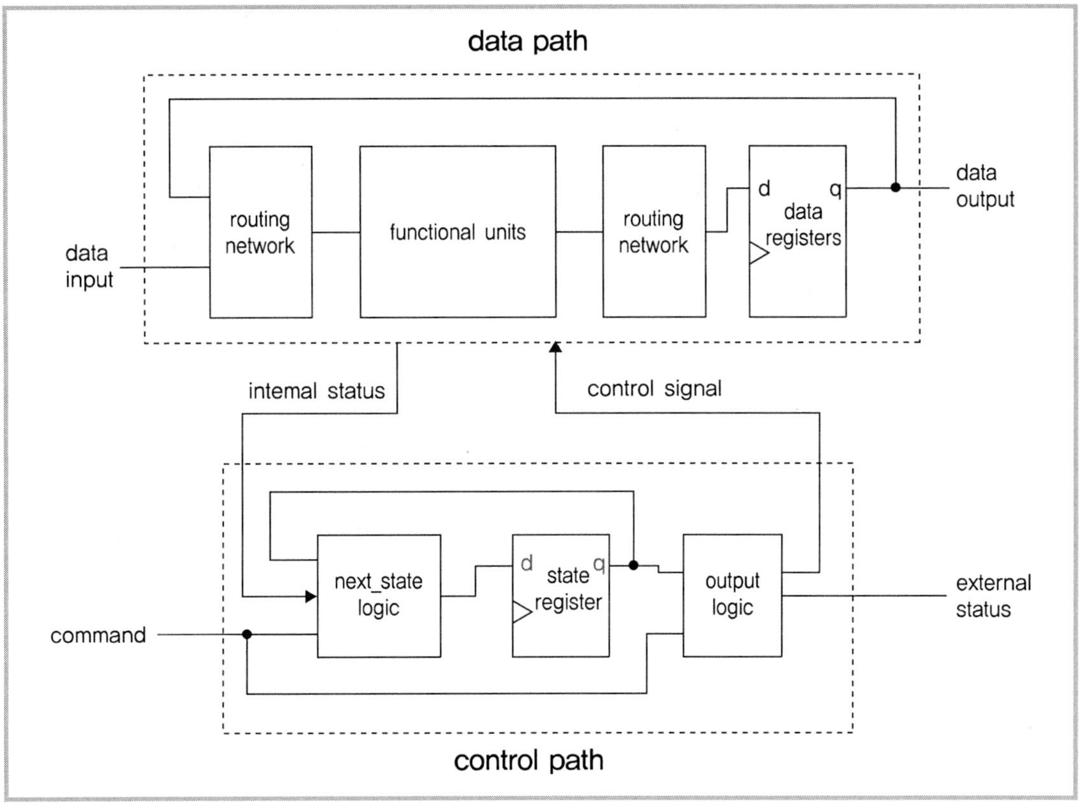

그림 6.5 FSMD의 블록 다이어그램

6.2.1 RT 방법론에 기반한 디바운싱 회로

RT 방법론을 사용하면 FSM을 사용하여 정확한 간격을 얻기 위해 타이머의 시작을 제어할 수 있다. ASMD 차트는 그림 6.6과 같다. 이 회로는 디바운싱 출력인 `db_level`과 0 대 1 천이에서 어서트된 1 클럭 사이클 인에이블 펄스인 `db_tick`의 두 가지 출력 신호를 포함하도록 확장된다.

zero와 one 상태는 sw 입력이 각각 0과 1에 대해 안정화되었다는 것을 의미한다. wait1 및 wait0 상태는 짧은 글리치를 필터링하는 데 사용된다. sw 신호는 일정 시간 동안 안정해야 한다. 그렇지 않으면 전환이 글리치로 처리된다. 데이터 경로에는 21 비트 폭인 하나의 레지스터 q가 들어 있다. FSMD가 원래 zero 상태에 있다고 가정하자. sw 입력 신호가 1이 되면 FSMD는 wait1 상태로 이동하고 q를 "1 ... 1"로 초기화한다. wait1 상태에서 q는 각 클럭 사이클에서 감소한다. sw가 1로 유지되면 q가 "0 ... 0"에 도달할 때까지 FSMD는 이 상태로 반복적으로

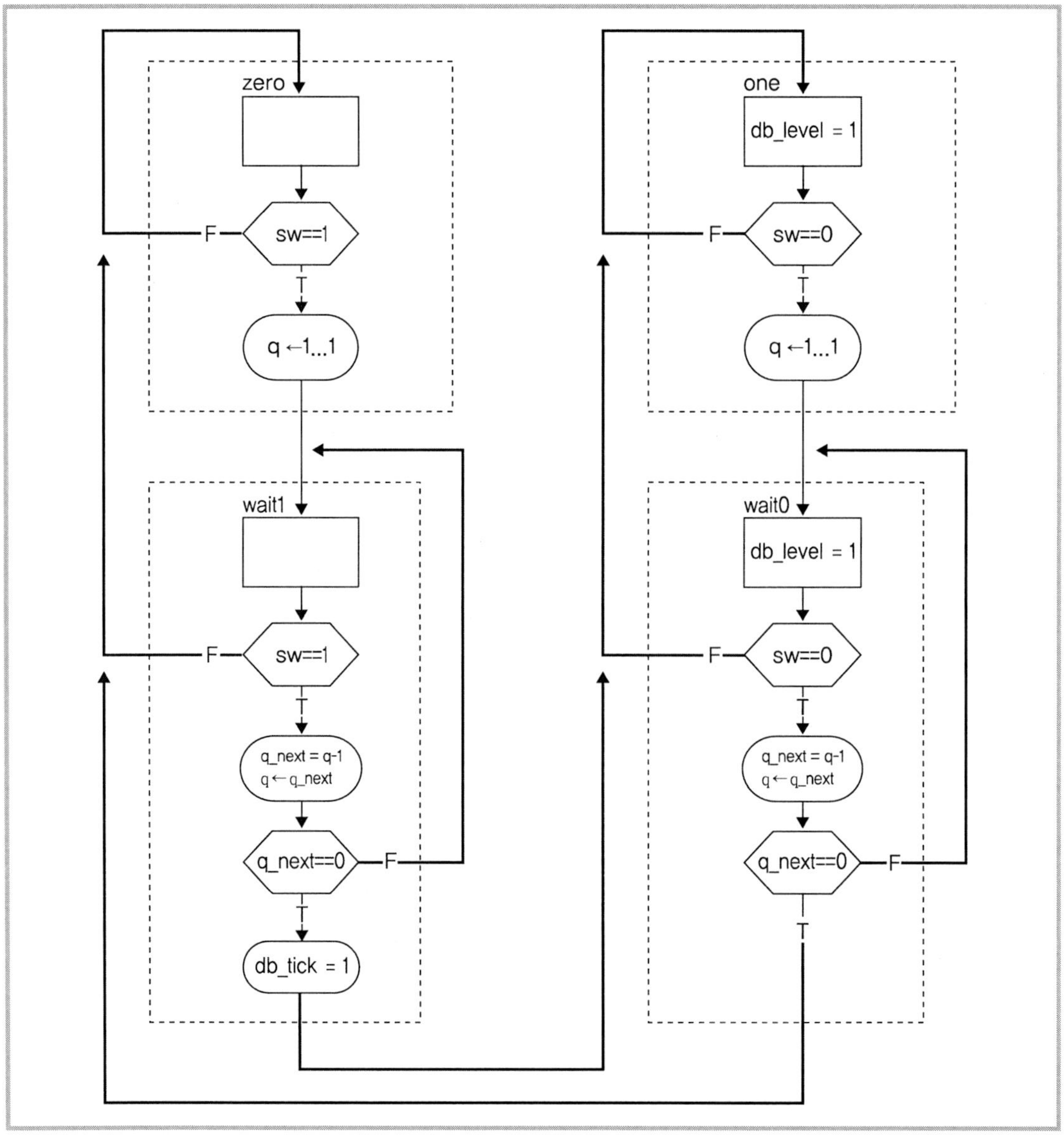

그림 6.6 디바운싱 회로의 ASMD 차트

복귀한 다음 one 상태로 이동한다.

프로토타이핑 보드에서 50 MHz(즉, 20 ns주기) 시스템 클럭이 사용됨을 상기하자. FSMD는 2^{21} 클록 사이클 동안 wait_1 상태로 유지되기 때문에, 약 40 ms(즉, 2^{21} * 20 ns)이다. 원하는 대기 시간을 얻기 위해 q 레지스터의 초기 값을 수정할 수 있다. HDL 코드를 파생시키는 데는 두 가지 방법이 있다. 하나는 데이터 경로 구성 요소에 대한 명시적인 설명이고 다른 하나는 데이터 경로 구성 요소에 대한 암시적인 설명이다.

6.2.2 명시적 데이터 경로 구성 요소가 있는 코드

FSMD 코드 개발의 첫 번째 방법은 제어 FSM과 주요 데이터 경로 구성 요소를 분리하는 것이다. ASMD 차트에서 우리는 먼저 데이터 경로의 주요 구성 요소와 관련 제어 신호를 식별한 다음 개별 코드 세그먼트에 이러한 구성 요소를 설명한다.

디바운싱 회로 ASMD 차트의 주요 데이터 경로 구성 요소는 다음을 수행할 수 있는 사용자 지정 21 비트 감소 카운터이다.

- 특정 값으로 초기화할 수 있다.
- 아래쪽으로 카운트하거나 일시 중지할 수 있다.
- 카운터가 0에 도달하면 상태 신호를 발생시킬 수 있다.

초기값을 로드하는 q_load 신호와 카운팅을 가능하게 하는 q_dec 신호를 가지는 이진 카운터를 생성할 수 있다. 또한 카운터는 q_zero 상태 신호를 생성하며 카운터가 0에 도달하면 어서트된다. 완전한 데이터 경로는 q 감소 레지스터의 다음 상태 논리와 사용자 정의 감소 카운터로 구성된다. 비교 회로가 포함되어 q_zero 상태 신호를 생성한다. 제어 경로는 sw 입력과 q_zero 상태를 취하여 ASMD 차트의 원하는 동작에 따라 제어 신호 q_load 및 q_dec를 어서트하는 FSM으로 구성된다. HDL 코드는 데이터 경로 상세과 ASMD 차트를 따르며, 코드 6.1에 나와있다.

코드 6.1 명시적 데이터 경로 구성 요소가 포함된 디바운싱 회로

```
module debounce_explicit
  (
   input wire clk, reset,
   input wire sw,
   output reg db_level, db_tick
  );

  // synbolic state declaration
  localparam [1:0]
```

```
            zero = 2'b00,
            wait0 =2'b01,
            one = 2'b10,
            wait1 = 2'b11;

// number of counter bits (2^N * 20 ns = 40 ms)
localparam N=21;

// signal declaration
reg [1:0] sate_reg, state_next;
reg [N-1:0] q_reg;
wire [N-1:0] q_next;
wire q_zero;
reg q_load, q_dec;

// body
// fsmd state & adta registers
always @(posedge clk, posedge reset)
  if (reset)
    begin
      state_reg <= zero;
      q_reg <= 0;
    end
  else
    begin
      state_reg <= state_next;
      q_reg <= q_next;
    end

// FSMD data path (counter) next-state logic
assign q_next = (q_load) ? {N{1'b1}} :      // load 1 .. 1
                (q_dec) ? q_reg - 1 :       // decrement
                          q_reg;

// status signal
assign q_zero = (q_next == 0);

// FSMD control path next-state logic
always @*
  begin
    state_next = state_reg;          // default state : the same
```

```
q_load = 1'b0;                    // default output : 0
q_dec = 1'b0;                     // default output : 0
db_tick = 1'b0;                   // default output : 0
case (state_reg)
  zero:
    begin
      db_level = 1'b0;
      if (sw)
        begin
          state_next = wait1;
          q_load = 1'b1;
        end
    end
  wait1:
    begin
      db_level = 1'b0;
      if (sw)
        begin
          q_dec = 1'b1;
          if (q_zero)
            begin
              state_next = one;
              db_tick = 1'b1;
            end
        end
      else       // sw == 0
        state_next = zero;
    end
  one:
    begin
      db_level = 1'b1;
      if (~sw)
        begin
          state_next = wait0;
          q_load = 1'b1;
        end
    end
  wait0:
    begin
      db_level = 1'b1;
      if (~sw)
```

```
            begin
              q_dec = 1'b1;
              if (q_zero)
                  state_next = zero;
            end
          else      // sw == 1
            state_next = one;
        end
      default: state_next = zero;
    endcase
  end

endmodule
```

6.2.3 암시적 데이터 경로 구성 요소가 있는 코드

다른 코딩 스타일은 RT 작업을 FSM 제어 경로에 포함시키는 것이다. 데이터 경로 구성 요소를 명시적으로 정의하는 대신 RT 작업을 해당 FSM 상태와 함께 나열한다. 디바운싱 회로의 코드 6.2와 같다.

코드 6.2 암시적 데이터 경로 구성 요소가 포함된 디바운싱 회로

```
module debounce
  (
    input wire clk, reset,
    input wire sw,
    output reg db_level, db_tick
  );

  // synbolic state declaration
  localparam [1:0]
              zero = 2'b00,
              wait0 =2'b01,
              one = 2'b10,
              wait1 = 2'b11;

  // number of counter bits (2^N * 20 ns = 40 ms)
  localparam N=21;

  // signal declaration
  reg [1:0] sate_reg, state_next;
```

```
reg [N-1:0] q_reg;
wire [N-1:0] q_next;
wire q_zero;
reg q_load, q_dec;

// body
// fsmd state & data registers
always @(posedge clk, posedge reset)
  if (reset)
    begin
      state_reg <= zero;
      q_reg <= 0;
    end
  else
    begin
      state_reg <= state_next;
      q_reg <= q_next;
   end

// next-state logic & data path functional units / routing
always @*
  begin
    state_next = state_reg;         // default state : the same
    q_next = q_reg;                 // default q : unchanged
    db_tick = 1'b0;                 // default output : 0
    case (state_reg)
      zero:
        begin
          db_level = 1'b0;
          if (sw)
            begin
              state_next = wait1;
              q_next = {N{1'b1}};   // load 1 .. 1
            end
        end
      wait1:
        begin
          db_level = 1'b0;
          if (sw)
            begin
              q_next = q_reg - 1;
```

```
                if (q_next == 0)
                  begin
                    state_next = one;
                    db_tick = 1'b1;
                  end
              end
            else      // sw == 0
              state_next = zero;
          end
        one:
          begin
            db_level = 1'b1;
            if (~sw)
              begin
                state_next = wait0;
                q_next = {N{1'b1}};    // load 1 .. 1
              end
          end
        wait0:
          begin
            db_level = 1'b1;
            if (~sw)
              begin
                q_next = q_reg - 1;
                if (q_next == 0)
                  state_next = zero;
              end
            else      // sw == 1
              state_next = one;
          end
        default: state_next = zero;
      endcase
    end

endmodule
```

코드는 메모리 세그먼트와 결합 논리 세그먼트로 구성된다. 전자는 FSM의 상태 레지스터와 데이터 경로의 데이터 레지스터를 포함한다. 후자는 기본적으로 제어 경로 FSM의 다음 상태 논리를 지정한다. 제어 신호를 생성하는 대신 다음 데이터 레지스터 값이 개별 상태로 지정된다. 기능 단위와 라우팅 네트워크로 구성된 데이터 경로의 다음 상태 논리가 그에 따라 생성된다.

6.2.4 비교

기본적으로 암시적 데이터 경로 구성 요소가 있는 코드는 ASMD 차트를 따른다. 구현은 이 차트를 HDL 기술로 변환하기만 하면 된다. 이 방법이 더 간단하고 기술적이지만, 우리는 합성에 의지하여 데이터 경로 구성을 위한 합성 소프트웨어에 의존하며 제어력은 낮다. 이는 가장 좋은 예를 들어 설명할 수 있다. 그림 6.7의 ASMD 세그먼트를 고려하자. 그러면 암시적 설명은 다음과 같다.

```
case (state_reg )
  s1 :
    begin
      d1_next = a * b;
      . . .
    end
```

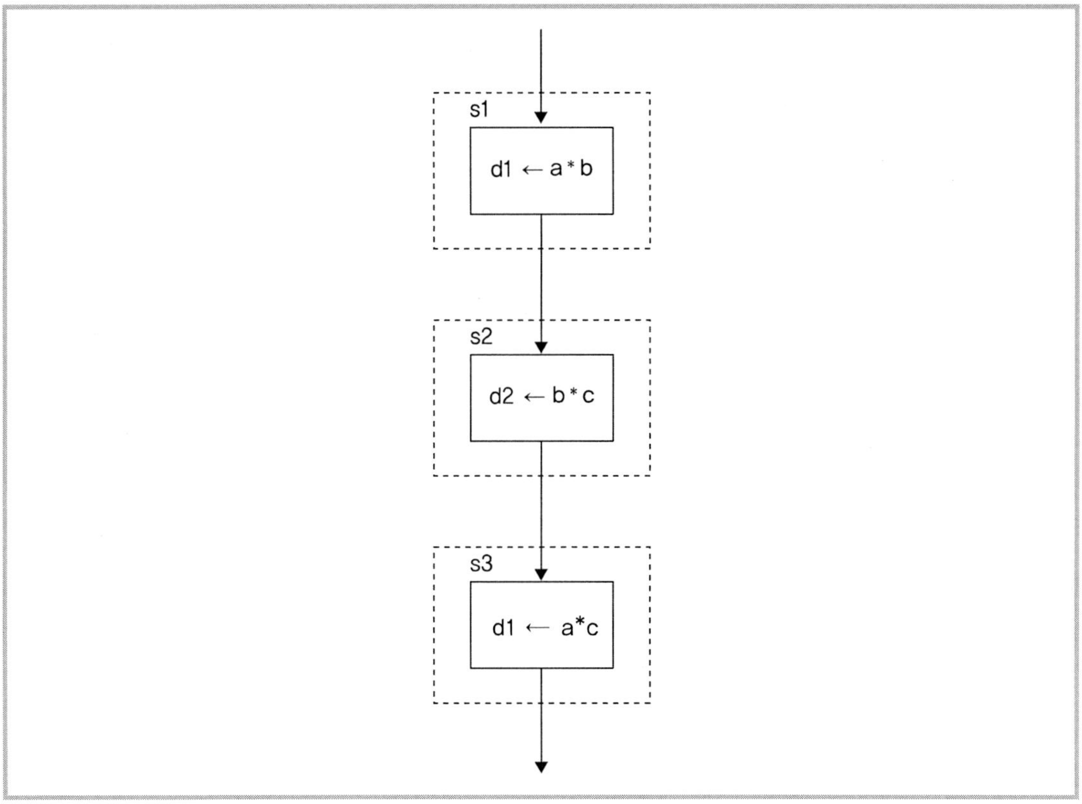

그림 6.7 공유 기회가 있는 ASMD 세그먼트

```
  s2 :
    begin
```

```
      d2_next = b * c;
      . . .
    end
  s3 :
    begin
      d3_next = a * c;
      . . .
    end
. . .
endcase
```

합성 소프트웨어는 3개의 곱셈기를 추론할 수도 있다. 한편, 조합 곱셈기는 복잡한 회로이기 때문에 회로를 공유하는 것이 더 효율적이다. 곱셈기를 분리하기 위해 명시적 설명을 사용할 수 있다.

```
case (state_reg )
  s1 :
    begin
      in1 = a;
      in2 = b;
      d1_next = m_out;
      . . .
    end
  s2 :
    begin
      in1 = b;
      in2 = c;
      d2_next = m_out;
      . . .
    end
  s3 :
    begin
      in1 = a;
      in2 = c;
      d3_next = m_out;
      . . .
    end
. . .
endcase
. . .
// explicit description of a single multiplier
// outsize the always block
assign m_out = in1 * in2;
```

이 코드는 합성 중에 단 하나의 곱셈기만 유추되도록 한다. 복잡한 FSMD 설계를 위해 암시적 및 명시적 기술을 혼합할 수 있다. 코드 명확성과 효율성을 위해 복잡한 데이터 경로 구성 요소를 자주 분리하여 추출한다.

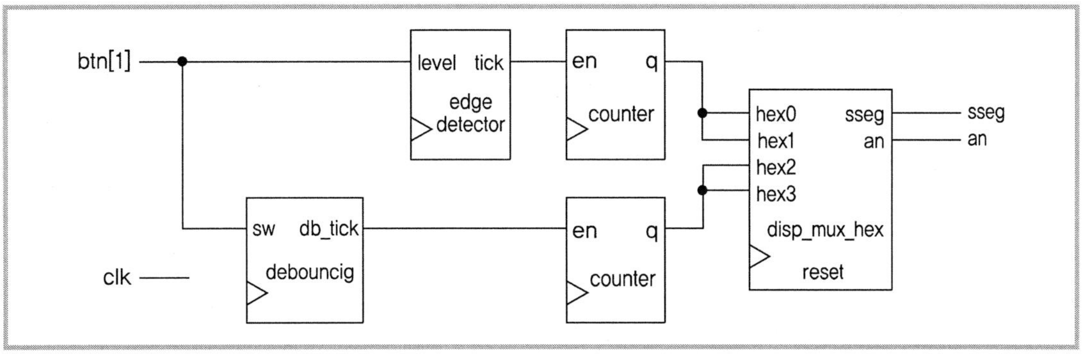

그림 6.8 디바운싱 테스트 회로

6.2.5 테스트 회로

5.3.3 절에서 논의된 디바운싱 테스트 회로는 새 디자인의 작동을 확인하는 데 사용할 수 있다. 수정된 디바운싱 회로의 출력에는 1 클럭 사이클의 틱 신호가 포함되어 있으므로 디바운싱 회로 이후에는 에지 검출기가 필요하지 않다. 개정된 블록 다이어그램은 그림 6.8에 나와 있으며, 해당 코드는 코드 6.3에 나와 있다.

코드 6.3 디바운딩 검증 회로

```
module debounce_fsmd_test
  (
  input wire clk, reset,
  input wire [1:0] btn,
  output wire [3:0] an,
  output wire [7:0] sseg
  );

  // signal declaration
  reg [7:0] b_reg, d_reg;
  wire [7:0] b_next, d_next;
  reg btn_reg;
  wire db_tick, btn_tick, clr;
```

```
   // instantiate 7-seg LED display time-multiplexing module
   disp_hex_mux disp_unit
      (.clk(clk), .reset(reset),
       .hex3(b_reg[7:4]), .hex2(b_reg[3:0]),
       .hex1(d_reg[7:4]), .hex0(d_reg[3:0]),
       .dp_in(4'b1011), .an(an), .sseg(sseg));

   // instantiate debouncing circuit
   debounce db_unit
     (.clk(clk), .reset(reset), .sw(btn[1]),
      .db_level(), .db_tick(db_tick)) ;

   // edge detection circuits for un-debounced input
   always @(posedge clk)
     btn_reg <= btn[1];
   assign btn_tick = ~btn_reg & btn[1];

   // two counters
   assign clr = btn[0];
   always @(posedge clk)
     begin
       b_reg <= b_next;
       d_reg <= d_next;
     end
   // next-state logic for the counter
   assign b_next = (clr)        ? 0 :
                   (btn_tick)   ? b_reg + 1 :
                                  b_reg;
   assign d_next = (clr)        ? 0 :
                   (db_tick)    ? d_reg + 1 :
                                  d_reg;
endmodule
```

6.3 디자인 사례

6.3.1 피보나치 숫자 회로

피보나치 숫자는 다음과 같이 정의된 시퀀스를 구성한다.

$$fib(i) = \begin{cases} 0 & \text{if } i = 0 \\ 1 & \text{if } i = 1 \\ fib(i-1) + fib(i-2) & \text{if } i > 1 \end{cases}$$

$fib(i)$를 계산하는 한 가지 방법은 0에서 원하는 i까지 반복적으로 함수를 구성하는 것이다. 이 접근법은 가장 최근에 계산된 두 개의 값[즉, $fib(i-1)$ 및 $fib(i-2)$]을 저장하기 위한 2개의 임시 레지스터와 반복 횟수를 추적하는 하나의 인덱스 레지스터를 필요로 한다. 그림 6.9에 ASMD 차트가 나와 있는데, 여기서 t1과 t0는 임시 저장 레지스터이고, n은 인덱스 레지스터이다.

규칙적인 데이터 입력 및 출력 신호인 i 및 f 외에 명령의 시작 신호인 start와 회로가 유휴 상태이고 준비 상태임을 나타내는 ready의 두 상태 신호가 포함되고, 새로운 입력을 받아들이며, 작업이 완료되면 1 클럭 사이클 동안 어서트되는 done_tick이 있다. 이 회로는 다른 FSMD 설계와 마찬가지로 대형 시스템의 일부일 수 있으므로 다른 서브 시스템과의 인터페이스에 필요하다.

ASMD 차트에는 세 가지 상태가 있다. 유휴 상태는 회로가 현재 유휴 상태임을 나타낸다. 시작이 표명되면 FSMD는 op 상태로 이동하고 초기 값을 세 개의 레지스터에 로드한다. t0와 t1 레지스터는 $fib(0)$과 $fib(1)$을 각각 나타내는 0과 1로 로드된다. n 레지스터에는 원하는 반복 횟수인 i가 로드된다.

주 계산은 3 가지 RT 연산에 의해 op 상태를 통해 반복된다:

- t1 ← t1 + t0
- t0 ← t1
- n ← n - 1

처음 두 RT 작업은 새 값을 가져와서 가장 최근에 계산된 두 개의 값을 t1과 t0에 저장한다. 세 번째 RT 연산은 반복 인덱스를 감소시킨다. 반복은 n이 1에 도달하거나 초기 값이 0일 때 끝난다[즉, $fib(0)$]. 일반적인 순서도와 달리 ASMD 블록의 동작은 동일한 클럭 사이클에서 동시에 수행될 수 있다. 우리는 모든 비교와 RT 연산을 op 상태로 놓고 계산 시간을 줄인다. t1 및 t0 레지스터의 새로운 값은 FSMD가 op 상태를 빠져 나올 때(즉, 클록의 다음 상승 에지에서) 동시에 로딩된다는 점에 유의해야 한다. 따라서 t1 + t0가 아닌 t1의 원래 값이 t0에 저장된다. done 상태의 목적은 1 클록 사이클 done_tick 신호를 생성하여 계산의 완료를 표시하는 것이다. 이 상태 신호가 필요하지 않으면 이 상태를 생략할 수 있다.

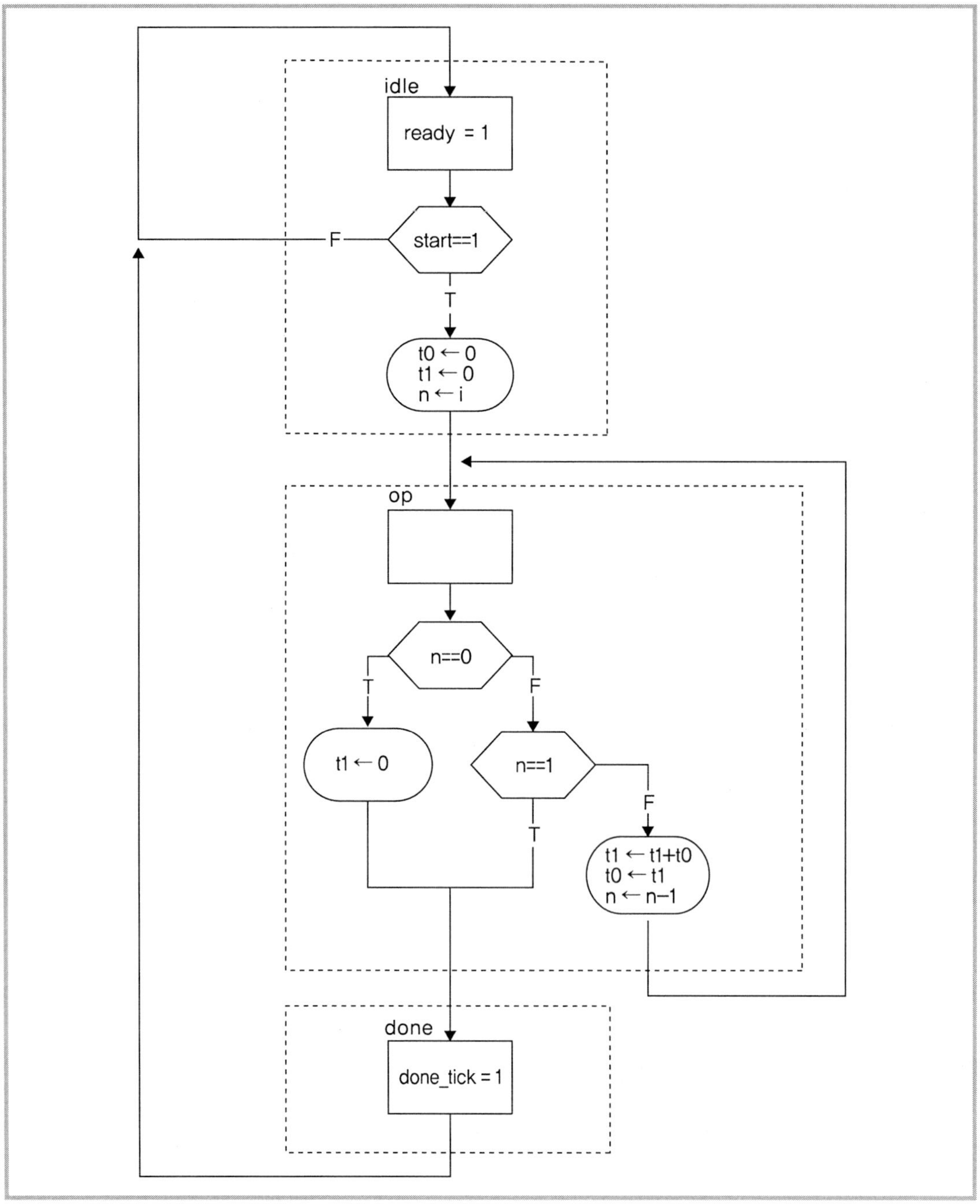

그림 6.9 피보나치 회로의 ASMD 차트

이 코드는 ASMD 차트를 따르며 코드 6.4와 같다. 피보나치 함수는 빠르게 증가하므로 출력 신호는 원하는 결과를 수용할 만큼 충분히 넓어야 한다.

코드 6.4 피보나치 수 회로

```
module fib
  (
    input wire clk, reset,
    input wire start,
    input wire [4:0] i,
    output reg ready, done_tick,
    output wire [19:0] f
  );

  // symbolic state declaration
  localparam [1:0]
    idle = 2'b00,
    op =2'b01,
    done = 2'b10;

  // signal declaration
  reg [1:0] state_reg, state_next;
  reg [19:0] t0_reg, t0_next, t1_reg, t1_next;
  reg [4:0] n_reg, n_next;

  // bodv
  // FSMD state & data registers
  always @ (posedge clk, posedge reset)
    if (reset)
      begin
        state_reg <= idle;
        t0_reg <= 0;
        t1_reg <= 0;
        n_reg <= 0;
      end
    else
      begin
        state_reg <= state_next;
        t0_reg <= t0_next;
        t1_reg <= t1_next;
        n_reg <= n_next;
      end
  // FSMD next-state logic
  always @*
    begin
      state_next = state_reg;
      ready = 1'b0;
```

```
      done_tick = 1'b0;
      t0_next = t0_reg;
      t1_next = t1_reg;
      n_next = n_reg;
      case (state_reg)
        idle :
          begin
            ready = 1'b1;
            if (start)
              begin
                t0_next = 0;
                t1_next = 20'd1;
                n_next = i;
                state_next = op;
              end
          end
        op :
          if (n_reg==0)
            begin
              t1_next = 0;
              state_next = done;
            end
            else if (n_reg==1)
              state_next = done;
            else
              begin
                t1_next = t1_reg + t0_reg;
                t0_next = t1_reg;
                n_next = n_reg - 1;
              end
        done :
          begin
            done_tick = 1'b1;
            state_next = idle;
          end
        default :
          state_next = idle;
      endcase
   end
   // output
   assign f = t1_reg;
endmodule
```

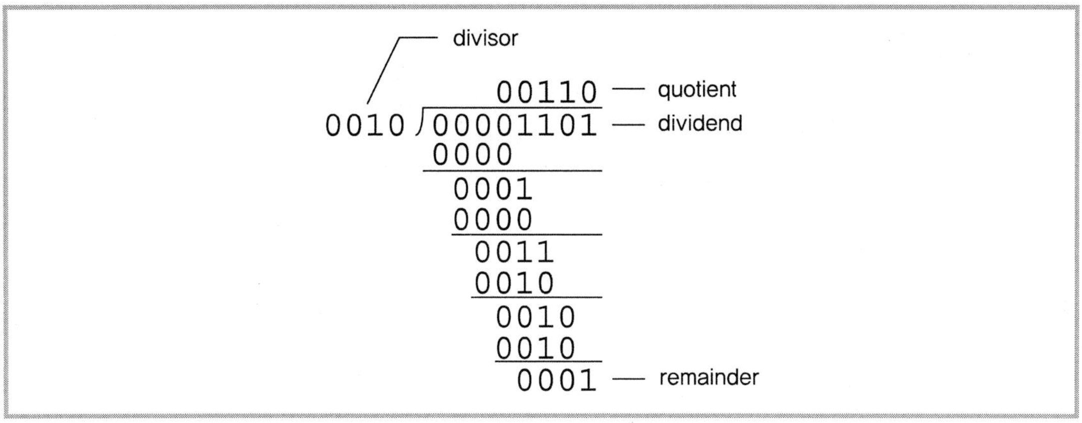

그림 6.10 두 개의 4 비트 부호 없는 정수의 long 나눗셈

6.3.2 나눗셈 회로

복잡성 때문에 나누기 연산자를 자동으로 합성할 수 없다. 이 절에서는 long division 알고리즘을 구현하기 위해 FSMD를 사용한다. 이 알고리즘은 그림 6.10에서 두 개의 4 비트 부호없는 정수로 나누어 설명한다. 알고리즘은 다음과 같이 요약할 수 있다.

1. 앞에 0을 붙이고 배수 폭을 두 배로 확장하고 제수를 확장 배당의 가장 왼쪽 비트에 맞춘다.
2. 해당 피제수 비트가 제수보다 크거나 같으면 피 제수 비트에서 제수를 뺀 다음 해당 상수 비트 1을 만든다. 그렇지 않으면 원래 피제 수 비트를 유지하고 몫 비트를 0으로 만든다.
3. 피제수 비트 하나를 이전 결과에 추가하고 제수를 오른쪽 위치로 옮긴다.
4. 모든 피제수 비트가 사용될 때까지 2 단계와 3 단계를 반복하라.

데이터 경로의 스케치가 그림 6.11에 나와 있다. 처음에 약수는 d 레지스터에 저장되고 확장된 피제수는 rh 및 rl 레지스터에 저장된다. 각 반복에서 rh 및 rl 레지스터는 왼쪽의 한 위치로 이동한다. 이는 제수를 앞선 알고리즘의 오른쪽으로 옮기는 것과 같다. rh 및 rl이 왼쪽으로 시프트되면 rl의 오른쪽 비트가 사용 가능하게 된다. 현재 몫 비트를 저장하는 데 사용할 수 있다. 모든 피제수 비트를 반복하고 나면 마지막 뺄셈의 결과가 rh에 저장되어 나누기의 나머지가 되고 모든 몫이 rl로 이동한다.

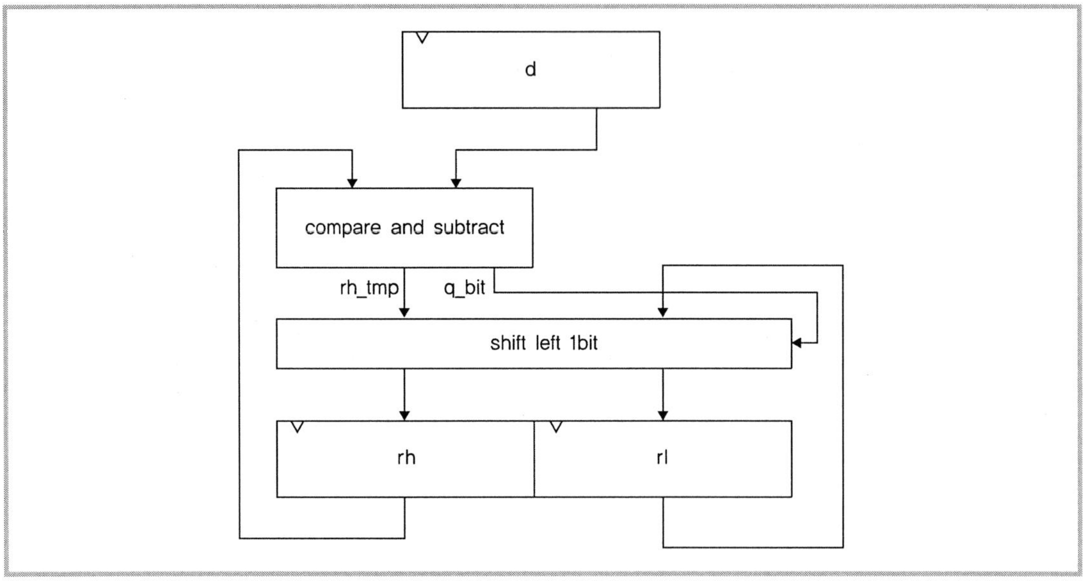

그림 6.11 나눗셈 회로의 데이터 경로 스케치

분할 회로의 ASMD 차트는 이전의 피보나치 회로의 차트와 다소 비슷하다. FSMD는 idle, op, last 및 done의 네 가지 상태로 구성된다. 코드를 명확하게 만들기 위해 비교 및 차감 회로를 추출하여 코드 세그먼트를 분리한다. 주 계산은 피제수 비트와 제수를 비교하고 뺀 다음 왼쪽으로 1 비트 시프트하는 op 상태에서 수행된다. 마지막 반복에서 나머지는 이동되지 않아야 한다. 이 특별한 요구 사항을 수용하기 위해 별도의 상태를 만든다. 앞의 예에서와 같이 완료 상태의 목적은 계산 완료를 나타내는 1 클럭 사이클 done_tick 신호를 생성하는 것이다. 코드 6.5를 참조하라.

코드 6.5 나눗셈 회로

```
module div
  #(
    parameter W = 8,
              CBIT = 4 // CBIT=log2(W)+1
   )
   (
    input wire clk, reset,
    input wire start,
    input wire [W-1:0] dvsr, dvnd,
    output reg ready, done_tick,
    output wire [W-1:0] quo, rmd
   );
```

```
// symbolic state declaration
localparam [1:0]
  idle = 2'b00,
  op = 2'b01,
  last = 2'b10,
  done = 2'b11;

// signal declaration
reg [1:0] state_reg, state_next;
reg [W-1:0] rh_reg, rh_next, rl_reg, rl_next, rh_tmp;
reg [W-1:0] d_reg, d_next;
reg [CBIT-1:0] n_reg, n_next;
reg q_bit;

// body
// FSMD state & data registers
always @(posedge clk, posedge reset)
  if (reset)
    begin
      state_reg <= idle;
      rh_reg <= 0;
      rl_reg <= 0;
      d_reg <= 0;
      n_reg <= 0;
    end
  else
      begin
        state_reg <= state_next;
        rh_reg <= rh_next;
        rl_reg <= rl_next;
        d_reg <= d_next;
        n_reg <= n_next;
      end

// FSMD next-state logic
always @*
  begin
    state_next = state_reg;
    ready = 1'b0;
    done_tick = 1'b0;
```

```
      rh_next = rh_reg;
      rl_next = rl_reg;
      d_next = d_reg;
      n_next = n_reg;
      case (state_reg)
        idle :
          begin
            ready = 1'b1;
            if (start)
              begin
                rh_next = 0;
                rl_next = dvnd; // dividend
                d_next = dvsr; // divisor
                n_next = CBIT; // index
                state_next = op;
              end
            end
          op :
            begin
            // shift rh and rl left
            rl_next = {rl_reg[W-2:0], q_bit};
            rh_next = {rh_tmp[W-2:0], rl_reg [W-1]}; // decrease index
            n_next = n_reg - 1;
            if (n_next == 1)
              state_next = last;
            end
          last: // last iteration
            begin
              rl_next = {rl_reg[W-2:0], q_bit};
              rh_next = rh_tmp;
              state_next = done;
            end
          done :
            begin
              done_tick = 1'b1;
              state_next = idle;
            end
          default :
            state_next = idle;
      endcase
   end
```

```
    // compare and subtract circuit
    always @*
      if (rh_reg >= d_reg)
        begin
          rh_tmp = rh_reg - d_reg;
          q_bit = 1 'b1;
        end
      else
        begin
          rh_tmp = rh_reg;
          q_bit = 1'b0;
        end
    //output
    assign quo = rl_reg;
    assign rmd = rh_reg;

  endmodule
```

6.3.3 이진 - BCD 변환 회로

4.5.2 절에서 BCD 형식에 대해 논의했다. 이 형식에서 십진수는 4 비트 BCD 숫자 시퀀스로 표시된다. 이진수 - BCD 변환 회로는 이진수를 BCD 형식으로 변환한다. 예를 들어, 이진수 "0010 0000 0000"은 변환 후 "0101 0001 0010"(즉, 512_{10})이 된다.

바이너리에서 BCD 로의 변환은 BCD 디지트를 나타내는 내부적으로 4 비트 그룹으로 나누어진 특수 BCD 시프트 레지스터로 처리할 수 있다. BCD 시퀀스를 왼쪽으로 이동하려면 이동 후 BCD 숫자가 9_{10}보다 큰 경우 조정이 필요하다. 예를 들어, BCD 시퀀스가 "0001 0111"(즉, 17_{10})인 경우, 이는 "0010 1110"보다는 "0011 0100"(즉, 34_{10})이 되어야 한다. 조정은 우측 BCD 디지트로부터 1010(즉, "1010")을 빼고 다음 BCD 디지트에 1(carry-out으로 간주될 수 있음)을 더하는 것을 필요로 한다. 1010을 뺀 것은 4 비트 2 진수로 6_{10}을 더하는 것과 같다. 따라서, 상기 조정은 우측의 BCD 디지트에 6_{10}을 더함으로써 달성될 수 있다. carry-out 비트는 이 과정에서 자동으로 생성된다.

실제 구현에서는 먼저 BCD 숫자에 필요한 조정을 수행한 다음 이동하는 것이 더 효율적이다. 우리는 BCD 숫자가 4_{10}보다 큰지 여부를 확인할 수 있으며, 이 경우 숫자에 3_{10}을 추가한다. 모든 BCD 숫자가 수정된 후 전체 레지스터를 왼쪽의 한 위치로 이동할 수 있다. 이진수 입력을 BCD 시프트 레지스터로 비트 단위로 MSB에서 LSB로 시프트시킴으로써 이진수 - BCD 변환 회로를 구성할 수 있다. 작동은 다음과 같이 요약할 수 있다.

1. BCD 시프트 레지스터의 각 4 비트 BCD 숫자에 대해 4보다 큰 숫자가 있는지 확인하라. 이 경우 숫자에 3_{10}을 추가하라.
2. 전체 BCD 레지스터를 한 위치 왼쪽으로 이동하고 입력 이진 시퀀스의 MSB를 BCD 레지스터의 LSB로 이동한다.
3. 모든 입력 비트가 사용될 때까지 1 단계와 2 단계를 반복하라.

7 비트 이진 입력 "111 1111"(즉, 127_{10})의 변환 프로세스가 표 6.1에 나와 있다.

13 비트 변환 회로의 코드 6.6과 같다. 간단한 FSMD를 사용하여 전체 작동을 제어한다. 시작 신호가 어서트되면 이진 입력이 p2s 레지스터에 저장된다. FSM은 이전 예제에서 설명한 프로세스와 유사한 13 비트를 반복한다. 4개의 조정 회로를 사용하여 4개의 BCD 숫자를 수정한다. 명확성을 위해 다음 상태 논리와 분리되어 별도의 코드 세그먼트로 설명된다.

표 6.1 2 진 - BCD 변환 회로 예

Operation		Special BCD shift register			Binary in put
		BCD digit 2	BCD digit 1	BCD digit 0	
Initial					111 1111
Bit 6	no adjustment shift left 1 bit			1 (1_{10})	11 1111
Bit 5	no adjustment shift left 1 bit			11 (3_{10})	1 1111
Bit 4	no adjustment shift left 1 bit			111 (7_{10})	1111
Bit 3	BCD digit 0 adjustment shift left 1 bit		1 (1_{10})	1010 0101 (5_{10})	111
Bit 2	BCD digit 0 adjustment shift left 1 bit		1 11 (3_{10})	1000 0001 (1_{10})	11
Bit 1	no adjustment shift left 1 bit		110 (6_{10})	0011 (3_{10})	1
Bit 0	BCD digit 1 adjustment shift left 1 bit	1 (1_{10})	1001 0010 (2_{10})	0011 0111 (7_{10})	

코드 6.6 2 진수 - BCD 변환 회로

```
module bin2bcd
  (
    input wire clk, reset,
    input wire start,
    input wire [12:0] bin,
    output reg ready, done_tick,
    output wire [3:0] bcd3, bcd2, bcd1, bcd0
  );

  // symbolic state declaration
  localparam [1:0]
      idle = 2'b00,
      op = 2'b01,
      done = 2'b10;

  // signal declaration
  reg [1:0] state_reg, state_next;
  reg [12:0] p2s_reg, p2s_next;
  reg [3:0] n_reg, n_next;
  reg [3:0] bcd3_reg, bcd2_reg, bcd1_reg, bcd0_reg;
  reg [3:0] bcd3_next, bcd2_next, bcd1_next, bcd0_next;
  wire [3:0] bcd3_tmp, bcd2_tmp, bcd1_tmp, bcd0_tmp;

  // body
  // FSMD state & data registers
  always @ (posedge clk, posedge reset)
    if (reset)
      begin
        state_reg <= idle;
        p2s_reg <= 0;
        n_reg <= 0;
        bcd3_reg <= 0;
        bcd2_reg <= 0;
        bcd1_reg <= 0;
        bcd0_reg <= 0;
      end
    else
      begin
        state_reg <= state_next;
        p2s_reg <= p2s_next;
        n_reg <= n_next;
```

```
      bcd3_reg <= bcd3_next;
      bcd2_reg <= bcd2_next;
      bcd1_reg <= bcd1_next;
      bcd0_reg <= bcd0_next;
    end

// FSMD next-state logic
always @*
  begin
    state_next = state_reg;
    ready = 1'b0;
    done_tick = 1'b0;
    n_next = n_reg;
    bcd0_next = bcd0_reg;
    bcd1_next = bcd1_reg;
    bcd2_next = bcd2_reg;
    bcd3_next = bcd3_reg;
    case (state_reg)
      idle :
        begin
          ready = 1'b1;
          if (start)
            begin
              state_next = op;
              bcd3_next = 0;
              bcd2_next = 0;
              bcd1_next = 0;
              bcd0_next = 0;
              n_next = 4'b1101;      // index
              p2s_next = bin;        // shift register
              state_next = op;
            end
        end
      op :
        begin
          // shift in binary bit
          p2s_next = p2s_reg << 1;
          // shift 4 BCD digits
          //{bcd3_next, bcd2_next, bcd1-next, bcd0_next}=
          //{ bcd3_tmp [2:0], bcd2_tmp, bcd1_tmp, bcd0_tmp,
          // p2s_reg [12]}
```

```
            bcd0_next = {bcd0_tmp [2:0], p2s_reg[12]};
            bcd1_next = {bcd1_tmp [2:0], bcd0_tmp[3]};
            bcd2_next = {bcd2_tmp [2:0], bcd1_tmp[3]};
            bcd3_next = {bcd3_tmp [2:0], bcd2_tmp[3]};
            n_next = n_reg - 1;
            if (n_next==0)
              state_next = done;
            end
        done :
          begin
            done_tick = 1'b1;
            state_next = idle;
          end
        default :
          state_next = idle;
     endcase
   end

   // data path function units
   assign bcd0_tmp = (bcd0_reg > 4) ? bcd0_reg+3 : bcd0_reg;
   assign bcd1_tmp = (bcd1_reg > 4) ? bcd1_reg+3 : bcd1_reg;
   assign bcd2_tmp = (bcd2_reg > 4) ? bcd2_reg+3 : bcd2_reg;
   assign bcd3_tmp = (bcd3_reg > 4) ? bcd3_reg+3 : bcd3_reg;

   // output
   assign bcd0 = bcd0_reg;
   assign bcd1 = bcd1_reg;
   assign bcd2 = bcd2_reg;
   assign bcd3 = bcd3_reg;

endmodule
```

6.3.4 주기 카운터

주기 카운터는 주기적인 입력 파형의 주기를 측정한다. 회로를 구성하는 한 가지 방법은 입력 신호의 두 개의 상승 에지 사이의 클럭 사이클 수를 계산하는 것이다. 시스템 클록의 주파수가 알려져 있기 때문에, 입력 신호의 주기는 이에 따라 유도될 수 있다. 예를 들어, 시스템 클럭의 주파수가 f이고, 두 개의 상승 에지 사이의 클럭 사이클 수가 N인 경우 입력 신호의 주기는 $N * \frac{1}{f}$이다.

이 하위 섹션의 디자인은 밀리 초 단위로 기간을 측정한다. ASMD 차트는 그림 6.12와 같다. 주기 카운터는 시작 신호가 어서트될 때 측정을 수행한다. 우리는 상승 에지 감지 회로를 사용하여 입력 파형의 상승 에지를 나타내기 위해 1 클럭 사이클 틱(edge)을 생성한다. 시작이

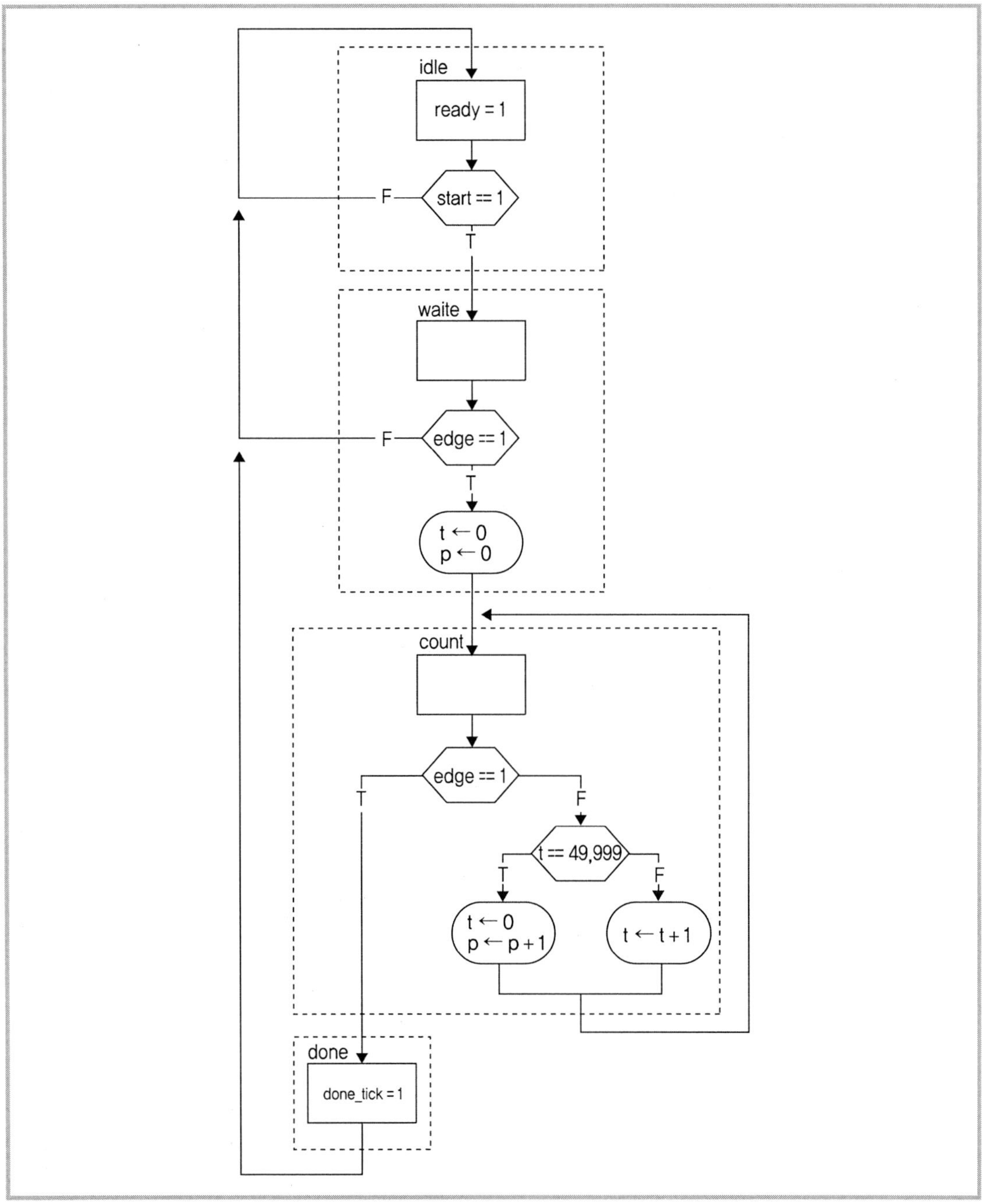

그림 6.12 주기 카운터의 ASMD 차트

선언된 후, FSMD는 입력의 첫 번째 상승 에지를 기다리기 위해 대기 상태로 이동한다. 그런 다음 입력의 다음 상승 에지가 감지되면 카운트 상태로 이동한다. 카운트 상태에서는 두 개의 레지스터를 사용하여 시간을 추적한다. t 레지스터는 0에서 49,999까지의 50,000 클럭 사이클 동안 카운트 한 다음 랩 어라운드한다. 시스템 클럭주기가 20 ns이므로 t 레지스터는 50,000 사이클을 순환하는 데 1 ms가 소요된다. p 레지스터는 밀리 초 단위로 계산된다. t 레지스터가 49,999에 도달하면이 값이 한 번 증가한다. FSMD가 카운트 상태를 종료하면 입력 파형의 주기가 p 레지스터에 저장되고 단위는 밀리 초이다. FSMD는 앞의 예제에서와 같이 두 번째 상태에서 두 번째 신호를 표시한다.

코드는 ASMD 차트를 따르고 있으며 코드 6.7에 나와 있다. 밀리 초 카운터의 경계에는 상수인 CLK_MS_COUNT를 사용한다. 다른 측정 단위가 필요한 경우 교체할 수 있다.

코드 6.7 주기 카운터

```
module period_counter
  (
   input wire clk, reset,
   input wire start, si,
   output reg ready, done_tick,
   output wire [9:0] prd
  );

  // symbolic state declaration
  localparam [1:0]
     idle = 2'b00,
     waite = 2'b01,
     count = 2'b10,
     done = 2'b11;

  // constant declaration
  localparam CLK_MS_COUNT= 50000;      // 1 ms tick
  // signal declaration
  reg [1:0] state_reg, state_next;
  reg [15:0] t_reg, t_next;            // up to 50000
  reg [9:0] p_reg, p_next;             // up to 1 sec
  reg delay_reg;
  wire edg;

  // body
  // FSMD state & data registers
  always @(posedge clk, posedge reset)
```

```
    if (reset)
      begin
        state_reg <= idle;
        t_reg <= 0;
        p_reg <= 0;
        delay_reg <= 0;
      end
     else
       begin
         state_reg <= state_next;
         t_reg <= t_next;
         p_reg <= p_next;
         delay_reg <= si;
       end

  // rising-edge tick
  assign edg = ~delay_reg & si;
  // FSMD next-state logic
  always @*
    begin
      state_next = state_reg;
      ready = 1'b0;
      done_tick = 1'b0;
      p_next = p_reg;
      t_next = t_reg;
      case (state_reg)
        idle :
          begin
            ready = 1'b1;
            if (start)
              state_next = waite;
            end
        waite:        // wait for the first edge
          if (edg)
            begin
              state_next = count;
              t_next = 0;
              p_next = 0;
            end
        count :
          if (edg)   // 2nd edge arrived
            state_next = done;
```

```
            else                                   // otherwise count
              if (t_reg == CLK_MS_COUNT-1)         // 1 ms tick
                begin
                  t_next = 0;
                  p_next = p_reg + 1;
                end
              else
                t_next = t_reg + 1;
         done :
           begin
             done_tick = 1'b1;
             state_next = idle;
           end

         default :
           state_next = idle;
       endcase
    end

    // ouput
    assign prd = p_reg;

endmodule
```

6.3.5 정확한 저주파 카운터

주파수 카운터는 주기적인 입력 파형의 주파수를 측정한다. 주파수 카운터를 구성하는 일반적인 방법은 일정 시간(예: 1초)에 입력 펄스 수를 계산하는 것이다. 이 방법은 고주파수 입력에 적합하지만 저주파수 신호를 정확하게 측정할 수는 없다. 예를 들어, 입력이 약 2 Hz인 경우 측정은 2.123 Hz인지 2.567 Hz인지를 알 수 없다. 주파수는 주기의 역수(즉, $frequecy = \frac{1}{period}$)라는 것을 상기하라. 대안적인 접근법은 신호의 주기를 측정한 다음 주파수를 찾기 위해 역수를 취하는 것이다. 우리는 이 방법을 사용하여 이 절에서 저주파 카운터를 구현한다.

이 디자인 예제는 이전에 설계된 파트를 사용하여 대형 시스템을 구성하는 방법을 보여준다. 단순화를 위해, 입력의 주파수는 1 내지 10 Hz(즉, 상기주기는 100 내지 1000 ms)인 것으로 가정한다. 이 회로의 작동에는 다음 세 가지 작업이 포함된다.

1. 주기를 측정한다.
2. 나누기 작업을 수행하여 주파수를 찾는다.

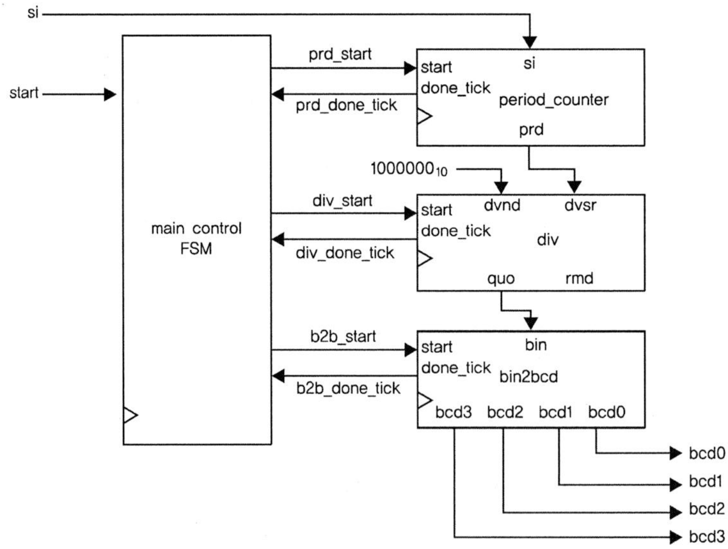

(a) Top-level block diagram

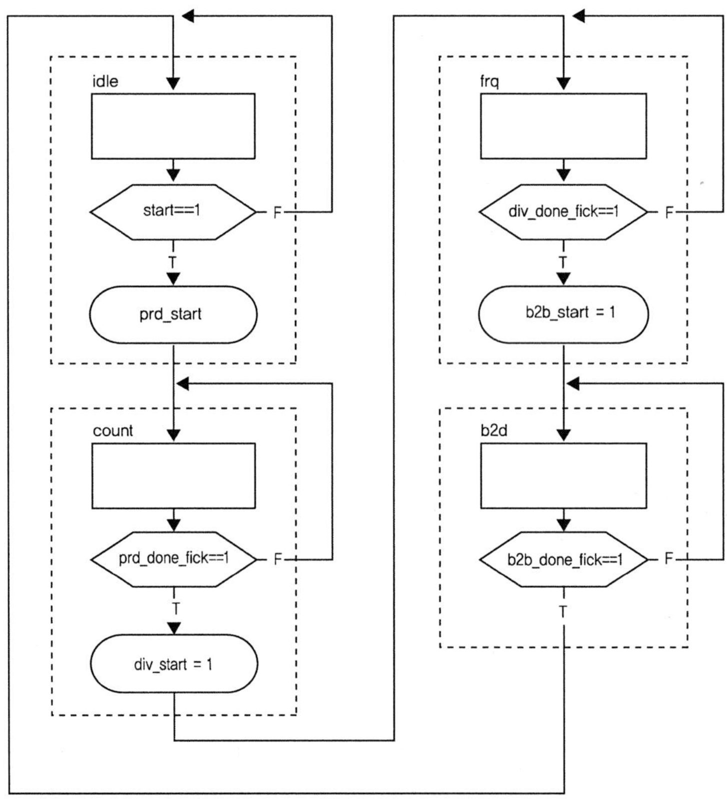

(b) ASM chart of main control

그림 6.13 정확한 저주파 카운터

3. 이진수를 BCD 형식으로 변환한다.

주기 카운터, 나누기 회로 및 BCD 변환기를 사용하여 세 가지 작업을 수행하고 마스터 컨트롤로 다른 FSM을 만들어 세 회로의 작동을 시퀀싱하고 조정할 수 있다. 블록 다이어그램은 그림 6.13(a)에 나와 있으며 마스터 컨트롤의 ASM 차트는 그림 6.13(b)에 나와 있다. FSM은 이러한 회로의 시작 및 완료 신호를 사용하여 각 작업을 초기화하고 작업 완료를 감지한다. 코드 6.8과 같다.

코드 6.8 저주파 카운터

```
module low_freq_counter
  (
    input wire clk, reset,
    input wire start, si,
    output wire [3:0] bcd3, bcd2, bcd1, bcd0
  );

  // svmbolic state declaration
  localparam    [1:0]
              idle = 2'b00,
              count = 2'b01,
              frq = 2'b10,
              b2b = 2'b11;
  // signal declaration
  reg [1:0] state_reg, state_next;
  wire [9:0] prd;
  wire [19:0] dvsr, dvnd, quo;
  reg prd_start, div_start, b2b_start;
  wire prd_done_tick, div_done_tick, b2b_done_tick;

  // =============================================================
  // component instantiation
  // =============================================================
  // instantiate period counter
  period_counter prd_count_unit (.clk(clk), .reset(reset), .start(prd_start),
       .si(si), .ready(), .done_tick(prd_done_tick), .prd(prd));
  // instantiate division circuit
  div #(.W(20), .CBIT(5)) div_unit (.clk(clk), .reset(reset), .start(div_start),
       .dvsr(dvsr), .dvnd(dvnd), .quo(quo), .rmd(),
       .ready(), .done_tick(div_done_tick));
  // instantiate binary-to-BCD convertor
```

```
bin2bcd b2b_unit (.clk(clk), .reset(reset), .start(b2b_start),
                  .bin(quo[12:0]), .ready(), .done_tick(b2b_done_tick),
                  .bcd3(bcd3), .bcd2(bcd2), .bcd1(bcd1), .bcd0(bcd0));
// signal width extension
assign dvnd = 20'd1000000;
assign dvsr = {10'b0, prd};
// ===============================================================
// master FSM
// ===============================================================
always @( posedge clk, posedge reset)
  if (reset)
    state_reg <= idle;
  else
    state_reg <= state_next;

always @*
  begin
    state_next = state_reg;
    prd_start = 1'b0;
    div_start = 1'b0;
    b2b_start = 1'b0;
    case (state_reg)
      idle :
        if (start)
          begin
            prd_start = 1'b1;
            state_next = count;
          end
      count :
        if (prd_done_tick)
          begin
           div_start = 1'b1;
           state_next = frq;
          end
      frq:
        if (div_done_tick)
          begin
            b2b_start = 1'b1;
            state_next = b2b;
          end
      b2b :
```

```
            if (b2b_done_tick)
               state_next = idle;
         endcase
      end

endmodule
```

6.4 참고문헌

FSMD는 일반적으로 고수준 합성의 맥락에서 논의된다. D. D. Gajski의 "*Principles of Digital Design*"에는 FSMD 설계 및 구현의 관련 문제 및 알고리즘을 논의하는 포괄적인 장이 포함되어 있다.

6.5 제안하는 실험

6.5.1 대안적인 디바운싱 회로

실험 5.5.2에서 다른 디바운싱 회로를 고려하라. RT 방법론을 사용하여 회로를 재설계하라.

1. 회로에 대한 ASMD 차트를 유도하라.
2. ASMD 차트를 기반으로 HDL 코드를 도출하라.
3. 6.2.5 절의 디바운싱 회로를 대체 설계로 교체하고 작동을 확인하라.

6.5.2 BCD - 이진 변환 회로

BCD에서 이진 변환은 BCD 번호를 동등한 이진 표현으로 변환한다. 입력이 BCD 포맷의 8 비트 신호(즉, 2개의 BCD 디지트)이고, 출력이 이진 표현의 7 비트 신호라고 가정한다. 6.3.3 절의 절차에 따라 BCD-이진 변환 회로를 설계하라.

1. 변환 알고리즘과 ASMD 차트를 유도하라.
2. ASMD 차트를 기반으로 HDL 코드를 도출하라.
3. 테스트벤치를 파생시키고 시뮬레이션을 사용하여 코드의 작동을 확인하라.
4. 회로를 합성하고, FPGA를 프로그래밍하고, 동작을 검증하라.

6.5.3 BCD I/O가 있는 피보나치 회로: 설계 방식 1

피보나치 회로를 보다 사용자 친화적으로 만들기 위해 입력 및 출력에 대해 BCD 형식을 사용하도록 회로를 수정할 수 있다. 입력이 BCD 포맷의 8 비트 신호(즉, 2개의 BCD 디지트)이고 출력이 7 세그먼트 LED 디스플레이 상에 4개의 BCD 디지트로서 디스플레이된다고 가정한다. 또한, 피보나치 수가 9999보다 클 경우(즉, 오버플로우) LED는 "9999"를 표시할 것이다.

이 작업은 입력을 이진 형식으로 변환하고 피보나치 수를 계산한 다음, 결과를 다시 BCD 형식으로 변환하는 세 단계로 수행할 수 있다.

1. 실험 6.5.2에서 BCD-이진 변환 회로를 구현하라.
2. 오버플로우 상태를 나타내는 출력 신호를 포함하도록 6.3.1 절의 피보나치 수 회로를 수정하라.
3. 최상위 블록 다이어그램과 마스터 제어 FSM 상태 다이어그램을 도출하라.
4. HDL 코드를 도출하라.
5. 테스트벤치를 도출하고, 시뮬레이션을 사용하여 코드의 작동을 확인하라.
6. 회로를 합성하고, FPGA를 프로그래밍하고, 동작을 검증하라.

6.5.4 BCD I/O가 있는 피보나치 회로: 설계 방식 2

실험 6.5.3의 "하위 시스템 접근 방식"의 대안은 3개의 하위 시스템을 단일 시스템에 통합하고 이 특정 응용 프로그램에 대한 사용자 지정된 FSMD를 유도하는 것이다. 이 접근법은 제어 FSM의 오버 헤드를 제거하고 세 가지 작업 간에 레지스터를 공유할 수 있는 기회를 제공한다. 다음과 같이 회로를 설계하라.

1. 하나의 FSMD를 사용하여 실험 6.5.3의 회로를 다시 설계하라. 설계는 다양한 완료된 틱 신호 및 완료 상태와 같은 모든 불필요한 회로 및 상태를 제거하고 여러 단계에서 레지스터를 공유하고 재사용하도록 작성하여야 한다.
2. ASMD 차트를 도출하라.
3. ASMD 차트를 기반으로 HDL 코드를 도출하라.
4. 테스트벤치를 파생시키고, 시뮬레이션을 사용하여 코드의 작동을 확인하라.
5. 회로를 합성하고, FPGA 프로그래밍을 하여 동작을 검증하라.
6. 합성 보고서를 확인하고, 두 가지 접근법에서 사용된 LE의 수를 비교하라.
7. 두 가지 방법으로 연산을 완료하는 데 필요한 클록 사이클 수를 계산하라.

6.5.5 자동 저주파수 카운터

6.3.5 절의 저주파수 카운터의 작동은 매우 제한적이다. 입력 신호의 주파수 범위는 1~10 Hz로 제한된다. 주파수가 이 범위를 벗어나면 정확도가 떨어진다. 이 주파수 카운터의 정확도는 밀

리 초 단위로 계산되는 6.3.5 절의 주기 계수기의 정확도에 따라 달라진다. microsecond tick (즉, 0에서 49까지 카운트)을 생성하고 정확도를 1000배 증가시키도록 t 카운터를 수정할 수 있다. 이를 통해 주파수 카운터의 범위가 9999 Hz로 증가하고 최소한 4 자리의 정확도를 유지할 수 있다.

마이크로 세컨드 틱을 사용하면 저주파수 입력에 4 자리 이상의 정확도 숫자가 도입되며 7 세그먼트 LED에 표시되도록 숫자를 이동하거나 잘렸다.
자동 스케일된 저주파수 카운터는 조정을 수행하여 4개의 최상위 자릿수를 자동으로 표시하고 소수점을 적절한 위치에 배치한다. 예를 들어, 해당 범위에 따라 주파수 측정 값은 "1.234", "12.34", "123.4" 또는 "1234"로 표시된다.

자동 스케일된 저주파수 카운터에는 추가 BCD 조정 회로가 필요하다. 먼저, BCD 시퀀스의 가장 중요한 BCD 디지트(즉, 4개의 MSB)가 0인지 여부를 검사한다. 이 경우, 회로는 BCD 시퀀스를 좌측 4 위치로 이동시키고 소수점 카운터를 증가시킨다. 가장 중요한 BCD 숫자가 "0000"이 아닐 때까지 작업이 반복된다.

전체 자동 저주파 카운터는 다음과 같이 구현할 수 있다.:

1. 마이크로 초 체크를 사용하기 위해 주기 카운터를 수정하라.
2. 이진 - BCD 변환 회로의 크기를 확장하라.
3. BCD 조정 회로 및 HDL 코드에 대한 ASMD 차트를 생성하라.
4. 마지막 단계에서 BCD 조정을 포함하도록 제어 FSM을 수정하라.
5. 십진 카운터의 출력을 사용하여 7 세그먼트 LED 디스플레이의 원하는 십진수 자리를 활성화하는 간단한 디코딩 회로를 설계하라.
6. 테스트벤치를 파생시키고, 시뮬레이션을 사용하여 코드의 작동을 확인하라.
7. 회로를 합성하고, FPGA를 프로그래밍하고, 동작을 검증하라.

6.5.6 반응 타이머

눈과 손의 협응은 눈과 손이 함께 작업하여 작업을 수행할 수 있는 능력이다. 반응 타이머 회로는 사람이 시각적 자극을 본 후 인간의 손이 얼마나 빨리 반응할 수 있는지를 측정한다. 이 회로는 다음과 같이 작동한다.

1. 이 회로에는 `clear`, `start` 및 `stop` 신호에 해당하는 세 개의 입력 누름 버튼이 있다. 시각적 인 자극으로 단일 불연속 LED를 사용하고 7 세그먼트 LED 디스플레이에 관련 정보를 표시한다.
2. 사용자가 클리어 버튼을 누르면 회로가 초기 상태로 돌아가고 7 세그먼트 LED는 환영 메시지 "HI"를 표시하고 자극 LED는 꺼진다.
3. 준비가 되면 사용자가 시작 버튼을 눌러 테스트를 시작한다. 7 세그먼트 LED가 꺼진다.
4. 2초에서 15초 사이의 임의의 간격 후에 자극 LED가 켜지고 타이머가 위로 카운트되기

시작한다. 타이머는 매 밀리 초마다 증가하며, 그 값은 7 세그먼트 LED에서 "0.000"초 형식으로 표시된다.

5 자극 LED가 켜지면 가능한 한 빨리 stop 버튼을 누르라. stop 버튼이 어서트되면 타이머는 카운트를 일시 정지한다. 7 세그먼트 LED는 반응 시간을 표시한다. 대부분의 사람들에게는 0.15~0.30초 정도이다.

6. STOP 버튼을 누르지 않으면 타이머가 1초 후에 정지하고 "1.000"이 표시된다.

7. 자극 LED가 켜지기 전에 STOP 버튼을 누르면 회로가 7 세그먼트 LED에 "9.999"를 표시하고 정지한다.

다음과 같이 회로를 설계하라.

1. ASMD 차트를 도출하라.
2. ASMD 차트를 기반으로 HDL 코드를 파생시키라.
3. 회로를 합성하고, FPGA를 프로그래밍하고, 동작을 검증하라.

6.5.7 바베지 차분 엔진 에뮬레이션 회로

바베지 차분 엔진은 다항식 함수를 표로 만들도록 설계된 기계식 디지털 계산 장치이다. 이는 19 세기 영국 수학자였던 찰스 바베지(Charles Babbage)에 의해 제안되었다. 엔진은 뉴턴의 차분 방식을 기반으로 하며 곱셈의 필요성을 피한다. 예를 들어, 2차 다항식 $f(n) = 2n^2 + 3n + 5$를 생각해 보자. $f(n)$과 $f(n-1)$의 차를 구할 수 있다.

$$f(n) - f(n-1) = 4n + 1$$

n은 정수이고 n≥0이라고 가정하자. $f(n)$은 다음과 같이 재귀적으로 정의할 수 있다.

$$f(n) = \begin{cases} 5 & \text{if } n = 0 \\ f(n-1) + 4n + 1 & \text{if } n > 0 \end{cases}$$

이 프로세스는 $4n+1$ 표현식에 대해 반복될 수 있다. $g(n) = 4n+1$이라고 하자. $g(n)$과 $g(n-1)$ 사이의 차분 식은 다음과 같다.

$$g(n) - g(n-1) = 4$$

$g(n)$은 다음과 같이 재귀적으로 정의될 수 있다.

$$g(n) = \begin{cases} 5 & \text{if } n = 1 \\ g(n-1) + 4 & \text{if } n > 1 \end{cases}$$

그리고 $f(n)$은 다음과 같이 재 작성될 수 있다.

$$f(n) = \begin{cases} 5 & \text{if } n = 0 \\ f(n-1) + g(n) & \text{if } n > 0 \end{cases}$$

덧셈은 $f(n)$과 $g(n)$의 재귀적 정의에 포함된다는 점에 유의하라.

마지막 2개의 재귀 방정식의 정의에 기초하여 $f(n)$을 계산하는 알고리즘을 도출할 수 있다. 가장 최근에 계산된 $f(n)$ 및 $g(n)$을 추적하기 위해 두 개의 임시 레지스터가 필요하며 $f(n)$ 및 $g(n)$을 업데이트하는 데 두 개의 가산기가 필요하다. n은 6비트 입력이고 부호 없는 정수로 해석된다. RT 방법론을 사용하여 이 회로를 설계하라.

1. ASMD 차트를 도출하라.
2. ASMD 차트를 기반으로 HDL 코드를 도출하라.
3. 테스트벤치를 파생시키고 시뮬레이션을 사용하여 코드의 작동을 확인하라.
4. 회로를 합성하고, FPGA를 프로그래밍하고, 동작을 검증하라.
5. $h(n) = n^3 + 2n^2 + 2n + 1$이라 하자. 위의 방법을 사용하여 $h(n)$의 재귀적 표현을 찾으라(3차 다항식의 경우 3 단계의 재귀 방정식이 필요함). 1 - 4 단계를 반복하라.

CHAPTER 7

Verilog의 엄선된 주제

이 책의 주안점은 디지털 디자인에 관한 것이므로 Verilog의 최소한의 하위 세트를 소개하고 간단한 가이드 라인과 템플릿에 의존한다. 이 장에서는 몇 가지 선택된 Verilog 주제를 자세히 살펴본다. 시뮬레이션 관련 구성에 대한 개요를 제공하는 마지막 섹션을 제외하고 이 주제는 합성과 관련이 있으며 보다 정교한 코드를 개발하는 데 도움이 된다. 이 장은 나머지 장에 영향을 주지 않고 건너 뛸 수 있다.

7.1 블로킹과 논블로킹 할당

always 블록에서 사용할 수 있는 할당에는 블로킹 할당과 논블로킹 할당의 두 가지 종류가 있다. 이전 장에서 세 가지 간단한 지침이 제공되었다.

- 회로를 레지스터 및 조합 회로로 분리하라.
- 내부에 논블로킹 할당을 사용하는 레지스터에 적합한 템플릿을 선택하라.
- 조합 회로를 설명하기 위해 블로킹 할당을 사용하라.

두 가지 할당문을 검토하고 이 섹션의 가이드 라인 뒤에 있는 이론적 근거를 설명하고 다음 섹션에서 대안 코딩 스타일을 소개한다.

7.1.1 개요

블로킹 할당 블로킹 할당의 기본 구문은 다음과 같다.

```
[var] = [expression];
```

할당문이 실행되면 오른쪽 표현식이 평가되어 다른 명령문에서 중단되지 않고 왼쪽 변수에 할당된다. 따라서 현재 할당의 실행이 완료될 때까지 다른 할당을 “차단”한다. 블로킹 할당의 동작은 C 언어의 변수 할당과 유사하다.

논블로킹 할당 논블로킹 할당의 기본 구문은 다음과 같다.

```
[var] <= [expression];
```

논블로킹 할당의 동작은 더 미묘하며 하드웨어의 관점에서 가장 잘 설명할 수 있다. always 블록은 추상 하드웨어 부분으로 생각할 수 있다. 전파 지연을 모델링하기 위해 타이밍 제어 구성을 블록에 추가할 수 있다. 합성 가능 코드에서와 같이 명시적인 타이밍 제어가 없는 경우 암시적인 가상 시간 단계가 지연을 모델링하는 데 사용된다. always 블록이 활성화되면 논블로킹 지정의 오른쪽 표현이 시간 단계의 시작 부분에서 평가된다. 실행이 항상 블록의 끝에 이르면 (즉, 시간 스텝의 끝에서), 평가된 값은 블로킹 할당의 좌측 변수로 할당된다. 평가와 할당 사이에서 다른 명령문을 실행할 수 있기 때문에 할당은 "논블로킹"으로 알려져 있다.

논블로킹 할당에서 할당된 변수를 x라고 하자. Verilog 모델의 실제 스케줄링은 상당히 복잡하지만 논블로킹 할당의 동작은 다음과 같이 해석할 수 있다.

- x 값은 always 블록 시작 부분의 x_{entry}에 할당된다.
- x_{exit}는 왼쪽 변수의 x를 대체한다.
- x_{entry}는 오른쪽 표현식의 x를 대체한다.
- x_{exit} 값은 always 블록 끝에서 x에 할당된다.

해석은 다음 코드 세그먼트의 주석에 표시된다.

```
always @*
begin                  // x_entry = x
. . .
y <= x & ...           // y = x_entry & ...
x <= ...               // x_exit = ...
. . .
end                    // x = x_exit
```

예제 블로킹 할당과 논블로킹 할당의 차이점을 이해하기 위해 3.3.4 절에서 설명한 3-입력 회로를 다시 생각해 보자. 이를 코드 7.1에 나타내었다. 블로킹 할당을 사용하고 추론된 회로는 그림 3.3(a)에 나와 있다.

코드 7.1 블로킹 문을 사용하는 and 회로

```
module and_block
  (
    input wire a, b, c,
    output reg y
  ) ;
```

```
  always @*
  begin
    y = a;
    y = y & b;
    y = y & c;
  end

endmodule
```

할당의 동작은 C언어의 순차 명령문과 유사하며 y는 끝에 있는 a & b & c 값을 가져온다. 이 코드는 데모용이다. 순차적 의미를 사용하여 하드웨어를 설명하는 것은 좋지 않다.

블로킹 할당을 논블로킹 할당으로 바꾸면, 코드 7.2와 같다. y의 사용에 대한 해석은 주석으로 표시된다.

코드 7.2 논블로킹 할당을 사용하는 and 회로

```
module and_nonblock
  (
  input wire a, b, c,
  output reg y
  );

  always @*
  begin                // y_entry = y
    y <= a;            // y_exit = a
    y <= y & b;        // y_exit = y_entry & b
    y <= y & c;        // y_exit = y_entry & c
  end                  // y = y_exit

endmodule
```

처음 두 할당문은 효과가 없으며 코드는 다음과 같다.

```
always @*
  y <= y & c;
```

해당 회로도는 그림 3.3(b)에 나와 있으며 원하는 회로는 아니다.

7.1.2 조합 회로

이전 절의 예는 극단적인 경우이다. 기본값을 제외하고 조합 회로의 대부분의 코드는 동일한 변수를 여러 번 할당하지 않는다. 블로킹 및 논블로킹 할당은 동일한 회로를 설명하는 데 사용될 수 있다. 그러나 미묘한 차이가 있다. 다음 예제는 차이점을 설명한다. 1.2 절에서 논의된 1 비트 동등 회로를 고려해 보자. 블로킹 할당을 사용하여 수정된 코드 7.3은 다음과 같다. 민감도 목록에 변수를 명시적으로 나열한다.

코드 7.3 블로킹 할당을 사용하는 동등 회로

```
module eq1_block
  (
  input wire i0, i1,
  output reg eq
  );

  reg p0, p1;
  always @(i0, i1)  // only i0 and i1 in sensitivity list
  // the order of statements is important
  begin
    p0 = ~i0 & ~i1;
    p1 = i0 & i1;
    eq = p0 | p1;
  end

endmodule
```

민감도 목록은 i0와 i1로만 구성된다. 그 중 하나가 변경되면 always 블록이 활성화되고 p0, p1 및 eq가 순차적으로 평가된다. 첫 번째 시간 단계가 끝날 때 eq가 업데이트된다.

구문의 순서는 중요하다. 마지막 문장을 처음부터 시작한다고 가정해 보자.

```
always @(i0, i1)
begin
  eq = p0 | p1;
  p0 = ~i0 & ~i1;
  p1 = i0 & i1;
end
```

첫 번째 문장에서는 p0와 p1에 아직 새 값이 할당되지 않았으므로 이전 활성화 값이 사용된다. 이전 값은 래치를 추론하므로 코드가 올바르지 않다.

블로킹 할당을 논블로킹 할당으로 대체할 수 있다(코드 7.4). 이러한 할당의 해석은 주석으로 표시된다.

코드 7.4 논블로킹 할당을 사용하는 동등 회로

```
module eq1_non_block
  (
  input wire i0, i1,
  output reg eq
  );

  reg p0, p1;

  always @(i0, i1, p0, p1)  // p0, p1 also in sensitivity list
                            // the order of statements is not important
  begin                     // p0entry = p0; p1entry = p1;
    p0 <=  ~i0 & ~i1;       // p0exit = i0 & i1;
    p1 <=  i0 & i1;         // p1exit = i0 & i1
    eq < =  p0 | p1;        // eqexit = p0entry | p1entry
  end                       // eq = eqexit; p0 = p0exit; p1 = p1exit;

endmodule
```

p0 및 p1은 민감도 목록에도 포함된다. i0 또는 i1이 변경되면 always 블록이 활성화되고 첫 번째 시간 단계가 끝나면 p0 및 p1에 새 값이 할당된다. eq는 p0 및 p1(예: $p0_{entry}$ 및 $p1_{entry}$)의 이전 값을 기반으로 하므로 동일하게 유지된다. 현재 시간 단계의 실행 완료 후, p0 및 p1이 변경되기 때문에 always 블록이 다시 활성화된다(이는 p0 및 p1이 민감도 목록에 포함되는 이유이다). eq 변수는 두 번째 시간 단계의 끝에서 p0 및 p1의 새 값으로 업데이트된다. 이러한 명령문의 순서를 변경하면 결과가 동일하다.

두 코드 모두 동일한 회로를 설명하지만 논블로킹 할당을 사용하여 코드를 시뮬레이션하는 데 더 많은 시간이 걸린다. 이 때문에 가이드라인은 조합 회로를 설명하기 위해 블로킹 할당을 사용하는 것을 추천한다.

7.1.3 메모리 요소

4.2 절의 메모리 요소 템플릿에서 논블로킹 할당은 메모리를 추론하는 데 사용된다. 예를 들어 D FF의 코드는 다음과 같다.

```
always @(posedge clk)
  q <= d ;
```

물론, 블로킹 할당을 사용하여 메모리 요소를 추론할 수 있다.

```
always @(posedge clk)
  q = d ;
```

격리된 FF에 대해 코드가 제대로 작동하지만 여러 레지스터가 서로 상호작용할 때 약간의 문제가 있다.

매 클럭 주기마다 데이터를 스위칭하는 2개의 레지스터를 고려하자. 블로킹 할당을 사용하면 코드는 다음과 같다.

```
always @(posedge clk)
  a = b ;
always @(posedge clk)
  b = a ;
```

clk의 상승 에지에서 두 항상 블록이 활성화되어 병렬로 작동한다. 두 작업은 시간 단계에서 완료되어야 한다. Verilog 표준에 따르면 두 개의 always 블록 실행은 임의의 순서로 예약할 수 있다. 첫 번째 always 블록이 먼저 실행되면 a는 블로킹 할당으로 인해 b의 값을 즉시 얻는다. 두 번째 always 블록이 실행될 때 b는 원래 값인 a의 업데이트된 값을 가져오고 따라서 값은 동일하게 유지된다. 마찬가지로 두 번째 always 블록이 먼저 실행되면 원래 값이 반환된다. 이는 Verilog의 경쟁 조건으로 알려져 있다. Verilog의 관점에서 보면 두 결과가 모두 유효하다.

이제 논블로킹 할당을 사용하여 코드를 수정해 보자(주석을 수용하기 위해 시작 및 끝 구분 기호가 추가된다).

```
always @(posedge clk)
begin                    // b_entry = b
    a <= b ;             // a_exit = b_entry
end  // a = a_exit

always @(posedge clk)
begin                    // a_entry = a
    b <= a ;             // b_exit = a_entry
end                      // b = b_exit
```

블로킹 할당 해석은 주석에 표시된다. 원래 엔트리 값이 할당에서 사용되었으므로 a와 b는 실행 순서에 관계없이 올바른 값을 얻는다.

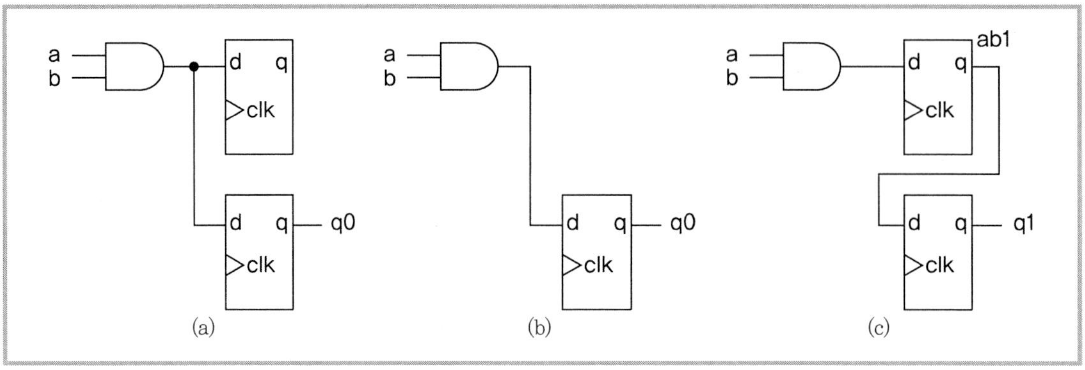

그림 7.1 혼합 할당에 의해 유추된 회로

원하는 동작을 모델링하고 경쟁 조건을 피하기 위해 4.2 절의 템플릿은 항상 논블로킹 할당을 사용하여 FF와 레지스터를 유추한다.

7.1.4 블로킹 및 논블로킹 할당 혼합 순차 회로

4.2 절에서 논의된 메모리 요소 템플릿은 가장 단순한 순차 코드이다. 블로킹 할당과 논블로킹 할당을 모두 포함하여 여러 개의 할당을 동일한 항상 블록에 배치할 수 있다. 우리는 다양한 조합의 행동을 설명하고 과제를 더 잘 이해하기 위해 간단한 예를 사용한다. 그림 7.1(b)의 회로를 생각해 보자. a 및 b에 대한 및 연산을 수행하고 클록의 상승 에지에서 결과를 D FF에 저장한다. 이전 방법을 기반으로 메모리와 조합 회로를 분리하고 두 세그먼트 코드를 도출할 수 있다(7.5 참조).

그림 7.1(b)의 회로를 생각해 보자. a 및 b에 대한 및 연산을 수행하고 클록의 상승 에지에서 결과를 D FF에 저장한다. 앞의 접근 방식을 기반으로 메모리와 조합 회로를 분리하고 두 세그먼트 코드를 도출할 수 있다(코드 7.5).

코드 7.5 2-세그먼트 구현

```
module ab_ff_2seg
  (
    input wire clk,
    input wire a, b,
    output reg q
  );

  reg q_next;

  // D FF
```

```
   always @(posedge clk)
      q <= q_next;

   // combinational circuit
   always @*
      q_next = a & b;
endmodule
```

또는 두 세그먼트를 결합하여 하나의 always 블록으로 회로를 설명할 수 있다. 블로킹과 논블로킹 할당의 다양한 조합을 가진 6 번의 시도가 코드 7.6에서 이루어진다.

코드 7.6 혼합된 할당 예제

```
module ab_ff_all
   (
    input wire clk,
    input wire a, b,
    output reg q0, q1, q2, q3, q4, q5
   );

   reg ab0, ab1, ab2, ab3, ab4, ab5;

   // attempt 0
   always @(posedge clk)
    begin
      ab0 = a & b;
      q0 <= ab0;
    end

   // attempt 1
   always @(posedge clk)
    begin                    // ab1_entry = ab1; q1_entry = q1;
    ab1 <= a & b;            // ab1_exit = a&b
    q1 <= ab1;               // q1_exit = ab1_entry
   end                       // ab1 = ab1_exit; q1 = q1_exit
   // attempt 2
   always @(posedge clk)
    begin
      ab2 = a & b;
      q2 = ab2;
    end
```

```
// attempt 3 (switch the order of attempt 0)
always @(posedge clk)
  begin
    q3 <= ab3;
    ab3 = a & b;
  end

// attempt 4 (switch the order of attempt 1)
always @(posedge clk)
  begin                          // ab4entry = ab4; q4entry = q4;
  q4 <= ab4;                     // q4exit = ab4entry
  ab4 <= a & b ;                 // ab4exit =a & b
end                              // ab4 = ab4exit; q4 = q4exit

// attempt 5 (switch the order of attempt 2)
always @(posedge clk)
  begin
    q5 = ab5;
    ab5 = a & b;
  end

endmodule
```

시도 0에서 초기의 ab0과 q0에 대한 할당은 등록된 ab0을 저장하는 레지스터와 등록된 q0을 저장하는 레지스터를 추론한다. ab0은 블로킹 할당에 의해 즉시 업데이트되기 때문에, q0는 a & b의 값을 얻는다. 해당 회로도는 그림 7.1(a)에 나와 있다. ab0은 always 블록 외부에서 사용되지 않으므로 등록된 ab0 출력은 필요하지 않으므로 해당 레지스터를 제거할 수 있다. 그림 7.1(b)의 결과 다이어그램은 원하는 회로이다.

시도 1에서 블로킹 할당이 ab1에 사용된다. 해당 해석은 주석에 표시된다. q1은 $ab1_{exit}$가 아니라 $ab1_{entry}$가 된다. $ab1_{entry}$는 ab1의 이전 저장된 값이고 등록된 출력에 해당한다. 해당 다이어그램은 그림 7.1(c)에 나와 있다. 의도하지 않은 입력 버퍼가 유추되고 a & b의 저장 영역이 1 클럭 사이클 지연된다.

시도 2에서 차단 할당은 ab2와 q2 모두에 사용된다. 추측된 회로는 그림 7(a)와 (b)에 나타난 것처럼 시도 0의 회로와 동일하다. FF를 추론하기 위해 블로킹 할당을 사용하면 7.1.3 절에서 설명한 것처럼 경쟁 조건이 발생할 수 있으므로 이 유형의 코드는 권장되지 않는다.
데모 목적으로 시도 횟수 0, 1 및 2의 순서를 전환한 후 수행한 작업을 검토한다. 결과는 시도 3, 4 및 5에 표시된다.

시도 3에서 ab3은 새로운 값이 할당되기 전에 사용된다. 따라서 q3는 이전 활성화의 "이전 값"을 가져온다. 값은 레지스터에 저장되며 등록된 a 및 b에 해당한다. 추론된 회로는 그림 7.1(c)의 다이어그램과 일치한다. 시도 4에서 설명을 해석하여 설명된 대로 순서를 전환해도 코드에 아무런 영향을 미치지 않는다. 이는 시도 1의 코드와 동일하다. 시도 5에서 ab5는 새 값이 지정되기 전에 사용되므로 q5는 등록된 a & b를 얻는다. 이는 시도 3에서와 동일한 회로를 추론한다.

요약하면, 시도 0의 코드 만이 원하는 회로를 정확하고 신뢰성 있게 설명한다.

7.2 순차 회로의 대체 코딩 스타일

우리의 순차 코드 템플릿은 그림 4.2의 블록 다이어그램을 따르고 레지스터를 개별 코드 세그먼트로 분리한다. 블로킹 및 논블로킹 할당에 대한 이해를 통해 레지스터와 다음 상태 논리를 단일 항상 블록으로 병합할 수 있다. 이 코딩 스타일은 보다 간결해진다. 코드는 7.1.4 절의 시도 1의 방식을 따라야 한다.

- 블로킹 할당을 사용하여 다음 상태 논리의 중간 결과를 얻는다. 이러한 과제는 적절한 순서에 따라 배열되어야 한다.
- 논블로킹 할당을 사용하여 중간 결과를 레지스터에 할당한다. 다음 하위 섹션에서는 이 스타일을 설명하기 위해 몇 가지 예를 사용한다.

7.2.1 이진 카운터

프리러닝 카운터는 4.3.2 절에서 논의된다. 코드 7.9를 수정하여 다음 상태 로직과 레지스터를 결합할 수 있다(코드 7.7).

코드 7.7 병합된 레지스터 및 다음 상태 논리가 있는 프리러닝 이진 카운터

```
module bin_counter_merge
  #(parameter N=8)
  (
    input wire clk, reset,
    output wire max_tick,
    output wire [N-1:0] q
  );

  //signal declaration
  reg [N-1:0] r_next, r_reg;
```

```
   // body
   // register and next-state logic
   always @(posedge clk, posedge reset)
     if (reset)
       r_reg <= 0; // {N{1b '0}}
     else
       begin
       // next-state logic
       r_next = r_reg + 1;
       // register
       r_reg <= r_next;
     end
   // output logic
   assign q = r_reg;
   assign max_tick = (r_reg==2**N-1) ? 1'b1 : 1'b0;
endmodule
```

출력 로직 설명은,

```
assign max_tick = (r_reg == 2**N-1) ? 1'b1 : 1'b0;
```

항상 블록 외부에 배치해야 한다. 블록 내에 있으면, max_tick에 대해 여분의 FF가 유추되고 1 클록 사이클의 지연이 발생한다.

r_next는 다른 장소에서 사용되지 않으므로 두 문장을 병합할 수 있다.

```
r_next = r_reg + 1;
r_reg <= r_next;
```

다음과 같다.

```
r_reg <= r_reg + 1;
```

r_reg를 q로 대체한 후에 코드를 더 단순화할 수 있다(코드 7.8).

코드 7.8 컴팩트 코드로 프리-이진 카운터 생성하기

```
module bin_counter_terse
  #(parameter N=8)
  (
    input wire clk, reset,
    output wire max_tick,
    output reg [N-1:0] q
```

```
  );
  // body
  always @(posedge clk, posedge reset)
    if (reset)
      q <= 0;
    else
      q <= q + 1;
  // output logic
  assign max_tick = (q==2**N-1) ? 1'b1 : 1'b0;

endmodule
```

이 코드에서 우변 수식의 q는 레지스터의 출력이고, 왼쪽의 q는 새로운 값이며, 다음 클럭의 상승 에지에서 레지스터에 저장된다.

코드 4.10의 범용 이진 카운터는 비슷한 방식으로 수정할 수 있으며, 코드 7.9는 다음과 같다.

코드 7.9 병합된 레지스터 및 다음 상태 논리가 있는 범용 이진 카운터

```
module univ_bin_counter_merged
  #(parameter N=8)
  (
  input wire clk, reset,
  input wire syn_clr, load, en, up,
  input wire [N-1:0] d,
  output wire max_tick, min_tick,
  output reg [N-1:0] q
  );

  // body
  // register and next-state logic
  always @(posedge clk, posedge reset)
    if (reset)
      q <= 0; //
    else if (syn_clr)
      q <= 0;
    else if (load)
      q <= d;
    else if (en & up)
      q <= q + 1;
```

```
      else if (en & ~up)
        q <= q - 1; // no else branch since q <= q is implicitly implied

    // output logic
    assign max_tick = (q==2**N-1) ? 1'b1 : 1'b0;
    assign min_tick = (q==0) ? 1'b1 : 1'b0;

endmodule
```

마지막 else 분기는 생략된다. 이는 q의 이전 값, 즉,

```
q <= q;
```

이는 정확히 원하는 행동이다.

7.2.2 FSM

FSM의 상태 레지스터와 다음 상태 논리는 비슷한 방식으로 병합될 수 있다. 예를 들어, 코드 5.1과 5.2는 FSM을 고려하자. 이를 코드 7.10에 나타내었다.

코드 7.10 병합 된 레지스터 및 다음 상태 논리가 있는 FSM

```
module fsm_eg_merged
  (
    input wire clk, reset,
    input wire a, b,
    output wire y0, y1
  );

  // symbolic state declaration
  parameter [1:0] s0 = 2'b00,
                  s1 = 2'b01,
                  s2 = 2'b10;

  // signal declaration
  reg [1:0] state_reg;
  // state register and next state logic
  always @ (posedge clk, posedge reset)
    if (reset)
      state_reg <= s0;
    else
```

```
      case ( state_reg )
        s0 : if (a)
                if (b)
                  state_reg <= s2;
                else
                  state_reg <= s1 ;
              else
                state_reg <= s0;
        s1: if (a)
              state_reg <=s0;
            else
              state_reg <= s1;
        s2 : state_reg <= s0 ;
        default :  state_reg <= s0;
      endcase

   // Moore output logic
   assign y1 = (state_reg == s0) || (state_reg == s1);

   // Mealy output logic
   assign y0 = (state_reg == s0) & a & b;

endmodule
```

출력이 등록되지 않았기 때문에 해당 명령문은 always 블록 외부에 있어야 한다.

7.2.3 FSMD

우리는 FSMD에도 동일한 접근법을 적용할 수 있다. 코드 6.5의 FSMD 예제를 생각해 보자. 이를 코드 7.11에 나타내었다.

코드 7.11 병합된 레지스터 및 조합회로가 있는 나눗셈 FSMD

```
module div_combined
  #(
    parameter W = 8,
              CBIT = 4        // CBIT=log2 (W)+1
  )
  (
    input wire clk, reset,
```

```
   input wire start,
   input wire [W-1:0] dvsr, dvnd,
   output wire ready, done_tick,
   output wire [W-1:0] quo, rmd
);
// symbolic state declaration
localparam [1:0]
    idle = 2'b00,
    op = 2'b01,
    last = 2'b10,
    done = 2'b11;

// signal declaration
reg [1:0] state_reg;
reg [W-1:0] rh_reg, rl_reg, rh_tmp, d_reg;
reg [CBIT-1:0] n_reg, n_next;
reg q_bit;

// fsmd registers and next-state logic
always @(posedge clk, posedge reset)
begin
  if (reset)
    begin
      state_reg <= idle;
      rh_reg <= 0;
      rl_reg <= 0;
      d_reg <= 0;
      n_reg <= 0;
    end
  else
    begin
      //=====================================================
      // data path functional units
      // to get intermediate results
      //=====================================================
      // compare and subtract circuit
      if (rh_reg >= d_reg)
        begin
          rh_tmp = rh_reg - d_reg;
          q_bit = 1'b1;
        end
      else
```

```
   begin
     rh_tmp = rh_reg;
     q_bit = 1'b0;
  end
  // index decrement circuit
  n_next = n_reg - 1;

 //=====================================================
 // state and data registers and next-state logic
 //=====================================================
 case (state_reg)
   idle :
     begin
       if (start)
         begin
           rh_reg <= 0;
           rl_reg <= dvnd;         // dividend
           d_reg <= dvsr;          // divisor
           n_reg <= CBIT;          // index
           state_reg <= op;
         end
     end
   op :
     begin
       // shift rh and rl left
       rl_reg <= {rl_reg [W-2:0], q_bit};
       rh_reg <= {rh_tmp [W-2:0], rl_reg [W-1]};
       // decrease index
       n_reg <= n_next;
       if (n_next==1)
         state_reg <= last;
     end

   last: // last iteration
     begin
       rl_reg <= {rl_reg [W-2:0], q_bit};
       rh_reg <= rh_tmp;
       state_reg <= done;
     end
   done :
     state_reg <= idle;
```

```
         default :
            state_reg <= idle;
      endcase
   end
end

// output
assign quo = rl_reg;
assign rmd = rh_reg;
 // unregistered output
assign ready = (state_reg==idle);
assign done_tick = (state_reg==done);

endmodule
```

코드는 보다 복잡하며 중간 결과를 생성하는 데이터 경로 기능 단위 섹션을 포함한다. n_next와 같은 일부 중간 변수는 나중에 여러 위치에서 사용된다는 점에 유의하라.

7.2.4 요약

요약하면 다음 상태 로직을 병합하고 하나의 always블록에 등록하는 것이 가능하다. 이 양식은 보다 소형화되고 보다 적은 변수를 필요로 한다. 그러나 의도하지 않은 레지스터를 피하려면 코드를 신중하게 작성해야 한다. 블로킹 및 논블로킹 할당을 잘 이해한 후에만 권장된다.

7.3 부호 있는 데이터 형의 사용

7.3.1 개요

응용 프로그램의 특성에 따라 디지털 시스템에서 0과 양수를 포함하는 부호 없는 정수 또는 0과 음수 및 양수로 구성된 부호 있는 정수를 사용할 수 있다. 복잡한 시스템에서 두 유형을 모두 사용해야 할 수도 있다.

부호 있는 정수는 대개 2의 보수 형식으로 표시된다. 그림 7.2에는 4비트 "이진 휠"이 표시되어 있으며 이진 표현과 해당 부호 없는 번호가 나열되어 있다. 관찰 결과를 보면 두 가지 유형의 숫자에 대해 더하기 및 빼기 작업이 동일하다는 것을 알 수 있다. 양수의 더하기 및 빼기는 휠을 따라 시계 방향 및 시계 반대 방향으로 이동하는 것과 같다. 예를 들어, "1001" + "0100"은 네 위치를 "1001"에서 시계 방향으로 이동하고 결과는 "1101"을 의미한다. 부호 없는 정수 형식에서는 (+9) + (+4) = +13으로 해석되고, 부호 있는 정수 형식에서는 (-7) + (+4) =

3으로 해석된다. 이진 휠의 “임계 값”에 대한 이동에 해당한다. 임계 값은 부호 없는 해석과 부호 있는 해석에서 서로 다르다. 부호 없는 정수는 "1111"과 "0000" 사이이며 부호가 있는 정수는 "0111"과 "1000" 사이에 있다.

물리적인 가산기 또는 감산기의 동작은 바이너리 휠의 움직임과 같다. 모든 피연산자와 결과가 동일한 비트 길이를 갖는 한 동일한 회로가 부호 없는 및 부호 있는 형식 모두에 적용될 수 있다. 예를 들어, a, b 및 sum을 세 개의 8 비트 신호로 하자. 그러면 구문

```
sum = a + b;
```

은 동일한 하드웨어를 추론하며 이러한 신호가 부호 없는 형식 또는 부호가 있는 형식으로 해석되는지 여부에 관계없이 동일한 이진 표현을 사용한다. 이 관찰은 다른 산술 연산에서도 똑같다(그러나 관계 연산이나 오버플로우 상태 생성과 같은 비 산술 연산에는 적용할 수 없다).

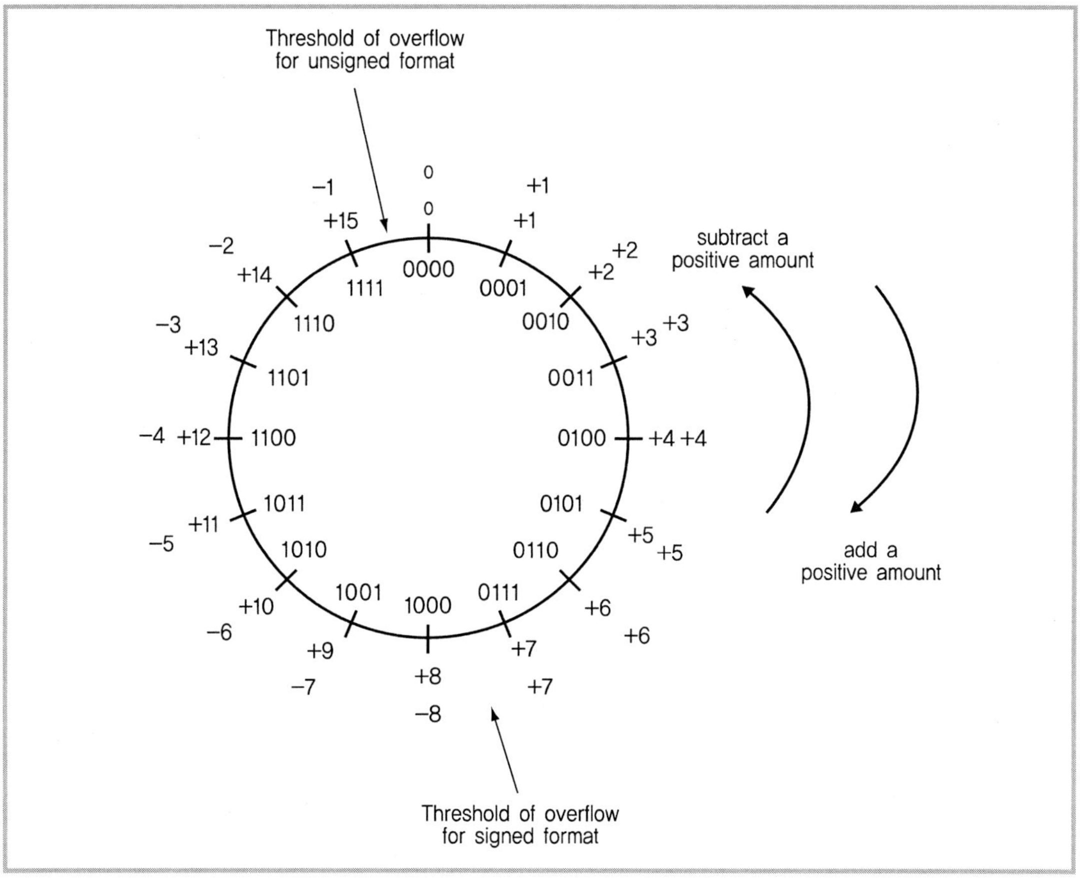

그림 7.2 4 비트 이진 휠

반면에 피연산자나 결과의 비트 길이가 다른 경우 형식을 구별해야 한다. 이는 너비 확장의 다른 요구 사항 때문이다. 부호 없는 형식은 확장 시에 0가 추가되고, "0 확장"이 되지만 부호 있는 형식의 경우는 부호 확장자로 알려진 부호 비트가 앞에 추가된다. 예를 들어 -5의 4 비트 표현은 "1011"이다. 8 비트로 확장되면 "0000_1011"이 아닌 "1111_1011"이 된다.
예를 들어 a와 sum을 두 개의 8 비트 신호로, b를 4 비트 신호, $b_3b_2b_1b_0$으로 하자. 구문

```
sum = a + b;
```

b는 8 비트로 확장되어야 한다. 확장 b는 부호가 없는 형식인 경우 $0000b_3b_2b_1b_0$가 되지만 부호가 있는 형식인 경우 $b_3b_3b_3b_3b_3b_2b_1b_0$이 된다. 이 문장에 대한 추론된 하드웨어는 폭 확장 회로와 가산기로 구성된다. 확장 회로는 부호 없는 형식과 부호 있는 형식에서 서로 다르므로 이 문은 부호 없는 형식과 부호 있는 형식에 대해 서로 다른 하드웨어 구현을 유추한다.

7.3.2 Verilog-1995의 부호화된 수

Verilog-1995에서는 정수 데이터 형식만 부호 있는 숫자로 해석되고 **reg** 및 **wire** 데이터 형식은 부호 없는 숫자로 해석된다. 정수 데이터 타입은 고정 크기(일반적으로 32 비트)를 가지기 때문에 융통성이 없다. 부호 있는 작업을 수행하기 위해 자주 코드를 수동으로 조작해야 한다. 부호 있는 작업과 부호 없는 작업은 다음 코드 세그먼트에 설명되어 있다.

```
reg [7:0] a, b;
reg [3:0] c;
reg [7:0] sum1, sum2, sum3, sum4;
. . .
// same width, can be applied to signed and unsigned
sum1 = a + b;
// automatic 0 extension
sum2 = a + c;
// manual 0 extension
sum3 = a + {4{1'b0}, c};
// manual sign extension
sum4 = a + {4{c[3]}, c};
```

첫 번째 문장에서 a, b 및 sum1은 동일한 너비를 가지므로 부호 없는 숫자 또는 부호 있는 숫자로 해석되는지 여부에 관계없이 동일한 더하기 회로를 추론한다.

두 번째 문장에서 c는 너비가 4 비트이다. 비트 길이는 3.2.8 절에서 설명된 규칙에 따라 조정된다. reg 형식은 부호 없는 숫자로 처리되므로 0 확장이 수행되고, c 앞에 4개의 0이 추가된다.

세 번째 문장에서는 c 앞에 4개의 0을 수동으로 추가하고 이전 구문과 동일한 효과를 얻는다.

네 번째 문장에서는 변수를 부호 있는 숫자로 해석한다. 원하는 동작을 달성하려면 c가

8 비트로 부호 확장되어야 한다. 이 작업은 수동으로만 수행할 수 있다. 코드에서 부호 확장 8 비트 수를 생성하기 위해 4의 MSB(즉, 4 {c[3]})를 복제한다.

7.3.3 Verilog-2001의 부호화된 수

Verilog-2001에서는 부호화된 형식이 **reg** 및 **wire** 데이터 형식으로 확장되었다. 이는 다음과 같이 선언 시 signed 키워드를 추가하여 수행한다.

```
reg signed [7:0] a, b;
```

부호화된 데이터 유형을 사용하면 이전 코드 세그먼트를 다음과 같이 수정할 수 있다.

```
reg signed [7:0] a, b;
reg signed [3:0] c;
reg signed [7:0] sum1, sum4;
. . .
// same width, can be applied to signed and unsigned
sum1 = a + b;
// automatic sign extension
sum4 = a + c;
```

첫 번째 명령문은 a, b 및 sum1이 동일한 비트 길이를 가지므로 일반 가산기를 유추한다. 부호화된 데이터 형식은 이진 표현의 해석을 인식하는 데 도움이 된다. 두 번째 명령문에서 오른쪽 표현식의 모든 변수는 부호가 있는 데이터 유형이고, c는 8 비트로 자동으로 부호 확장된다. 따라서 변수를 수동으로 채울 필요가 없다.

소형 디지털 시스템에서는 일반적으로 부호 없는 형식이나 부호 있는 형식을 사용한다. 그러나 더 큰 시스템에는 다른 형식의 하위 시스템이 포함될 수 있다. Verilog는 느슨하게 형식화된 언어이고 서명되지 않은 변수와 부호가 있는 변수는 같은 표현식에서 혼합될 수 있다.

Verilog 표준에 따르면 오른쪽 확장 표현식의 모든 변수가 부호 있는 데이터 형식인 경우에만 부호 확장이 수행된다. 그렇지 않으면 모든 변수에 대해 확장이 수행되지 않는다. 코드 세그먼트를 고려해 보자.

```
reg signed [7:0] a, sum;
reg signed [3:0] b;
reg [3:0] c;
. . .
sum = a + b + c ;
```

c는 부호가 있는 데이터 유형이 아니므로 오른쪽 표현 식의 변수 b 및 c는 0으로 확장된다.

Verilog는 **$signed()**와 **$unsigned()**의 두 가지 시스템 함수로 구성되어 있으며, 각각의 식은 부호 있는 데이터 형식과 부호 없는 데이터 형식으로 변환된다. 예를 들어 앞의 명령문에서 c의 데이터 유형을 변환할 수 있다.

```
sum = a + b + $signed(c);
```

오른쪽 표현식의 세 변수는 모두 부호가 있는 데이터 유형이므로 b 및 c는 부호가 확장된다.

복잡한 표현식에서 부호 있는 데이터 유형과 부호가 없는 데이터 유형의 혼합은 미묘한 차이를 유발할 수 있으므로 피해야 한다. 실제로 필요한 경우 표현식을 단순하게 유지해야 하며, 변환 함수를 사용하여 데이터 유형의 일관성을 보장해야 한다.

7.4 합성에 펑션의 사용

7.4.1 개요

Verilog 모듈의 일부 표현은 여러 장소에서 발생할 수 있다. 코드를 반복하는 대신 일반적으로 사용되는 부분을 루틴으로 추상화해야 한다. 이는 모듈 내에서 펑션을 정의함으로써 달성할 수 있다. Verilog 함수는 하나 이상의 입력 인수를 취하여 단일 값을 반환한다. 합성 중에 펑션은 확장되고 "평평하게" 배치되어 하드웨어에 매핑된다. 따라서, 합성 목적을 위해, 펑션은 단순하게 유지되어야 하고 복잡한 표현식의 속기로 취급되어야 한다. 기본 구문은 다음과 같다.

```
module . . .
. . .
// function defined within module
function [result_type] [func_id] ([input_arg]);
  begin
    [statements];
  end
endfunction
. . .
endmodule
```

펑션은 **function**과 **endfunction** 구분 기호 내에 정의된다. 선택적 [result_type]은 반환된 결과의 데이터 유형을 지정하며 대개 범위 또는 정수와 함께 reg이다. 입력 인수는 [input_arg]에 선언되고 함수 이름은 [func_id]로 지정된다. 함수는 구문으로 기술되고 결과는 다음과 같은 구문에 의해 리턴된다.

```
[func_id ] = . . .;
```

7.4.2 예제

코드 6.6의 2진수에서 BCD 로의 변환 회로를 살펴보자. 변환하는 동안 각 BCD 숫자를 특정 방식으로 증가시켜야 한다. FSMD 부분을 명확하게 만들기 위해 코드에서 별도의 세그먼트를 사용한다.

```
module . . .
  . . .
  assign bcd0_tmp = (bcd0_reg > 4) ? bcd0_reg+3 : bcd0_reg;
  assign bcd1_tmp = (bcd1_reg > 4) ? bcd1_reg+3 : bcd1_reg;
  assign bcd2_tmp = (bcd2_reg > 4) ? bcd2_reg+3 : bcd2_reg;
  assign bcd3_tmp = (bcd3_reg > 4) ? bcd3_reg+3 : bcd3_reg;
endmodule
```

동일한 표현식을 네 번 반복하는 대신, 이 목적을 위해 함수, ba()를 정의할 수 있다. 수정된 코드 세그먼트는 다음과 같다.

```
module . . .
  . . .
  assign bcd0_tmp = ba(bcd0_reg);
  assign bcd1_tmp = ba(bcd1_reg);
  assign bcd2_tmp = ba(bcd2_reg);
  assign bcd3_tmp = ba(bcd3_reg);
  . . .
  // function definition (ba: bcd adjust)
  function [3:1] ba(reg [3:0] bcd_in);
    begin
      ba = (bcd_in > 4) ? bcd_in + 3 : bcd_in;
    end
  endfunction
  . . .
endmodule
```

ba() (BCD 조정) 함수는 끝부분에 정의되어 있다. 4비트 인수를 취하여 4비트 결과를 반환한다. 이 함수를 사용하여 이전 표현식을 대체할 수 있다. 사실 bc(bcd0_reg)를 펑션으로 정의하면 bcd0_tmp를 직접 대체하고 이러한 변수를 코드에서 제거할 수 있다.

펑션의 다른 일반적인 적용은 다른 매개 변수에 따라 값이 다른 상수를 계산하는 것이다. 코드 4.11에서 논의한 mod-m 카운터를 생각해 보자. 두 개의 매개 변수가 있다. M은 m 값을 지정하고, N은 카운터에 필요한 비트 수를 지정한다. N의 값은 $\lceil \log_2 M \rceil$ 이며, 독립 매개 변수가 아니다. 보다 나은 접근법은 N을 지역 상수로 지정하고 모듈 내부에서 값을 계산하는 것이다. 이는 펑션을 사용하여 얻을 수 있다. 이를 코드 7.12에 나타내었다.

코드 7.12 펑션을 이용한 Mod-m 카운터

```
module mod_m_counter_fc
  #(parameter M=10) // mod-M
  (
   input wire clk, reset,
   output wire max_tick,
    output wire [log2(M)-1:0] q
  );
  //signal declaration
  localparam N = log2(M); // number of bits for M
  reg [N-1:0] r_reg;
  wire [N-1: 0] r_next;

  // body
  // register
  always @(posedge clk, posedge reset)
    if (reset)
      r_reg <= 0;
    else
      r_reg <= r_next;

  // next-state logic
  assign r_next = (r_reg==(M-1)) ? 0 : r_reg + 1;
  // output logic
  assign q = r_reg;
  assign max_tick = (r_reg==(M-1)) ? 1'b1 : 1'b0;
  // log2 constant function
  function integer log2 (input integer n);
    integer i;
    begin
      log2 = 1;
      for (i = 0; 2**i < n; i = i + 1)
        log2 = i + 1;
    end
  endfunction

endmodule
```

$\lceil \log_2(x) \rceil$ 를 계산하는 log2 () 함수는 모듈 내부에서 정의되고 지역 파라미터 N을 얻기 위해 사용된다. 계산은 코드가 정교하게 수행될 때 수행되기 때문에 값은 합성 전에 결정되고 어떤 물리적 회로도 이 기능에 대해 추론되지 않는다.

7.5 테스트벤치 개발을 위한 추가 구성 요소

우리는 주로 하드웨어 개발에 중점을 두었으므로 합성 가능한 작은 Verilog 하위 집합을 검토하고 검증을 위해 두 개의 기본 테스트벤치 템플릿을 사용한다. Verilog 언어와 테스트벤치에 대한 자세한 내용은 이 책의 범위를 벗어나지만 이 섹션에서는 보다 정교한 테스트벤치를 개발하는 데 도움이 되는 몇 가지 언어 구조에 대한 간략한 개요를 제공한다.

합성 가능 코드와는 달리 테스트벤치 코드는 시뮬레이터에 공급되어 호스트 컴퓨터에서 실행된다. 복잡한 언어 구조와 순차 알고리즘을 코드에 포함시킬 수 있다. 많은 Verilog 구조는 C 언어의 구조와 유사하며 비슷한 방식으로 사용될 수 있다.

7.5.1 Always 블록과 initial 블록

Verilog에는 두 가지 유형의 절차 블록이 있다: always 블록과 initial 블록. always 블록은 내부에 절차적 문장을 포함하고 추상 회로 부분을 모델링한다. 우리는 3.3절에서 always 블록의 하나의 특별한 유형을 조사하였다. 이는 합성을 위한 것이다. 이 블록은 민감도 목록을 가지고 있지만 다른 명시적 타이밍 제어 구성을 포함하지 않는다. always 블록의 활성화 및 실행은 민감도 목록의 지정된 이벤트에 의해 트리거된다.

모델링 목적을 위해 always 블록에는 다양한 구문의 관련 전파 지연을 지정하거나 특정 이벤트를 기다리는 타이밍 구문이 포함될 수 있다. 민감도 목록은 생략될 수 있다. 예를 들어, 다음 세그먼트를 사용하여 클록 신호를 모델링할 수 있다.이 신호는 20 시간 단위마다 0과 1 사이를 번갈아 가며 영원히 실행된다.

```
always
  begin
    clk = 1'b1;
    #20;
    clk = 1'b0;
    #20;
  end
```

*initial 블록*에는 내부에 절차문이 들어 있다. 그러나 시뮬레이션 시작 시 한 번만 실행된다. 단순화된 구문은 다음과 같다.

```
initial
begin
  [procedural statements]
end
```

초기 블록은 변수의 초기 값을 설정하는 데 자주 사용된다. 코드 1.7에서는 전체 테스트 시퀀스를 생성하는 데 사용된다. initial 블록의 "run-once"동작은 일반적으로 합성될 수 없다.

7.5.2 절차문

절차문은 initial 블록, always 블록, function 및 task 내에서 사용된다. 일반적으로 사용되는 절차문은 다음과 같다.

- 블로킹 할당
- 논블로킹 할당
- If문
- 다양한 case 문
- 다양한 loop 문

7.1 절에서 블로킹 및 논블로킹 할당을 다루었고 3.4 및 3.5 절은 if 및 case 문에 대해 설명한다.

Verilog는 **for, while, repeat** 및 **forever**의 네 가지 루프 구문을 지원한다. for 루프의 간략한 구문은 다음과 같다.

```
for ([initial_assignment]; [end_condition]; [step_assignment])
begin
  [procedural_statements];
end
```

예를 들어, 16 워드 레지스터 파일의 내용을 지울 수 있다.

```
integer i;
. . .
for (i=0; i < 16; i=i+1)
  reg_file [i] = 0;
```

본문 안에 문장이 하나만 있는 경우 시작 및 끝 구분 기호는 생략할 수 있다. while 루프의 간략한 구문은 다음과 같다.

```
while ([end_condition])
begin
  [procedural_statements];
end
```

루프 본문의 문은 [end_condition] 식에 지정된 조건이 충족될 때까지 계속 반복된다. 예를 들어, 이전 레지스터를 지우는 작업은 while 루프를 사용하여 수행할 수도 있다.

```
integer i;
...
i=0;
while (i<16)
  begin
    reg_file [i] = 0;
    i=i+1;
  end
```

repeat 루프의 간략한 구문은 다음과 같다.

```
repeat ([number])
begin
  [procedural_statements];
end
```

루프문의 본체는 [number]로 지정된 특정 횟수만큼 반복된다. 예를 들어 이전 작업은 반복 루프를 사용하여 수행할 수도 있다.

```
integer i;
. . .
i=0;
repeat (16)
  begin
    reg_file [i] = 0;
    i=i+1;
  end
```

forever 루프의 간략한 구문은 다음과 같다.

```
forever
  begin
    [procedural_statements];
  end
```

이름에서 알 수 있듯이 **forever** 루프는 시뮬레이션이 끝날 때까지 구문을 반복한다. 루프 본문은 일반적으로 특정 타이밍 제어 구성을 포함하므로 주기적으로 일시 중단된다. 예를 들어, 다음 세그먼트는 10 시간단위(time units)로 값을 전환하고 영원히 실행되는 클럭 신호를 설명하는 또 다른 방법이다.

```
initial begin
  clk = 1'b0;
  forever
```

```
      #10 clk = ~clk;
   end
```

7.5.3 타이밍 제어

테스트벤치에서는 다양한 신호가 활성화 및 비활성화되거나 특정 이벤트나 조건을 기다리는 시간을 지정해야 한다. 세 가지 타이밍 제어 구성이 있다.

- 딜레이 제어: `# [delay time]`
- 이벤트 제어: `@ ([event], [event], . . .)`
- wait 문: **wait** `([boolean expression])`

또한 컴파일러 지시문인 `timescale은 타이밍 지정과 관련이 있다.

7.5.4 딜레이 제어

딜레이 제어는 # 기호로 표시한 다음 지연될 시간 단위의 양을 표시한다. 절차적 진술의 실행을 지정된 양만큼 지연시킨다.

```
. . .
#10 a = 1'b0;
#5 y = a | b;
. . .
```

현재 시뮬레이션 시간을 t라고 가정하자. 이 문장은 a가 $t + 10$에서 0이 되고, 그 때부터 5 시간 단위(즉, $t + 15$) 이후에 a | b식이 평가되고, 그 결과가 y에 할당됨을 의미한다.

딜레이 제어가 오른쪽에 배치되면 식이 즉시 실행되지만 왼쪽 변수에 대한 할당이 지연된다. 세그먼트를 고려하자.

```
. . .
#10 a = 1'b0;
   y = #5 a | b;
. . .
```

다시, a는 $t + 10$에서 0이 된다. 즉, a | b 표현은 즉각적으로(즉, $t + 10$에서) 평가되지만 결과는 $t + 15$에서 y에 할당된다.

전달 지연을 모델링하는 대신 일반적으로 지연 제어를 사용하여 테스트벤치에서 자극을 생성한다. 다음 형식은 코드를 보다 직관적으로 만든다.

```
. . .
a = 1'b0;              // a gets 0
#10;                   // the 0 value lasts 10 time units
```

```
a = 1'b1;         // a changes to 1
#5                // the 1 value lasts 5 time units
a = 1'b0;         // a changes to 0
#20               // the 0 value lasts 20 time units
. . .
```

7.5.5 이벤트 제어

이벤트 제어는 @ 기호 다음에 원하는 이벤트를 지정한 민감도 목록이 표시된다. 이벤트 제어는 always 블록에서 사용되는 것과 유사하다. 이벤트는 민감도 목록의 신호가 값(즉, 신호 전이)을 변경하는 경우이다. **posedge** 및 **negedge** 키워드를 추가하여 원하는 천이 에지(즉, 상승 에지 또는 하강 에지)를 지정할 수 있다. 테스트벤치에서 지정된 이벤트 중 하나가 발생할 때까지 실행이 일시 중단된다. 이벤트 제어의 일반적인 응용 프로그램은 자극 생성을 클럭 신호와 동기화하는 것이다. 예를 들어, 다음 세그먼트는 1 클럭 사이클 동안 활성화 신호 en을 활성화한다.

```
localparam delta=1;
. . .
@(posedge clk)        // wait for the rising edge of clk
#delta;               // wait for delta to avoid hold-time violation
en = 1'b1;            // assert en to 1
@(posedge clk)        // wait for the next rising edge of clk
#delta;               // wait for delta to avoid hold-time violation
en = 1'b0;            // deassert en to 0
. . .
```

또는 클럭 신호의 하강 에지에서 en을 어서트 및 디어서트를 수행할 수도 있다.

```
. . .
@(negedge clk)        // wait for the falling edge of clk
en = 1'b1;            // assert en to 1
@(negedge clk)        // wait for the next falling edge of clk
en = 1'b0;            // deassert en to 0
. . .
```

7.5.6 Wait 문

wait문은 특정 조건을 기다리는데 사용한다. 간략화된 구문은 다음과 같다.

```
wait [boolean_expression]
```

후속 구문의 실행은 `[boolean_expression]` 항에 의해 지정된 조건이 참으로 평가될 때까지 일시 중단된다. 예를 들어 다음과 같은 코드를 작성할 수 있다.

```
wait (state==READ && mem_ready==1'b1) [statement_to_get_data] ;
```

wait 문을 사용하여 실행을 일시 중단할 수도 있다. 예를 들어, 카운터가 15에 도달할 때까지 기다렸다가 특정 신호를 활성화할 수 있다.

```
. . .
wait (counter==4'b1111); // wait unit counter is 15
. . . // continue
```

wait 문은 이벤트 제어와 다소 비슷하다. 후자는 특정 신호의 천이 에지를 기다리고 전자는 특정 조건을 기다리고 때로는 레벨 감지라고도 한다.

7.5.7 Timescale 지시자

컴파일러 지시어는 Verilog 코드의 컴파일 및 처리를 제어하는 데 사용된다. 앞에 억음 부호(`)가 있으며, 타이밍 관련 지시문은 'timescale 지시문이다. 구문은 다음과 같다.

```
'timescale [time_unit] / [time_precision]
```

[time_unit]은 시간과 지연에 대한 측정 단위를 지정하고 [time_precision] 용어는 시뮬레이션의 "resolution"을 지정한다.

예를 들어, 지시자

```
'timescale 10 ns / 1 ns
```

는 시뮬레이션 단위가 10 ns이고, 분해능이 1 ns임을 나타낸다. 코드에서 딜레이가 지정된 경우

```
#5 y = a * b;
```

실제 딜레이는 50 ns(즉, 5 * 10 ns)임을 나타낸다.

딜레이 사양은 소수일 수도 있다. 예를 들면

```
#5.12345 y = a & b;
```

는 실제 지연이 51.2345 ns임을 나타내는 것과 같다. 한편, 정밀도는 1 ns이므로 시뮬레이션에서 51 ns로 반올림된다. 미세한 정밀도는 시뮬레이션의 정확성을 높일 수는 있지만 시뮬레이션 속도를 떨어뜨릴 수 있다.

[time_unit] 및 [time_precision] 용어의 숫자 부분은 1, 10 또는 100일 수 있으며 시간 단위는 **s**(초), **ms**(밀리 초), **us**(마이크로 초), **ns**(나노 초), **ps**(피코 초) 또는 **fs**(펨토 초)일 수 있다.

7.5.8 시스템 펑션과 태스크

Verilog에는 사전 정의된 시스템 펑션 및 태스크 세트가 있다. 시뮬레이션 제어 및 파일 액세스와 같은 시스템 관련 작업을 수행한다. 그들의 이름은 달러 기호($)로 시작한다. 이 절에서는 일반적으로 사용되는 여러 가지 기능과 작업을 검토한다.

데이터 형식 변환 펑션 **$unsigned** 및 **$signed** 함수는 부호없는 데이터 형식과 부호 있는 데이터 형식 간의 변환을 수행한다. 그 사용법은 7.3 절에서 논의된다.

시뮬레이션 시간 펑션 시뮬레이션 시간 함수는 현재 시뮬레이션 시간을 반환한다. **$time, $stime** 및 **$realtime** 함수는 시간을 각각 64 비트 정수, 32 비트 정수 및 실수로 반환한다.

시뮬레이션 제어 태스크 두 가지 시뮬레이션 제어 태스크가 있다: **$finish** 및 **$stop**. **$finish** 작업은 시뮬레이션을 종료하고 시뮬레이션 프로그램을 종료한다. $stop 태스크는 시뮬레이션을 일시 중단한다. ModelSim에서 시뮬레이션을 대화 형 모드로 되돌린다. 우리의 개발 흐름에서, 우리는 일반적으로 ModelSim 환경에 머물며 추가 편집을 하거나 파형을 검사한다. 따라서 **$stop**이 코드에서 사용된다.

디스플레이 태스크 2.4 절에서 논의된 개발 흐름은 랩 벤치에서 실험을 하는 것과 유사하다. 시뮬레이션된 결과는 ModelSim의 파형 형식으로 표시된다. ModelSim은 랩 벤치에서 사용되는 로직 분석기를 에뮬레이션한다. 대안은 결과를 텍스트 형식으로 표시하는 것이다. 네 가지 주요 디스플레이 시스템 작업은 **$display**, **$write**, **$strobe** 및 **$monitor**로 그들은 유사한 구문을 가지고 있으며 시뮬레이션 중에 텍스트를 표시한다. ModelSim에서 텍스트는 콘솔 패널에 표시된다.

$display의 형식은 C 언어의 print 함수와 비슷하다. 간단한 구문은 다음과 같다.

```
$display ([format_string], [argument], [argument], . . .);
```

[format_string] 용어에는 정규 문자와 해당 인수의 형식을 지정하는 "이스케이프 시퀀스"가 포함된다. 문자열이 표시되면 해당 인수의 값이 문자열로 대체되고 지정된 형식으로 표시된다. 예를 들어, 다음 구문

```
$display ("at %d; signal x = %bb", $time, x);
```

%d 및 %b는 이스케이프 시퀀스이며 현재 시뮬레이션 시간 및 x를 각각 10 진수 및 2 진수 형식으로 표시하도록 지정한다. 표시의 예는 다음과 같다.

```
at 5100 ; signal  x = 00110001
```

시뮬레이션에서 일반적으로 사용되는 이스케이프 시퀀스에는 %d, %b, %o, %h, %c, %s 및 %g로 각각 10 진수, 2 진수, 8 진수, 16 진수, 문자, 문자열 및 실수에 대응한다.

$write 작업은 **$display** 작업과 거의 동일하지만 **$write**는 끝에 개행 문자를 추가하지 않는

다. 디스플레이 관련 작업의 출력은 현재 위치에서 계속된다. 줄 바꿈을 만들려면 개행 문자 \n을 수동으로 문자열에 추가해야 한다.

Verilog는 7.5.7 절에서 설명한 것처럼 전파 지연을 모델링하기 위해 시간 단계 개념을 사용한다. 많은 활동이 시간 단계 내에서 발생할 수 있다. **$strobe** 작업은 **$display** 작업과 비슷하나 즉시 실행되는 대신 **$strobe** 태스크는 현재 시뮬레이션 시간 단계의 끝에서 실행된다. 경쟁 조건으로 인해 일치하지 않는 데이터가 표시되는 것을 방지한다.

$monitor 태스크는 매우 다양한 명령이다. **$display**, **$write** 또는 **$strobe** 태스크는 실행될 때마다 텍스트를 한 번 표시하지만, **$monitor** 태스크는 인수가 값을 변경할 때 텍스트를 표시한다. **$monitor** 태스크는 시뮬레이션을 추적할 수 있는 간단하고 유연한 방법을 제공한다. 예를 들어, 코드 1.7의 테스트벤치에 다음 세그먼트를 추가할 수 있다.

```
initial
  begin
    $display ("time test_in0 test_in1 test_out "1;
    $monitor ("%d %b % b %b", $time, test_in0, test_in1, test_out) ;
  end
```

텍스트 시뮬레이션 결과는 제어 콘솔 패널에 표시된다.

time	time_in0	time_in1	time_out
0	00	00	1
200	01	00	0
400	01	11	0
600	10	10	1
800	10	00	0
1000	11	11	1
1200	11	01	0

파일 I/O 시스템 펑션과 태스크 Verilog는 일련의 function과 task를 제공하여 외부 데이터 파일에 액세스한다. 파일은 **$fopen**과 **$fclose** 함수로 열고 닫을 수 있다. **$fopen**을 사용하는 간단한 구문은 다음과 같다.

```
[mcd_name] = $fopen("[file_name]");
```

$fopen 함수는 파일과 관련된 32 비트 다중 채널 디스크립터를 반환한다. 디스크립터는 각 비트가 파일(즉, 채널)을 나타내는 32 비트 플래그로 생각할 수 있다. LSB는 표준 출력(즉, 콘솔)용으로 예약되어 있다. 함수가 호출되고 파일이 성공적으로 열리면 1 비트가 어서트된 설명자 값을 반환한다. 예를 들면 첫 번째 열린 파일인 경우 0 . . . 0010이 반환된다. 두 번째 열린

파일에 대해 0 . . . 0100이 반환된다. 이 함수는 열기 연산이 실패할 경우 두 0을 반환한다.

파일이 열리면 **$fdisplay**, **$fwrite**, **$fstrobe** 및 **$fmonitor**의 네 가지 수정된 디스플레이 시스템 작업으로 파일에 데이터를 쓸 수 있다. 이러한 작업은 다중 채널 설명자가 첫 번째 인수로 사용된다는 점을 제외하고는 원래 작업과 비슷하다.

```
$fdisplay ([mcd_name], [format_string], . . . );
```

간단한 예제 세그먼트는 코드 7.13과 같다.

코드 7.13 파일 쓰기 예제

```
integer log_file, both_file;
localparam con_file=16 'h0000_0001;              // console
initial
  begin
    log_file = $fopen("my_log");
    if (log_file == 0)
      $display("Fail to open log file");        // write console
    both_file = log_file | con_file;

    // write to both console and log file
    $fdisplay (both_file, "Simulation started");
    . . .
    // write to log file only
    $fdisplay (log_file, . . .);
    // write to both console and log file
    $fdisplay (both_file,"Simulation ended");
    $fclose (log_file);
  end
```

both_file 변수와 마찬가지로 다중 채널 설명자를 통해 비트 또는 연산을 수행하여 설명자를 만들 수 있다. both_file을 사용하면 텍스트가 콘솔과 로그 파일에 기록된다.

외부 파일에서 **$readmemb** 및 **$readmemh** 데이터를 검색하는 두 가지 간단한 시스템 작업이 있다. 이러한 작업은 외부 파일이 메모리 내용을 저장하고 내용을 변수로 읽는다고 가정한다. **$readmemb** 및 **$readmemh** 작업은 내용이 각각 2진 및 16진수 형식으로 되어 있다고 가정한다. 단순화된 구문은 다음과 같다.

```
$readmemb("[file_name]", [mem_variable]);
$readmemh("[file_name]", [mem_variable]);
```

다음 코드 세그먼트는 8 × 4 메모리 배열을 가져오는 것을 보여준다.

```
reg [3:0] v_mem[0:7];
$readmemb ("vector.txt", v_mem);
```

파일에는 공백으로 구분된 8개의 4 비트 2진 데이터가 있어야 한다.

파일 연산 기능 및 작업을 통해 외부 파일을 사용하여 테스트 패턴을 지정하고 시뮬레이션 결과를 기록할 수 있다. 코드 1.7의 테스트벤치를 살펴보자. 파일 작업을 사용하여 수정할 수 있다(코드 7.14).

코드 7.14 파일 작업을 기반으로 하는 테스트벤치

```
'timescale 1 ns/10 ps

module  eq2_file_tb;
  // single declaration
  reg [1:0] test_in0, test_in1;
  wire test_out;
  integer log_file, console_file, out_file;
  reg [3:0] v_mem [0:7];
  integer i;

  // instantiate the circuit under test
  eq2_sop uut
     (.a(test_in0), .b(test_in1), .aeqb(test_out));
  initial
  begin
    // setup output file
    log_file = $fopen("eqlog.txt");
    if(!log_file)
      $display ("Cannot open log file");
    console_file = 32'h0000_0001;
    out_file = log_file | console_file;

    // read test vector
    $readmemb ("vector. txt", v_mem);

    // test generator iterating through 8 patterns
    for (i=0; i<8; i=i+1)
      begin
        {test_in0, test_in1} = v_mem[i];
        #200;
      end
```

```
    // stop simulation
    $fclose (log_file);
    $stop;
end

// text display
initial
begin
  $fdisplay (out_file, "time  test_in0  test_in1  test_out");
  $fdisplay (out_file, "         (a)        (b)       (aeqb)");
  $fmonitor (out_file, "%10d %b %b %b",
                       $time, test_in0, test_in1, test_out);
end
```

테스트 패턴은 4 비트 이진 형식으로 지정되며 vector.txt 파일에 저장된다. 파일의 내용은 다음과 같다.

```
00_00
01_00
01_11
10_10
10_00
11_11
11_01
00_10
```

파일은 2 차원 v_mem 변수로 읽는다. 테스트 패턴 생성기는 for 루프를 사용하여 8개의 패턴을 반복한다. 시뮬레이션 결과는 콘솔과 로그 파일인 eqlog.txt에 기록된다. 로그 파일의 내용은 다음과 같다.

```
time   time_in0   time_in1   time_out
          (a)        (b)      (aeqb)
   0      00         00          1
 200      01         00          0
 400      01         11          0
 600      10         10          1
 800      10         00          0
1000      11         11          1
1200      11         01          0
1400      00         10          0
```

로그 파일은 일반 텍스트 파일이며 나중에 모든 텍스트 편집기로 검사할 수 있다.

7.5.9 사용자 정의 펑션 및 태스크

포괄적인 테스트벤치는 길고 복잡할 수 있다. 복잡성을 관리하는 한 가지 방법은 코드를 더 작은 부분으로 나누는 것이다. 펑션과 태스크는 이를 달성하는 데 도움이 될 수 있다. 7.4 절에서 Verilog 함수에 대해 설명한다. 함수는 입력 인수를 취해 단일 값을 반환한다. 호출되면 함수가 즉시 실행되므로 함수 내에 타이밍 제어 구문을 사용할 수 없다.

태스크는 보다 융통성 있고 다양하다. 입력, 출력 및 양방향 인수를 가질 수 있으며 타이밍 제어 구성을 통합할 수 있다. 여러 값은 출력 및 양방향 인수를 통해 되돌릴 수 있다. 펑션과 마찬가지로, 태스크는 모듈 내에서 선언되어야 한다. 작업의 기본 구문은 다음과 같다.

```
task [task_id] ([arg]);
  begin
    [statements];
  end
endtask
```

[arg] 용어는 인수 선언이다. 형식은 모듈의 포트 선언과 유사하지만 기본 데이터 유형은 reg이고 와이어 데이터 유형은 사용할 수 없다. 코드 7.15의 예제는 task를 사용하는 2비트 동등 비교기의 모델링을 보여준다.

코드 7.15 task를 사용한 2비트 비교기

```
module eq2_task
    (
    input wire [1:0] a, b,
    output reg aeqb
    );
    reg e0, e1;

    always @*
    begin
      equ_tsk(2, a[0], b[0], e0);
      equ_tsk(2, a[1], b[1], e1);
      aeqb = e0 & e1;
    end
  // task definition
  task equ_tsk
    (
```

```
      input i0, i1,
      output eq1
    );
    begin
      #delay eq1 = (~i0 & ~i1) | (i0 & i1);
    end
  endtask

endmodule
```

작업의 전파 지연은 #delay에 의해 지정되고 해당 값은 지연 인수를 통해 작업으로 전달된다.

비교를 위해 function을 사용하여 코드를 다시 작성하였다(코드 7.16).

코드 7.16 Two-bit comparator using a function

```
module eq2_function
  (
    input wire [1:0] a, b,
    output reg aeqb
  );

  reg e0, e1;
  always @*
    begin
      #2 e0 = equ_fnc(a[0], b[0]);
      #2 e1 = equ_fnc(a[1], b[1]);
      aeqb = e0 & e1;
    end

  // function definition
  function equ_fnc(input i0, i1);
    begin
      equ_fnc = (~i0 & ~i1) | (i0 & i1);
    end
  endfunction

endmodule
```

함수는 타이밍 제어를 통합할 수 없다. 동일한 효과를 얻으려면 딜레이를 always 블록에만 지정해야 한다.

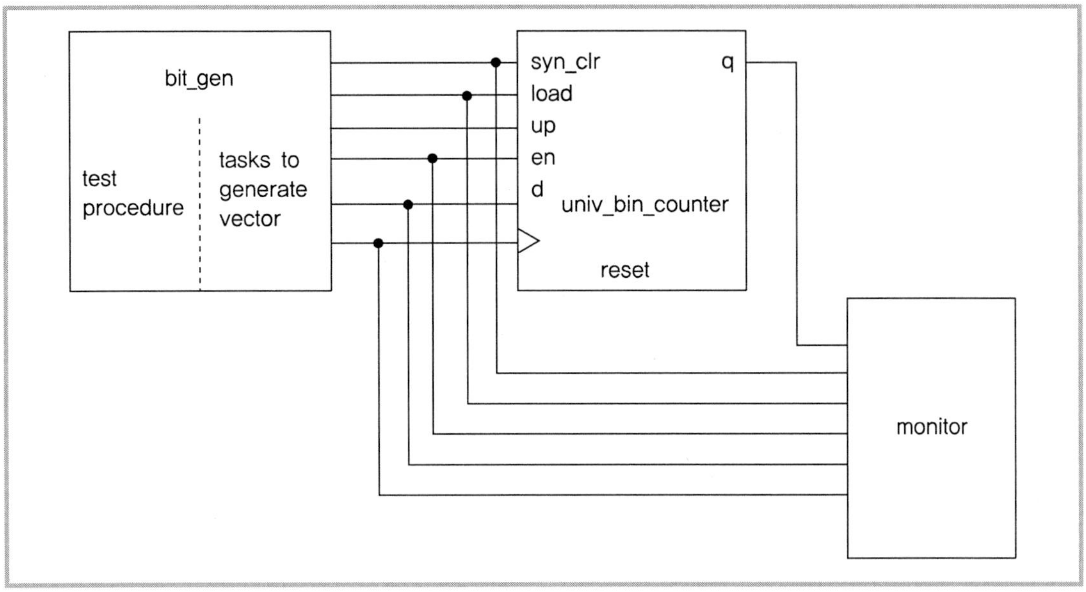

그림 7.3 포괄적인 테스트벤치의 블록 다이어그램

7.5.10 포괄적인 테스트벤치의 예

추가 언어 구문을 학습한 후 보다 정교한 테스트벤치를 개발할 수 있다. 코드 4.10의 범용 이진 카운터에 대한 테스트벤치를 다시 고려해 보자. 새로운 테스트벤치의 개념적 블록 다이어그램이 그림 7.3에 나와 있다. 3개의 모듈이 있다. 카운터 외에 bin_gen 모듈은 테스트 벡터를 생성하고 모듈은 입력 자극과 출력 응답을 모니터링한다.

테스트 벡터 생성기 모듈 테스트 벡터를 직접 생성하는 것은 코드 4.12에서와 같이 길고 지루한 과정이다. 더 나은 대안은 다양한 작업에 해당하는 일련의 추상 절차를 개발하는 것이다. 따라서 코드를 보다 체계적이고 이해하기 쉽게 한다. 개별적인 절차는 태스크에 의해 수행될 수 있다. 예를 들어 앞의 테스트벤치에서 카운터의 데이터 로드 작업을 수행할 태스크를 정의할 수 있다.

```
task load_data(input wire [N-1:0] data_in);
begin
  @ (negedge clk); // wait for failing edge
  load = 1'b1;
  d = data_in;

  @ (negedge clk);
  load = 1'b0;
end
```

```
endtask
```

이 task에서 load는 두 개의 하강 에지 사이에서 1 클록주기 동안 어서트되고 데이터 data_in 은 d에 배치된다.

여러 가지 다른 task가 비슷한 방식으로 정의된다.

- clr_counter async: 짧은 리셋 펄스를 생성하여 카운터를 비동기적으로 지운다.
- clr counter_sync: 1 클럭 사이클 동안 syn_clr 신호를 활성화하여 동기식으로 카운터를 지운다.
- count: 특정주기 동안 카운터를 위 또는 아래로 카운트할 수 있게 한다.
- initialize: 시뮬레이션을 위한 초기 값을 설정하고 리셋 펄스를 생성한다. 이 절차를 통해 보다 추상적인 방법으로 테스트 벡터를 생성할 수 있다.

```
initial
begin
  initialize() ;
  count(12, 1);             // count up 12 cycles
  count (6, 0);             // count down 6 cycles
  load_data (3' b011);      // load 011
  count (2, 1);             // count up 2 cycles
  clr_counter_sync();       // clear counter synchronously
  count (3, 1);             // count up 3 cycles
  clr_counter_async();      // clear counter asynchronously
  count (5, 1);             // count up 5 cycles
  $stop ; // stop simulation
end
```

전체 코드는 코드 7.17과 같다.

코드 7.17 Test vector generator

```
module bin_gen
  #(parameter N=8, T=20)
  (
    output reg clk, reset,
    output reg syn_clr, load, en, up,
    output reg [N-1:0] d
  );

  // clock
  // clock running forever
  always
```

```
begin
  clk = 1'b1;
  #(T/2) ;
  clk = 1'b0;
  #(T/2);
end

// test procedure
initial
begin
  initialize();
  count (12, 1);          // count up 12 cycles
  count (6, 0);           // count down 6 cycles
  load_data(3'b011);
  count (2, 1);           // count up 2 cycles
  clr_counter_sync();
  count (3, 1) ;          // count up 3 cycles
  clr_counter_async();
  count (5, 1);           // count up 5 cycles
  $stop ;                 // stop simulation
end

//========================================
// task definitions
//========================================
// assert reset between clock edges
task clr_counter_async();
begin
  @(negedge clk);         // wait for failing edge
  reset = 1'b1;
  #(T/4);                 // assert 4/T
  reset = 1'b0;
end
endtask

task initialize();
// system initialization
begin
  en = 0;
  up = 0;
  load = 0;
```

```
    syn_clr = 0;
    d = 3'b000;
    clr_counter_async();
  end
  endtask

  // asset syn_clr one clock cycle
  task clr_counter_sync();
  begin
    @(negedge clk);           // wait for failing edge
    syn_clr = 1'b1;           // assert clear
    @(negedge clk);
    syn_clr = 1'b0;
  end
  endtask

  // load register
  task load_data(input wire [N-1:0] data_in);
  begin
    @(negedge clk);           // wait for failing edge
    load = 1'b1;
    d = data_in;
    @(negedge clk);
    load = 1'b0;
  end
  endtask

  // count up or down for C cycles
  task count(input integer C, input integer UP_DOWN);
  begin
  @(negedge clk);             // wait for failing edge
    en = 1'b1;
    if (UP_DOWN==1)           // count up if up-down is 1
      up = 1'b1;
    repeat(C) @(negedge clk);
    en = 1'b0;
    up = 1'b0;
  end
  endtask

endmodule
```

모니터 모듈 모니터 모듈은 카운터 활동을 모니터하고 기록하며 작동을 검증한다. 이를 코드 7.18에 나타내었다.

코드 7.18 모니터

```
module bin_monitor
  #(parameter N=3)
  (
    input wire clk, reset,
    input wire syn_clr, load, en, up,
    input wire [N-1:0] d,
    input wire max_tick, min_tick,
    input wire [N-1:0] q
  );

  reg [N-1:0] q_old, d_old, gold;
  reg syn_clr_old, en_old, load_old, up_old;
  reg [39:0] err_msg;          // 5-letter message

  initial                              // head
    $display ("time syn_clr/load/en/up q\n") ;

always @(posedge elk)
begin
  // _old: the value sampled at the previous clock edge
  syn_clr_old <= syn_clr;
  en_old <= en;
  load_old <= load;
  up_old <= up;
  q_old <= q;
  d_old <= d;
  // calculate the desired "gold" value
  if (syn_clr_old)
    gold = 0;
  else if (load_old)
    gold = d_old;
  else if (en_old & up_old)
    gold = q_old + 1;
  else if (en_old & ~up_old)
    gold = q_old - 1;
  else
    gold = q_old;
```

```
    // error message
    if (q==gold)
      err_msg = "     ";          // result passes
    else
      err_msg = "ERROR";          // result fails
    //
    $display ("%5d, %b%b%b%b %d %s",
             $time, syn_clr, load, en, up, q, err_msg);
    end

endmodule
```

카운터가 동기식 순차 회로이기 때문에 모니터 모듈은 클럭 신호의 상승 에지에서 활동에 중점을 둔다. 핵심은 카운터 작동의 정확성을 점검하는 것이다. 테스트중인 회로는 간단한 카운터이기 때문에 이전 샘플링 에지로부터 샘플링된 입력 값과 카운터 상태를 기록하고 새로운 카운터 상태를 결정할 수 있다. 예를 들어, `syn_clr`의 이전 샘플 값이 1이면 카운터는 지워지고 시계의 다음 상승 에지에서 0이 된다.

코드의 주요 부분은 클럭의 상승 에지에서 활성화되는 always 블록이다. 세 가지 세그먼트가 있다. 첫 번째 세그먼트는 논블로킹 문을 사용하여 레지스터를 유추한다. 이 레지스터는 _old 접미사로 지정되고 이전 샘플링 에지에서 샘플링된 값을 저장한다. 두 번째 세그먼트는 이 값을 사용하여 예상되는 카운터 출력인 gold를 계산한다. 마지막 세그먼트는 예상된 카운터 출력을 실제 출력과 비교하고 샘플링된 입력 신호 및 카운터 출력의 값을 표시한다. 불일치가 발생하면 ERROR 메시지가 생성된다. Verilog에서 문자는 8 비트 숫자로 취급되므로 5 문자 메시지 `err_msg`는 `reg [39 : 0]`으로 선언된다.

최상위 모듈 최상위의 테스트벤치 모듈의 코드는 그림 7.19의 블록 다이어그램을 따르는 코드 7.19에 나와 있다.

코드 7.19 테스트벤치의 최상위 모듈

```
'timescale 1 ns/10 ps
module bin_counter_tb3();

  // declaration
  localparam T=20;              // clock period
  wire clk, reset;
  wire syn_clr, load, en, up;
  wire [2:0] d;
```

```
wire max_tick, min_tick;
wire [2:0] q;

// uut instantiation
univ_bin_counter #(.N(3)) uut
// uut instantiation
univ_bin_counter #(.N(3)) uut
  (.clk(cik), .reset(reset), .syn_clr(syn_clr),
   .load(load), .en(en), .up(up), .d(d),
   .max_tick(max_tick), .min_tick(min_tick), .q(q));

// test vector. generator
bin_gen #(.N(3), .T(20)) gen_unit
  (.clk(clk), .reset(reset), .syn_clr(syn_clr),
  .load(load), .en(en), .up(up), .d(d));

// bin_monitor instantiation
bin_monitor #(.N(3) mon_unit
(.cik(clk), .reset(reset), .syn_clr(syn_clr),
 .load(load), .en(en), .up(up), .d(d),
 .max_tick(max_tick), .min_tick(min_tick), .q(q));

endmodule
```

파형 외에도 테스트벤치는 콘솔 패널에 텍스트 출력을 생성한다.

```
time  syn_clr/load/en/up/       q

   0   0000       x       ERROR
  20   0000       0       ERROR
  40   0011       0
  60   0011       1
  80   0011       2
 100   0011       3
 120   0011       4
 140   0011       5
 160   0011       6
 180   0011       7
 200   0011       0
 220   0011       1
 240   0011       2
 260   0011       3
 280   0000       4
 300   0010       4
```

```
320   0010      3
340   0010      2
360   0010      1
380   0010      0
400   0010      7
420   0000      6
440   0100      6
460   0000      3
480   0011      3
500   0011      4
520   0000      5
540   1000      5
560   0000      0
580   0011      0
600   0011      1
620   0011      2
640   0000      3
660   0000      0         ERROR
680   0011      0
700   0011      1
720   0011      2
740   0011      3
760   0011      4
```

세 가지 오류 메시지가 있다. 0 번과 20 번 메시지는 시스템 초기화 중 발생하며 실제 오류가 아니다. 시간 660의 메시지는 640과 660의 샘플링 에지 사이에 짧은 비동기 펄스를 생성하는 clr_counter_async() 연산 때문이다. 테스트벤치는 동기식 동작만 모니터링하기 때문에 비동기식 재설정을 보고하지 않고 오류로 보고한다.

7.6 참고문헌

S. Palnitkar의 "*Verilog HDL, 2nd edition*"과 M. D. Ciletti의 "*Starter's Guide to Verilog 2001*"은 Verilog의 문법과 구조를 다룬다. *IEEE Standard Verilog Hardware Description language, IEEE Std 1364-2001*은 혼합된 부호가 있는 데이터 유형과 부호 없는 데이터 유형으로 표현식을 조정하는 것과 관련된 규칙을 제공한다. J. Bergeron의 "*Writing Testbenches: Functional Verification of HDL Models, 2nd edition*"은 테스트벤치 개발에 대한 자세한 설명을 제공한다. C. E. Cummings의 기고문 "Nonblocking Assignments in Verilog Synthesis, Coding Styles That Kill!"는 블로킹 및 논블로킹의 적절한 사용에 대한 지침을 제공한다.

7.7 제안하는 실험

7.7.1 블로킹 및 논블로킹 할당이 있는 시프트 레지스터

코드 7.20에 표시된 코드는 시프트 레지스터를 설명하는 세 가지 시도이다. 세 가지 시도에 의해 추론된 회로를 도출하고 시프트 레지스터를 유추하는지 여부를 결정하라.

코드 7.20 실험7.7.1을 위한 코드

```
module exp1
  (
   input wire clk,
   input wire x0, y0, z0,
   output reg x3, y3, z3
  );

  reg x1, x2, y1, y2, z1, z2;
  // attempt 1
  always @(posedge clk)
    begin
      x1 <= x0:
      x2 <= x1;
      x3 <= x2;
    end

  // attempt 2
  always @(posedge clk)
    begin
      y1 = y0;
      y2 = y1;
      y3 = y2;
    end

  // attempt 3
  always @(posedge clk)
    begin
      z1 = z0;
      z3 = z2;
      z2 = z1;
    end

endmodule
```

7.7.2 BCD 카운터의 대체 코딩 스타일

7.2 절에서 논의된 코딩 스타일을 사용하여 코드 4.18의 BCD 카운터를 다시 작성하라. 회로를 다시 합성하고 작동을 확인하라.

7.7.3 FIFO 버퍼의 대체 코딩 스타일

섹션 7.2에서 논의된 코딩 스타일을 사용하여 코드 4.20의 FIFO 버퍼를 다시 작성하자. 회로를 다시 합성하고 작동을 확인하라.

7.7.4 피보나치 회로의 대체 코딩 스타일

7.2 절에서 논의된 코딩 스타일을 사용하여 6.3.1 절에서 논의된 피보나치 회로를 반복하라.

7.7.5 이중 모드 비교기

이중 모드 비교기는 두 개의 8 비트 데이터 입력 a 및 b를 부호 없는 정수 또는 부호 있는 정수로 사용한다. 제어 신호, 모드는 원하는 모드를 나타낸다. 회로에는 a의 해석된 값이 b의 해석된 값보다 클 때 어서트되는 하나의 출력인 agtb가 있다.

1. 부호화된 데이터 유형이 허용된다고 가정하라. 회로를 설계하고 코드를 작성하라.
2. 회로를 합성하고 작동을 확인하라.
3. 코드에서 부호화된 데이터 유형이 허용되지 않는다고 가정하라. 1 단계와 2 단계를 반복하라.

7.7.6 향상된 이진 카운터의 모니터

7.5.10 절의 모니터 모듈은 동기식 시스템을 모니터링하고 클록 신호의 상승 에지에서 활동을 점검하기 위한 것이다. 비동기 재설정 조작은 오류로 보고된다. 모니터 회로를 수정하여 비동기 작동을 고려하라. 테스트벤치를 다시 만들고 시뮬레이션을 수행하여 작동을 확인하라.

7.7.7 FIFO 버퍼 용 테스트벤치

섹션 7.5.10의 예제를 따라 압축 테스트벤치를 설계하여 4.5.3 절에서 설명한 FIFO 버퍼의 작동을 확인한다. 테스트 벡터 생성기 모듈은 쓰기 및 읽기 연산의 다양한 조합을 생성하고 full 및 empty 조건을 도입해야 한다. 모니터 모듈은 버퍼에 쓰여지고 검색된 데이터를 지속적으로 감시하고 작업의 정확성을 검사해야 한다.

찾아보기